中国电子信息产业统计年鉴（软件篇）

2010

工业和信息化部运行监测协调局

电子工业出版社

Publishing House of Electronics Industry

北京 · BEIJING

图书在版编目（CIP）数据

中国电子信息产业统计年鉴. 2010. 软件篇／工业和信息化部运行监测协调局. —北京：电子工业出版社，2011.6
ISBN 978-7-121-13680-1

Ⅰ. ①中… Ⅱ. ①工… Ⅲ. ①电子工业—统计资料—中国—2010—年鉴 ②信息工业—统计资料—中国—2010—年鉴 ③软件—电子计算机工业—统计资料—中国—2010—年鉴 Ⅳ. ①F426.63-66 ②F49-66

中国版本图书馆 CIP 数据核字（2011）第 101226 号

责任编辑：徐蔷薇　　特约编辑：王　纲
印　　刷：涿州市京南印刷厂
装　　订：涿州市桃园装订有限公司
出版发行：电子工业出版社
　　　　　北京市海淀区万寿路 173 信箱　邮编　100036
开　　本：787×1 092　1/16　印张：19.25　字数：532 千字　彩插：4
印　　次：2011 年 6 月第 1 次印刷
印　　数：1 000 册　定价：198.00 元

凡所购买电子工业出版社图书有缺损问题，请向购买书店调换。若书店售缺，请与本社发行部联系，联系及邮购电话：（010）88254888。

质量投诉请发邮件至 zlts@phei.com.cn，盗版侵权举报请发邮件至 dbqq@phei.com.cn。

服务热线：（010）88258888。

编　辑　说　明

1. 《中国电子信息产业统计年鉴（软件篇）2010》（以下简称本年鉴）是全面记载 2010 年度中国软件产业运行的综合统计资料，汇集了全国各地区软件产业发展情况及相关领导、专家学者对产业发展的分析论述，系统反映了中国软件产业在 2010 年取得的成就、存在的问题和发展趋势。

2. "综述"部分的内容：一是 2010 年中国软件产业发展概况及述评；二是重点软件企业、软件产品、软件业投融资、软件人才发展概况及趋势；三是主要省、市 2010 年软件产业发展概况及趋势。

3. 本年鉴统计范围：一是在我国境内注册（港、澳、台地区除外），主要从事软件研发、服务和系统集成等业务，且主营业务年收入 100 万元以上，具有独立法人资格的软件企业（含软件认证企业）；二是在我国境内注册，主营业务年收入 500 万元以上，并有软件研发、服务和系统集成收入，以及该三项收入占本企业主营业务 30% 以上的独立法人单位；三是在我国境内注册，主要从事集成电路设计的企业或其集成电路设计和测试的收入占本企业主营业务 60% 以上，且主营业务年收入 100 万元以上的独立法人单位。

4. 本年鉴统计数据不包括港、澳、台地区。

5. 本年鉴得到各省（区、市）工业和信息化主管部门、有关企业、有关协会及直属单位的大力支持，在此谨表谢意。

目 录

I 综 述

II 综 合 统 计

III 三资企业统计

Ⅳ 内资企业统计

I 综　　述

2010 年我国软件产业主要指标完成情况

指 标 名 称	单 位	本年完成	指 标 名 称	单 位	本年完成
企业个数	个	20742	年末所有者权益	万元	104090324
软件业务收入	万元	135885510	年初所有者权益	万元	65325911
其中：1．软件产品收入	万元	49305320	应交所得税	万元	3277103
2．信息系统集成服务收入	万元	31166873	应交增值税	万元	4511908
3．信息技术咨询服务收入	万元	11998876	出口已退税额	万元	434872
4．数据处理和运营服务收入	万元	17634255	增加值	万元	53976624
5．嵌入式系统软件收入	万元	21283328	其中：劳动者报酬	万元	20863262
6．IC 设计收入	万元	4496858	固定资产折旧	万元	4945607
软件业务出口额	万美元	2673526	生产税净额	万元	7900610
其中：软件外包服务出口额	万美元	535135	营业盈余	万元	20267145
嵌入式系统软件出口额	万美元	1145535	从业人员年末人数	人	2724556
主营业务税金及附加	万元	3486639	其中：软件研发人员	人	983674
利润总额	万元	21740071	管理人员	人	289741
流动资产平均余额	万元	102862596	其中：硕士以上	人	282770
资产合计	万元	191341517	大本	人	1455446
应收账款	万元	42410468	大专及以下	人	986333
负债合计	万元	87251193	从业人员年平均人数	人	2605053
应付账款	万元	29923213	从业人员工资总额	万元	21518953

2010 年我国软件产业统计概况图表

软件产业完成收入情况

单位:亿元

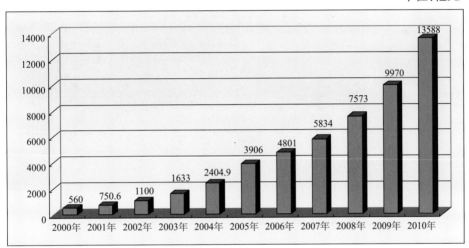

软件产业实现增加值情况

单位:亿元

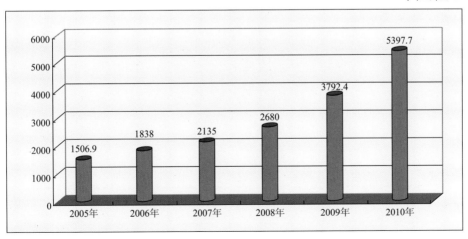

软件收入构成变化情况

单位:亿元

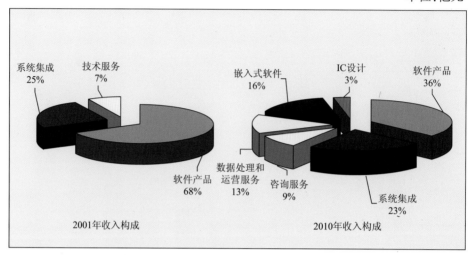

2001年收入构成　　2010年收入构成

软件产业实现利润情况

单位:亿元

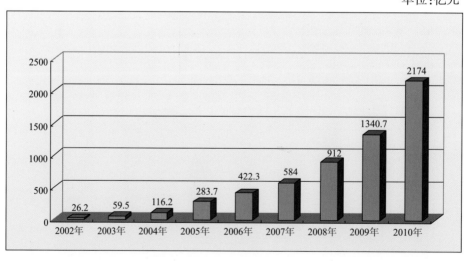

软件产业实现销售利润率、劳动生产率、人均利税情况

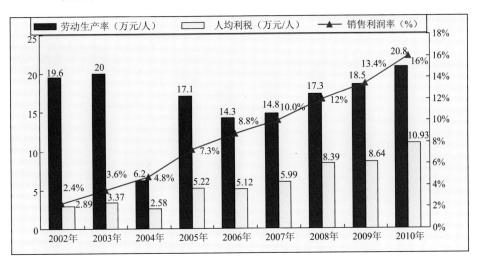

软件出口情况

单位:亿美元

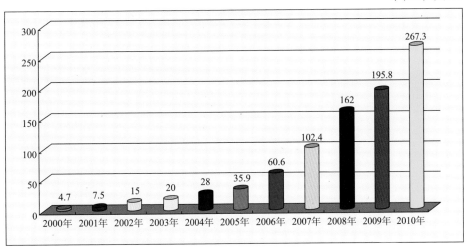

软件产业从业人员构成情况

单位:万人

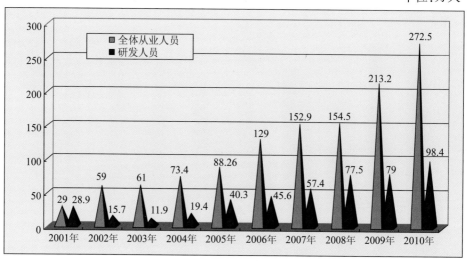

软件企业规模构成情况

单位:个

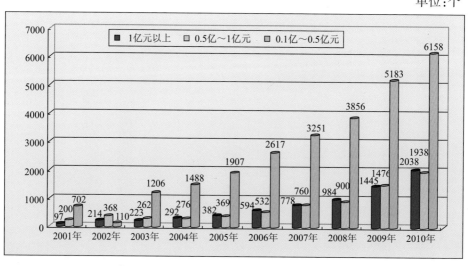

软件企业规模分布情况

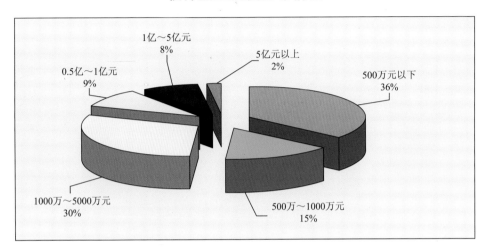

软件出口主要国家（地区）情况

单位:万美元

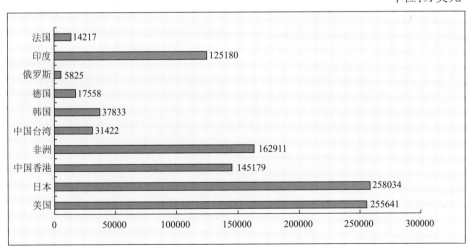

软件产品收入构成情况

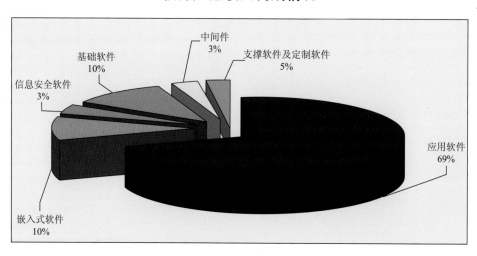

软件收入前十名省市情况

单位：亿元

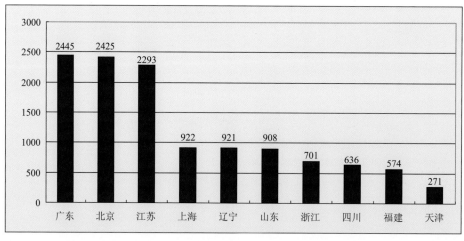

各经济类型软件企业收入构成情况

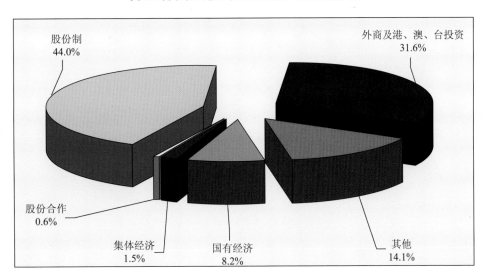

软件产业从业人员学历构成情况

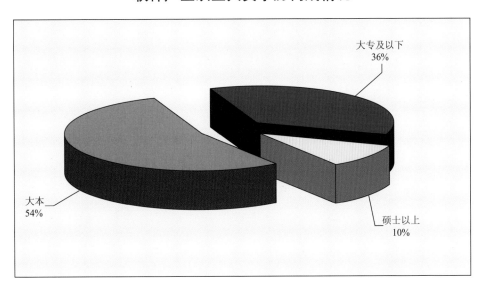

2010 年我国软件产业统计公报

2010 年，我国软件产业逐步摆脱国际金融危机带来的影响，软件业务收入实现新的突破，新兴信息服务迅速成长，外包服务规模逐步提升，重点城市和大企业稳步发展，软件产业在整个电子信息产业中的地位不断提升。

一、基本情况

（一）收入增速稳步提高，产业规模突破万亿元

2010 年，我国软件业实现软件业务收入 13588 亿元，同比增长 36.3%，比 2009 年提高 10.7 个百分点。从全年增长情况看，一至四季度软件业务收入分别为 2573、3475、3634 和 3906 亿元，分别同比增长 25.7%、31.8%、32.3%和 34%，收入数和增速呈逐季上升态势。（见图 1）

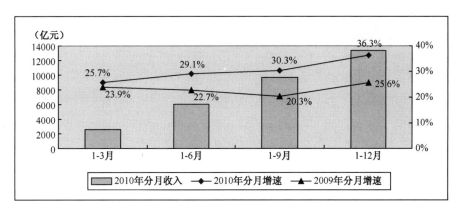

图 1　2009—2010 年软件收入增长对比情况

（二）出口延续增长态势，外包服务稳步发展

2010 年，全国软件出口 267 亿美元，同比增长 36.5%。受国际市场需求逐步复苏影响，出口正在恢复，但增速仍低于危机前水平。软件出口市场仍主要集中在美国、日本及港台地区。其中，外包服务出口 53.5 亿美元，同比增长 47.7%，高于软件出口增速 11.2 个百分点。2010 年分月软件出口增长情况如图 2 所示。

（三）重点企业运行良好，是带动行业平稳发展的重要力量

2010 年，工业和信息化部重点监测的软件前百家企业累计完成软件业务收入 2900 亿元，同比增长 21%，占全国收入的 21.7%；实现利润 553 亿元，同比增长 13%。其中，软件业务收入超过百亿元的企业达到 4 家，比 2009 年增加 1 家。

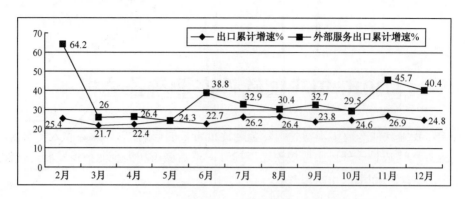

图 2 2010 年分月软件出口增长情况

（四）软件著作权登记量增长，创新取得新的进展

中国版权保护中心数据显示，2010 年我国软件著作权登记量突破 8 万件，连续五年保持高速增长态势。整个"十一五"期间，我国软件著作权登记量翻了两番，平均年增速达 37%；五年累计总量达 24 万余件，是"十五"期间的 4 倍，华为、中兴等企业名列前位。同时，在 2010 年度国家科技进步奖评审中，中控科技、华为、中兴、恒生电子、信雅达等多家软件企业获得科技进步二等奖。

（五）产业地位明显提升，对国民经济贡献持续增强

近十年，我国软件产业取得了长足的发展，2010 年软件业务收入首次突破万亿元，比 2001 年扩大十几倍，年均增长 38%，占电子信息产业的比重由 2001 年的 6% 上升到 18%。在全球软件和信息服务业中，所占份额由不足 5% 上升到超过 15%。软件业增加值占 GDP 的比重由 2001 年不足 0.3% 上升到超过 1%，软件业从业人数由不足 30 万人提高到超过 200 万人，对社会生活和生产各个领域的渗透和带动力不断增强。

二、主要特点

（一）增长速度高位趋缓，产业步入平稳增长新阶段

"十五"期间，我国软件产业业务收入平均增速为 47%，"十一五"平均增速为 28%，收入增速明显趋缓，软件产业总体从高速增长转入相对平稳的新阶段。2010 年收入增长明显快于 2009 年，且收入数和增速呈逐季上升态势，主要与国际金融危机影响逐步弱化有关。2001—2010 年软件业务收入增长情况如图 3 所示。

（二）业务结构调整加快，信息技术服务增势突出

服务收入增长带动软件业务调整，特别是与网络相关的信息服务发展迅速。2010 年，信息技术咨询服务、数据处理和运营服务收入分别为 1200 和 1763 亿元，同比增长 49.8% 和 35.7%，两者收入占全行业比重达 21.8%，比 2001 年提高 15.2 个百分点。

软件产品收入 4930 亿元，同比增长 35.3%；嵌入式系统软件收入 2128 亿元，同比增长 34%。受集成电路行业复苏带动，IC 设计收入 450 亿元，同比增长 33.3%；信息系统集成服务实现收入 3117 亿元，同比增长 35.5%。2010 年软件产业收入构成情况如图 4 所示。

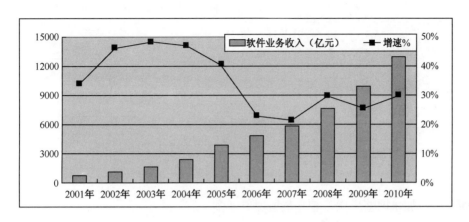

图 3　2001—2010 年软件业务收入增长情况

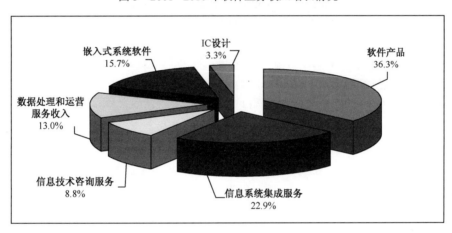

图 4　2010 年软件产业收入构成情况

（三）区域分布呈现分散集中格局，中心城市成为行业发展聚集点

软件产业发展聚集趋势呈现新的特征，分散集中趋向明显。一是从过去主要集中在京粤地区转向沿海地区。2010 年，东部地区完成软件业务收入 11614 亿元，同比增长 36.7%，除京粤两地外沿海多个省市均呈现快速发展势头，江苏、辽宁、福建、山东 4 个省软件收入增长超过 35%，占全国比重分别比 2001 年提高了 13.2、3.9、3 和 1.4 个百分点，合计占比达35%，逐步打破过去京粤两地占全国一半以上的集中局面（两地占比下降为 35.8%）。二是中心城市成为软件产业发展的主要聚集地。2010 年，全国 4 个直辖市和 15 个副省级城市软件收入 10857 亿元，同比增长 36.7%，占全国的比重为 80%，增长快于全国平均水平 0.4 个百分点。在中西部地区中心城市地位更为突出，成都、西安、重庆 3 个城市占西部地区的90%，武汉、长春两个城市占中部地区 30% 以上。三是软件园区仍是产业发展的重要平台。各地中心城市的软件产业发展仍集中在软件园区，11 个国家软件园区收入占全国的四成以上，部分城市软件园占其城市软件收入的八成以上。2010 年全国分地区软件收入增长情况如图 5 所示。

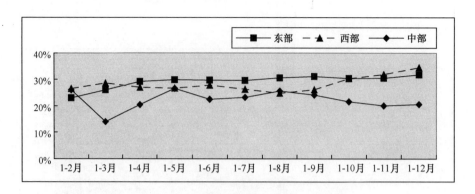

图5　2010年全国分地区软件收入增长情况

（四）企业加快调整步伐，兼并重组现象增多

2010年以来，随着技术业务升级和市场竞争加剧，软件企业普遍加快调整步伐。首先，国内软件企业加快转型，一是从产品转向提供整体解决方案；二是信息技术服务比重日益增大；三是向基于网络的云计算领域延伸明显。企业普遍加大兼并重组力度，中软、用友、神州数码把近两年作为兼并重组年，实施了多起并购事件；东软连续并购德、美多家软件企业，为推动软件外包和获取关键技术奠定坚实基础；亚信联创合并成为近年来最大并购案，近期为适应三网融合需要又兼并了一些广电领域的软件企业。其次，国外企业加快对中国布局，一是将研究机构向国内转移，抢夺国内软件企业的高端人才；二是采用低价竞标方式冲击国内企业，抢占市场份额；三是利用资本优势并购本土软件企业，达到遏制甚至消灭竞争对手的目的。再次，其他行业的企业积极进军软件市场，许多大企业的IT部门在发展过程中逐步壮大，除为母公司服务外，还为其他同类企业服务，有的从母公司剥离出来成立新的软件企业，成为该行业应用领域的有力竞争者。

三、存在问题

（一）人才问题日趋突出，制约企业长远发展

2010年以来，软件企业人力成本明显上升，多家企业反映人力成本同比增长50%以上，个别企业工资翻了一番多，企业成本压力很大，外包服务业与印度相比已没有竞争力，企业毛利率急剧下降，同时人才流失和招人难问题日趋突出。主要原因包括以下3个方面：一是一线城市房价、物价上涨较快，员工需要增加工资才能应对生活压力；二是国外软件企业和研发机构加速向华转移，增加人才争夺力度；三是软件产业发展快，与其他领域的融合加快，复合性人才培养跟不上行业发展的步伐。

（二）低价竞争现象明显，市场环境有待完善

尽管近年来我国对知识产权的保护力度不断加大，但国内用户对软件和信息技术服务价值的认可度仍然不够，重硬轻软的观念仍较流行，采购中对软件服务盲目压价和招标中低价择标的现象仍突出，伤害了软件企业的持续发展能力；小企业产品和服务同质化发展，有市场一哄而上，恶性竞争现象大量存在；跨国公司低价冲击国内企业，抢占市场份额，削弱国内产业优势，产业安全面临潜在风险。

（三）基于网络的新兴领域发展亟需规范引导

基于互联网的新兴业态迅速发展，社交网站、第三方支付、网络购物等相继成为产业发展新亮点。随着市场规模扩大和用户不断增长，争夺网络用户的无序竞争、恶性竞争频发，且形式更加复杂多样，如360与腾讯之争就是一个突出的事例，不仅带来大量负面影响，还对行业监管方式提出新的课题。同时，企业盈利模式单一、技术储备不足，导致生命周期短暂，行业可持续发展能力不足。在2008—2009年成为中国互联网发展热点的社交网站从2010年开始进入滞涨期，7月国内360圈、蚂蚁网相继倒闭。因此，从行业政策和规划上加以良性的引导，成为软件和网络服务领域重要的课题。

四、2011年展望

（一）国际市场

IDC、Gartner预计，2011年全球软件支出将增长5.3%，基于项目相关的服务将增长3.5%，外包业务将增长4%，增速比2010上年略有回落。分市场来看：

一是全球企业软件市场正在复苏，并出现持续增长的迹象，预计企业软件市场收入将达2466亿美元，2011—2014年复合增长率达到6%。

二是预计SaaS服务市场收入将达107亿美元，增长16.2%。

三是全球安全软件收入将达165亿美元，增长11.3%。

四是云计算进入产业化应用阶段。云计算作为具有划时代性意义的技术，随着技术研发的推进，正从概念向产业化应用快速发展，据IDC预测，2011年在公共IT云服务方面的支出增速将达到30%。

五是物联网产业快速兴起。据《中国物联网产业发展年度蓝皮书（2010）》分析，未来5年全球物联网产业市场将呈现快速增长的态势，预计2012年全球市场规模将超过1700亿美元，2015年接近3500亿美元，年均增长率接近25%。

六是信息通信技术一体化服务。据预测，2010年全球手机用户将突破50亿，互联网用户将突破20亿。以此庞大数量用户为基础的移动互联网技术应用不断发展，正在成为软件产业的新增长点，IDC预计2011年将成为加速移动化的一年。

此外，2010年苹果市值一举超越微软，成为全球最具价值的科技公司，苹果将新技术和创新的商业模式相结合并一举成功，引发了硬件、软件和服务融合一体化发展的模式兴起。

（二）国内市场

Gartner预计，预计未来五年，国内软件市场将保持20%以上的增速，IT服务和软件将比硬件增长快。主要的带动因素包括以下两个方面。

1．政策方面

《进一步鼓励软件产业和集成电路产业发展的若干政策》（国发〔2011〕4号）于2011年初正式出台，从财税、投融资、研究开发、进出口、人才、知识产权、市场7个方面实施软件行业优惠政策，比原18号文又增加了一些新的优惠措施，将大大促进产业发展；国务院新近通过《关于加快培育和发展战略性新兴产业的决定》，确定新一代信息技术为7个战略性新兴产业之一，决定进一步加大财税、金融等政策扶持力度，引导和鼓励社会资金投入；软件产业"十二五"规划，进一步提出软件和信息服务业发展的目标和促进措施；各地方政府对信息产业重要作用的认识提高，纷纷出台促进软件和信息服务业发展的政策措施。

2．市场环境方面

一是企业市场回暖，两化融合深入发展。工业企业经过危机后发展企稳，结构性调整任务突出，全面改造提升传统产业带来新需求，构建网络化、智能化和服务化的新生产模式，加快信息技术在绿色生产中的应用，都将进一步扩大软件市场；中小型企业的发展由回升向好转向稳步增长阶段，中小型企业信息化市场回升。

二是政府软件正版化，带动整体知识产权环境改善。从 2010 年 10 月起，我国在全国范围内开展打击侵犯知识产权和制售假冒伪劣商品的专项行动。首先在中央国家机关进行软件正版化检查整改工作，截至 2010 年 12 月 31 日，31 家中央国家机关和青岛市已经率先完成"软件正版化"。下一步，将继续加大企业使用正版软件的工作力度，在巩固大型企业软件正版化工作成果的基础上，逐步推进中小型企业软件正版化工作等。

三是物联网、云计算相关产业兴起，对软件的需求提升。物联网正在成为未来信息产业的重要增长点，目前国内物联网被正式列为国家战略性新兴产业之一，已经展开物联网基地试点，关键核心技术研究也在推进。据中国物联网研究发展中心预测，2010 年中国 RFID 市场规模将达到 120 亿元，2012 年有望达到 200 亿元。国内云计算也开始进入产业化布局阶段，云基础设施厂商、云集成商，以及公共和虚拟专有云提供商纷纷进入国内市场。

四是智能电网、智能交通建设带来新的市场。"十二五"期间智能电网将进入全面建设阶段，投资总量将超过 2 万亿元，比"十一五"增长 30%以上；同时，未来 3 年国内整个智能交通系统行业的投入也将超过 1500 亿元，复合增长率达 20%以上。

五是三网融合和 3G 新业务推动移动互联服务市场增长。"十二五"期间，我国将加快光纤宽带网络、下一代互联网和新一代移动通信基础设施建设，预计电信业投资将达到 2 万亿元的规模，较"十一五"期间增长 36%，其中将有 80%的投资用于宽带建设，推进三网融合将取得实质性进展。

六是医疗、公共事业 IT 支出预计将继续高速增长，金融、政府依然是最重要的 IT 支出部门。

综上所述，预计 2011 年我国软件产业将继续保持较快增长。但同时也将面临一些不利因素，如人民币升值影响服务外包增长、软件低价竞争态势难以短时期改变、人才短缺和流失问题在较长时期内存在、本土软件企业面临整合转型升级等，因此增速会比 2010 年有所回落，预计增长 25%左右。

2011年（第十届）中国软件业务收入前百家企业评述

　　根据工业和信息化部 2010 年全国软件产业统计年报，经各地工业和信息化主管部门初审，工业和信息化部最终审定后，新一届软件业务收入前百家企业名单揭晓。华为技术有限公司以软件业务收入 827 亿元位居榜首，中兴通讯股份有限公司、神州数码（中国）有限公司分列二、三位（见附表）。新一届百家企业综合实力稳步增强，业务结构不断优化，创新能力持续提升，有力地促进了产业发展和结构调整，在推进两化融合和带动经济社会发展中起到了积极的支撑作用。主要特点包括以下几个方面。

一、企业实力持续增强，对行业发展的带动作用更加突出

　　企业规模不断扩大。近十年来，百家企业入围门槛以 20%的速度增长；本届百家企业入围门槛达到 5.31 亿元，比上届提高 1.35 亿元，是第一届的 5 倍多；百家企业软件业务收入合计 3135 亿元，比上届增长 28%，占全行业软件业务收入的 23%。其中，前 10 家企业的软件业务收入为 1912 亿元，比上届增长 26.2%。软件业务收入超过 100 亿元的企业达到 4 家，比上届增加 1 家。

　　经济效益保持领先。这十届软件百家企业利润按照 15%以上的年均速度增长，本届百家企业利润总额达 570 亿元，比上届增长 24.5%。主营销售利润率达到 10.4%，高于行业平均水平 0.2 个百分点；其中利润率超过 20%的企业达 20 家，比上届增加了 1 家。

　　企业发展日趋稳定。本届百家企业更新率为 16%，比上届下降 2 个百分点，比第一届（30%）下降 14 个百分点。大企业发展态势良好，前 50 家企业中近半数增幅超过 30%。上届百家企业中有 15 家企业收入达不到本届门槛，有 1 家企业因亏损退出。

二、研发水平稳步提升，对自主创新的推动作用更加突出

　　研发实力不断增强。本届百家企业从事软件研发的人员 19 万人，比上届增加 6 万人，占全部从业人数的 46%，高于上届 7 个百分点。百家企业的软件研发经费总额达 396 亿元，比上届增长 20%，研发投入占主营业务收入的 7.2%，比行业平均水平高 1.9 个百分点。华为、中兴、东软等企业建设了多个国家级重点实验室，联创、金蝶、中软、先锋等多家企业成立了软件研究院和培训机构，为重大技术研发、人才教育储备奠定了良好基础。

　　科技创新成果丰硕。在 2010 年国家科技进步奖评审中，中控科技、华为、中兴、恒生电子、信雅达等企业荣获二等奖，在工控系统、新一代通信技术等方面取得重大技术突破；在国家"核高基"重大专项中，中软、浪潮、中创、同方、东软、恒生、用友、信雅达、太极等百家企业是主要承担单位，在操作系统、数据库、中间件和应用软件等领域取得大量突破，有力提升了国产基础软件的整体水平，并在公共技术平台建设方面实现推广应用。

　　专利数量不断增加。在 2010 年发明专利授权量前十位的内地企业中，华为、中兴、大唐等企业均榜上有名。华为、中兴的知识产权成果量已达到国际先进水平，截至 2010 年年底，华为累计申请中国专利达 31869 件，海外专利 8279 件，已加入 123 个国际行业标准组织；中

兴累计申请中国专利 33000 多项，海外专利 6000 多项；根据世界知识产权组织公布的数据，2010 年中兴通讯和华为的国际专利申请量在全球企业中分列第二和第四位。

三、结构调整步伐加快，对战略转型的引领作用更加突出

服务化转型更加突出。 随着信息技术快速提升，新兴业态不断涌现，企业从传统产品销售向提供整体解决方案转型，服务型企业收入和数量不断增加。本届百家企业服务类收入 317 亿元，比上届增长了 23%，占行业的比重由第一届的 4% 提高到 10%。服务类企业超过 5 家，填补了过去的空白，逐步改变了以嵌入式和软件产品为主的局面。近年来，海尔、方正、神州数码、金蝶均提出向服务化转型的新战略，对企业内部资源进行整合；越来越多的大型制造企业将其内部软件开发和信息化部门剥离出来，对外提供软件服务。这些企业都力图通过发展服务，推动战略转型。

云计算成为新的战略重点。 随着智慧地球、物联网等概念的提出，云计算技术成为行业发展的热点，也成为企业新的战略方向。华为、浪潮等多家企业发布了云计算战略，其他企业也都把云计算纳入战略布局的重要内容，其共同特征是在技术研发、商业运营方面实施开放共赢的策略，着力发展智能网络、数据系统和行业解决方案，并通过平台化的形式整合资源和提供服务。

新兴业务领域不断拓展。 近年来，软件百家企业不断开发新技术、拓展新领域，特别是围绕数字城市、物联网建设发展新兴业务，培育战略性新兴产业。2011 年新入围的 16 家企业中，智能交通、智能电网和物联网领域的方案提供商占一半以上。随着物联网、云计算技术的发展，基于不同行业和业务类型的各种 PaaS（平台即服务）新模式不断涌现。海尔推出 UHome 智慧家居平台，发展物联网在家居领域的应用研发和标准推广；东软、金碟通过 RFID 和云计算技术与医疗信息化结合，拓展远程医疗业务。

四、兼并重组趋势明显，对行业整合的促进作用更加突出

兼并重组数量增多。 软件行业进入规模化竞争的新时期，并购成为企业做大做强的首要选择。2010 年，软件业并购整合再现新的浪潮。根据"投资中国"的统计报告，2010 年中国 IT 行业企业完成境内并购 85 起，已披露金额案例并购规模达 18.4 亿美元，境外并购 7 起，已披露金额案例规模 1690 万美元，其中多数来自软件百家等龙头企业。新出台的软件产业政策，首次提出支持软件企业加强产业资源整合，未来行业并购步伐有望加快。

并购推动战略调整。 百家企业通过并购实现新的战略布局，进军新兴市场。用友近两年来收购了十余家各领域中的软件企业，业务遍及汽车、房地产、医疗、政务、制造、流通、连锁等多个行业，2010 年以 4.91 亿元收购英孚思为，收购规模居国内软件并购之首；金蝶近两年通过大规模并购已进入零售、房地产、税务等行业，2010 年并购协同软件企业，形成协同工作管理一体化解决方案体系；联创亚信合并实现资源整合和优势互补，成为国内全球第二大电信 BSS/OSS（业务/运营支持系统）企业。

海外布局步伐加快。 东软、用友在欧美和中东地区并购软件企业，为拓展海外医疗、汽车、手机服务市场奠定基础。除传统欧、美、日市场外，百家企业还积极拓展新兴市场，东软、海康威视等多家企业在俄罗斯、中东、拉美成立了分公司。百家企业积极挖掘海外人才资源，华为在印度设立的研发中心拥有技术人才超过 3000 人，金蝶 2010 年在新加坡建立了

海外研发中心。百家企业服务外包水平不断提升，根据国际外包服务行业协会的评选，浪潮、东软、浙大网新等企业连续多年蝉联全球 IT 外包百强。

五、两化融合不断推进，对传统行业的提升作用更加突出

业务应用领域更加深入。 随着业务发展从单一走向综合，从外围服务外包走向核心业务管理，百家企业与市场客户的关系日趋紧密。提供一体化综合 IT 服务和解决方案的软件企业成为发展方向，本届百家企业中仅有不到三成企业收入来源为相对单一的产品类收入，其余七成多企业的收入构成中综合了软件产品、系统集成和咨询、运营等服务业务的收入，且涉及的领域更加广泛，超过 1/3 的百家企业服务行业均达 20 个以上。

两化融合深入推进。 百家企业服务各行各业，在发展自身的同时有效推动了两化融合，有力提升了传统行业的竞争力。中控科技、福大自动化、广州数控、华胜天成面向工业领域发展控制系统，打破了国外高端控制系统的垄断，推动了国内自动化仪表和控制系统技术的产业化。株洲南车、中创、全路通等企业积极服务交通建设，在新一代高速动车组、城际铁路使用的传动系统、网络控制系统、通信信号系统等方面实现自主知识产权，有力地推动了国内智能交通大发展。国电南瑞、株洲南车等通过自主创新，在国家"西电东送"战略重点工程中推动了高压直流输电技术创新与国产化的进程，在远距离、大规模输电技术上实现了重大突破。

推动节能减排和安全生产。 百家企业重视环保和安全领域，帮助传统行业做好节能减排工作，为建设两型社会发挥了重要作用。宝信软件成立了能源管理工程技术研究中心，积极开发钢铁、有色、建筑领域的能源转换和节能管理系统，为促进传统行业节能减排发挥了积极作用。中软积极参与国家金安工程，建设了第一个全国性安全监管基础性信息化工程，为形成安监信息系统和矿山应急救援体系奠定了坚实基础。浪潮集团推出了煤炭行业信息化一体化和云计算解决方案，为多家大型煤炭集团提供信息化服务，建立了更加高效、安全的服务平台。

六、区域布局日趋深化，对地方发展的支撑作用更加突出

区域布局相对集中。 百家企业总体呈现了企业总部相对集中、发展区域日趋分散的趋势。本届百家企业主要集中于东部沿海地区，珠江三角洲、长江三角洲、环渤海地区占了 80% 以上，其中北京、广东、浙江等省市企业数量均超过 10 家。在支撑南京、济南、成都、深圳等软件名城建设中，联创、南瑞、华为、中兴、中创、浪潮等百家企业均发挥了骨干作用。

新市场拓展步伐加快。 随着区域信息化发展的深入，百家企业积极拓展新的市场空间，业务重心逐步从中心城市转向二三线城市。神州数码确立了数字城市战略，基于城市信息化建设推进软件和信息服务，业务布局遍及全国 50 多个城市；东软在全国建设了多个软件园，2010 年又与南昌、芜湖、郑州等城市签订了战略合作协议；百家企业还纷纷在新疆、甘肃、青海、西藏等省份建设软件园和分支机构，积极拓展西部地区的信息化市场。

支撑区域发展作用明显。 百家企业深化区域布局对地方经济社会发展起到了重要的带动提升作用。通过建设软件园和发展软件产业，有效提升了当地的经济总量，并促进了产业结构的优化。联创、中创、中软等百家企业在多个城市推进市民卡工程，促进金融、交通、社保、水电等融合应用，大大便利了百姓的生活。东软提出健康城市和农村基层医疗健康信息化计划，依托医疗信息网络和行业解决方案，为提升各地人民的健康水平创造了重要平台。

百家企业还为一些重大活动提供支持保障，方正、同方、南瑞等为亚运场馆智能化建设、安保体系和电力保障提供了全面的技术支持。

"中国软件业务收入前百家企业"是工业和信息化部重点调度联系企业。百家企业发布为宣传本土企业和促进企业做大做强发挥了积极作用，日益成为促进交流合作、加强行业管理的重要平台。进入"十二五"新时期，信息产业面临结构调整和战略转型的迫切任务，也需要在培育战略性新兴产业和支撑发展方式转变上发挥更加突出的作用，百家企业作为产业发展的骨干队伍，肩负重要使命。下一步要围绕中央提出的主题主线，加快实施大公司战略，继续完善百家企业发布的科学性和合理性，利用好百家企业的宣传和引导平台，促进软件产业做大做强，为走新型工业化道路和加快转变发展方式做出更大贡献。

附表

2011 年（第十届）中国软件业务收入前百家企业名单

单位：万元

序号	企业名称	软件业务收入	序号	企业名称	软件业务收入
1	华为技术有限公司	8269870	35	深圳市金证科技股份有限公司	158636
2	中兴通讯股份有限公司	3808000	36	启明信息技术股份有限公司	154106
3	神州数码（中国）有限公司	1968973	37	太极计算机股份有限公司	148837
4	海尔集团公司	1804857	38	东方电子集团有限公司	141183
5	北大方正集团有限公司	684025	39	金蝶软件（中国）有限公司	139271
6	南京联创科技集团股份有限公司	594396	40	福建星网锐捷通讯股份有限公司	137250
7	浪潮集团有限公司	550236	41	浙江大华技术股份有限公司	133666
8	浙大网新科技股份有限公司	484578	42	博雅软件股份有限公司	132993
9	同方股份有限公司	480376	43	海信集团有限公司	118682
10	东软集团股份有限公司	472077	44	中科软科技股份有限公司	118447
11	南京南瑞集团公司（含国电南瑞科技股份有限公司）	421553	45	广州广电运通金融电子股份有限公司	112060
12	熊猫电子集团有限公司	414479	46	软通动力信息技术（集团）有限公司	109386
13	北京华胜天成科技股份有限公司	406892	47	文思创新软件技术有限公司	104967
14	株洲南车时代电气股份有限公司	359964	48	石化盈科信息技术有限责任公司	102753
15	航天信息股份有限公司	348252	49	信雅达系统工程股份有限公司	102631
16	杭州海康威视数字技术股份有限公司	346123	50	大连华信计算机技术股份有限公司	101010
17	中国银联股份有限公司	343580	51	广州数控设备有限公司	100058
18	武汉邮电科学研究院	338981	52	云南省通信产业服务有限公司	100035
19	福州福大自动化科技有限公司	330098	53	珠海金山软件有限公司	97139
20	沈阳先锋计算机工程有限公司	324791	54	福建新大陆电脑股份有限公司	95000
21	中冶赛迪工程技术股份有限公司	301830	55	沈阳东大自动化有限公司	94320
22	中国软件与技术服务股份有限公司	301207	56	深圳市大族激光科技股份有限公司	91342
23	用友软件股份有限公司	292000	57	辽宁天久信息科技产业有限公司	89951
24	中国民航信息网络股份有限公司	246505	58	北京首钢自动化信息技术有限公司	87618
25	杭州恒生电子集团有限公司	242000	59	北京神州泰岳软件股份有限公司	84163
26	上海宝信软件股份有限公司	215945	60	南京南瑞继保电气有限公司	84021
27	上海贝尔软件有限公司	209269	61	杭州士兰微电子股份有限公司	83139
28	北京全路通信信号研究设计院有限公司	197333	62	江苏集群信息产业股份有限公司	81223
29	大唐电信科技股份有限公司	192895	63	东方电气自动控制工程有限公司	79710
30	东华软件股份有限公司	187047	64	云南南天电子信息产业股份有限公司	79121
31	国电南京自动化股份有限公司	176700	65	杭州和利时自动化有限公司	77002
32	山东中创软件工程股份有限公司	175458	66	国脉科技股份有限公司	75748
33	上海华讯网络系统有限公司	164944	67	威海北洋电气集团股份有限公司	75546
34	中控科技集团有限公司	164185	68	三维通信股份有限公司	74882

序号	企 业 名 称	软件业务收入	序号	企 业 名 称	软件业务收入
69	北京联想软件有限公司	74554	85	亿阳信通股份有限公司	59693
70	深圳市怡化电脑有限公司	74202	86	东信和平智能卡股份有限公司	59416
71	南威软件股份有限公司	72282	87	昆明昆船物流信息产业有限公司	59249
72	国民技术股份有限公司	70005	88	北京水晶石数字科技股份有限公司	57936
73	航天恒星科技股份有限公司	69774	89	卡斯柯信号有限公司	56863
74	大连环宇阳光集团	69578	90	上海大智慧股份有限公司	56433
75	北京联信永益科技股份有限公司	69107	91	江苏金智科技股份有限公司	55915
76	上海华虹集成电路有限责任公司	68657	92	福建富士通信息软件有限公司	55851
77	北京四维图新科技股份有限公司	67523	93	深圳市科陆电子科技股份有限公司	55830
78	山东巨洋神州信息技术有限公司	64007	94	中盈优创资讯科技有限公司	55551
79	中程科技有限公司	63942	95	广州海格通信集团股份有限公司	55288
80	浙江省公众信息产业有限公司	63137	96	北京中电普华信息技术有限公司	55140
81	长城计算机软件与系统有限公司	62355	97	易程科技股份有限公司	54167
82	先锋软件股份有限公司	61972	98	北京交大微联科技有限公司	53332
83	江苏南大苏富特科技股份有限公司	61490	99	深圳市紫金支点技术股份有限公司	53204
84	北京四方继保自动化股份有限公司	59764	100	思创数码科技股份有限公司	53135

2011 年中国自主品牌软件产品收入前十家企业情况

为进一步鼓励国内企业加大自主品牌软件产品的开发，提升国内软件企业的核心竞争力，推动企业做大做强，工业和信息化部运行监测协调局在"2011 年（第十届）中国软件业务收入前百家企业"的基础上，继续推出"中国自主品牌软件产品收入前十家企业"统计结果的发布（见表1）。

表 1　2011 年中国自主品牌软件产品收入前十家企业名单

序　号	企 业 名 称
1	用友软件股份有限公司
2	浪潮集团有限公司
3	南京南瑞集团公司
4	东华软件股份公司
5	上海宝信软件股份有限公司
6	杭州恒生电子集团有限公司
7	博雅软件股份有限公司
8	山东中创软件工程股份有限公司
9	珠海金山软件有限公司
10	金蝶软件（中国）有限公司

2010 年我国软件与服务外包出口发展概况

2010 年，全球服务外包市场规模达到 6000 亿美元以上，未来几年将持续保持 20% 以上的增长速度。随着跨国公司经营理念的进一步变革，非核心业务的离岸外包将成为大的趋势，国际服务外包市场前景十分广阔。2010 年，在国家的高度重视和大力支持下，中国软件与信息服务外包产业发展迅速，产业规模持续扩大，企业实力不断增强，产业链由低端向高端逐渐延伸。

一、软件与服务外包出口规模不断扩大

2010 年，我国软件与外包服务出口总额达到 267 亿美元，比去年增长 36.5%，其中软件外包服务出口 53.5 亿美元，比去年增长 47.8%。从表 1 可以看出，软件出口占软件产业总额的比例保持平稳发展态势，从 2001 年的 8% 提升到了 2010 年的 13%。

表 1　2001—2010 年中国软件出口占产业总额的比例

单位：亿元

	软件产业总额	软件出口额	出口额所占百分比
2001 年	751	60	8%
2002 年	1100	124	11.3%
2003 年	1633	165	10.1%
2004 年	2405	232	9.6%
2005 年	3906	291	7.5%
2006 年	4801	482	10.0%
2007 年	5834	778	13.3%
2008 年	7573	1102	14.5%
2009 年	9970	1331	13.4%
2010 年	13588	1762	13.0%

目前，我国已有 60 多家软件企业获得了 CMM5（含 CMMI5）级别评估，40 多家企业获得了 CMM4（含 CMMI4）级别评估，600 多家软件企业获得了 CMM3（含 CMMI3）级以上评估。海辉无锡通过了 SEI CMMI 服务模型 3 级成熟度认证评估，从而成为第一家以组织级跨业务部门整体通过该认证的中国科技服务企业。目前，全球仅有 9 家企业通过了 CMMI 服务模型 3 级成熟度认证。软件出口群体逐渐形成，外包层次不断加大，自主知识产权软件产品出口不断增多，出口价值链逐渐从低端向中高端转移，利润率也有所提高。

近年来，国家正着力引导和扶持一批有国际竞争力、信用度高的外包企业，通过兼并、收购、控股、参股、托管和战略联盟等多种形式做大做强，助推其整体竞争力的提升。文思创新、博彦科技、中软国际和软通动力等企业发展成为万人规模级企业，进入国际外包服务供应商一线阵营。随着国内各类应用软件和嵌入式软件产品的不断成熟，上海拥有自主知识产权软件产品的企业积极实施"走出去"战略，逐步打入国外市场。例如，巨人公司和暴雨公司的自有知识产权的游戏软件就打入了东南亚市场，闻泰公司的嵌入式手机软件也进入印度市场。

二、出口增长速度趋缓

受全球外包需求大幅下降、人民币升值、人力成本上升等不利因素影响，软件外包企业面临较大的生存压力，从 2008 年下半年起增速有所放缓，出口增速逐季下降。2001—2010 年中国软件出口增长情况如图 1 所示。我国外包主要是来自日本的金融类和消费电子类企业，近几年日本的经济陷入衰退，目前仍未走出低谷，经济复苏的迹象尚不明显，对日外包出现下降。

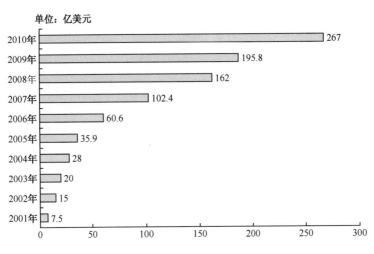

图 1　2001—2010 年中国软件出口增长情况

三、对日外包占主要份额，企业实力不断增强

从发包地区构成看，日本依然是中国软件外包业务的主要市场，占中国整体软件外包收入的将近 60%。对欧美的出口外包快速增长，占出口总额已经超过 20%。中日双方在软件与信息服务产业之间的合作也在不断深入，正在由"试探磨合"、"发包合作"向"战略协作"阶段过渡，两国企业之间的交融度逐渐增强。

目前，中国离岸服务外包的市场重心已经不再仅仅倚重于日韩市场，而是日韩和欧美并重，并有进一步向欧美市场倾斜的趋势。根据 IDC 2010 年中国离岸软件开发市场报告，中国来自日韩的离岸软件开发服务业务比例占总体市场的 43.9%，而来自于欧美的比例已经超过日韩，达到了 47.9%，2010 年同比增长 24.5%，远高于来自于日韩业务的增长。来自欧美的发包更要求服务提供商拥有全面的解决方案和服务能力，包括软件开发初期的调研设计，以及软件开发之后的支持服务，对欧美市场的拓展更有助于整体中国服务外包产业向高端转移。中国典型软件出口企业一览表如表 2 所示。

表 2　中国典型软件出口企业一览表

序　号	企　业　名　称	序　号	企　业　名　称
1	东软集团股份有限公司	6	方正国际软件有限公司
2	大连华信计算机技术股份有限公司	7	上海中和软件有限公司
3	海辉软件（国际）集团	8	上海晟峰高科技（集团）有限公司
4	浙大网新科技股份有限公司	9	柯莱特信息系统有限公司
5	中软国际有限公司	10	北京恩梯梯数据系统集成有限公司

序　号	企　业　名　称	序　　号	企　业　名　称
11	南京富士通南大软件技术有限公司	16	诚迈科技（南京）有限公司
12	大连亿达信息技术有限公司	17	音泰思计算机技术（成都）有限公司
13	成都巅峰软件有限公司	18	西艾（广州）软件开发有限公司
14	苏州工业园区凌志软件有限公司	19	北京尖峰计算机系统有限公司
15	上海晟欧软件技术有限公司	20	冲电气软件技术（江苏）有限公司

注：以上序号无特殊含义。

四、兼并、并购成为外包企业拓展国际市场的重要手段

软件和 IT 服务外包产业不断成熟，加剧了市场竞争。企业为了生存和发展，必须千方百计提高自身的竞争优势。企业之间的兼并重组能使企业在较短时间内扩充实力，是企业获得市场竞争优势的捷径和重要手段。在这一因素的驱动下，软件和 IT 服务外包产业的并购活动日益频繁，并购方式趋向多样化。

2010 年 11 月，海辉软件宣布已经收购了领先 SAP 服务提供商和诚普信科技有限公司的全部业务，这是海辉软件为拓展交付能力和在增长中的中国企业应用市场上抓住机遇而采取的重要举措。2010 年 10 月，软通动力信息技术（集团）有限公司宣布，已完成对上海康时信息系统有限公司的并购，以增强其商业智能领域咨询及技术服务能力，并进一步强化其在中国本土 IT 市场的核心竞争力。2010 年 10 月 15 日，软通动力信息技术（集团）有限公司宣布与美国 Ascend 技术公司正式达成并购协议。Ascend 的加入将进一步增强软通动力为金融行业全球性客户提供服务的能力，尤其是在 IT 咨询及业务咨询等高端服务领域。

五、软件出口示范城市

2010 年，各地方政府从税收政策、人才培训、财政补贴等多方面对示范城市给予大力支持，助力各城市积极发展服务外包产业。

北京、上海、大连等地凭借在服务外包领域的先发优势，以及完善的基础设施，充沛的人才供给，良好的投资环境，雄厚的产业基础，仍然是中国最理想的服务外包基地。但是随着一线城市在成本方面的优势不断弱化，以及二三线城市在基础设施、地方政府支持力度等方面不断加强，部分人力资源充足、具有特色的二三线城市，如无锡、西安、成都等脱颖而出，成为了强有力的竞争者。

无锡市通过发展特色"park"经济模式，对服务外包产业进行合理布局，"环太湖服务外包产业带"的整体规划，明确了各板块产业发展的重点和方向，形成了特点各异的产业集群。无锡市政府在园区建设、企业扶持、中高端人才引进方面均进行了大量投入，如"123"计划、"530"计划，这些战略举措将推动无锡服务外包产业迅速崛起。

在发展服务外包产业方面，西安特点鲜明：充沛、稳定的人才供给和成本优势是发展外包市场的先决条件；良好的产业基础有利于发展具备西安特色的服务外包产业；先进的基础设施和可靠的服务保障是西安发展服务外包的物质基础。

成都的特点是集"人才，成本，环境"三重优势于一身，同时依托众多的高校和科研机构。成都拥有丰富的人才储备，而且成都人才流失率较低，为服务外包产业奠定了良好的基础。成都在商务成本和人力成本方面均有着一线城市无法比拟的优势，在发展服务外包产业

过程中颇具吸引力。成都"三中心，两枢纽"的城市定位，是服务外包产业迅速发展的关键驱动力。

六、未来发展趋势

未来软件外包产业转移的趋势未变，行业空间仍然广阔，中国作为非常强大的新兴市场，面临着巨大的发展机遇与发展空间。

（一）人民币升值加速，服务外包企业分化和转型

人民币升值是大趋势。根据中国进出口银行上海分行测算，人民币每升值1%，软件（服务）外包的利润就将降低0.7%。人民币升值对中国IT服务外包行业的发展短期内有一定的威胁，但从长远来看，IT服务外包企业可以借此转变业务模式，提升企业竞争力，向价值型IT服务外包企业转型，这也是中国IT服务外包产业发展的必然趋势。

服务外包企业要提高核心竞争力，在服务模式创新上必须要进行改变。其服务模式应该从简单的服务外包初期发展阶段的项目驱动型，上升到中期发展阶段的公司策略驱动型，如能满足国际买家所需的成熟发展阶段的战略驱动型需求，则会获得稳固的发展。

（二）综合实力成为竞争的关键因素

一是加强国内市场的开拓，形成政府信息化、医疗信息化、金融保险三大业务领域；二是在软件外包的基础上，开发软件产品和提供解决方案，为客户提供全流程服务，提高服务的附加值；三是进一步延伸市场触角至国外，开拓欧美、日韩及香港市场，创造新的市场。从产业的整体发展看，中国软件外包企业要通过技术积累和独立研发不断向高端服务延伸，同时加强与国际大企业的业务合作，在合作中不断学习和提高，这样中国软件产业的国际地位才能不断提升。

（三）欧美外包市场将迎来发展机遇

日本的大地震给包括制造业、出口贸易在内的日本经济基本面带来重创，也在一定程度上影响到来自日本的服务发包业务，尤其会对中国国内从事低端、非核心业务的服务外包企业造成较大冲击。对于国内的服务外包接包商来说，来自除日本之外的其他地区的业务比重将会逐渐增加。未来这些企业将会在欧美市场投入更多的资源，如在海外设立分支机构，更加贴近用户所在地，以便快捷地发掘和响应客户的需求。

2010年我国工业软件发展概况

一、工业软件研发和应用情况

从我国施行"八五"、"九五"、"十五"、"十一五"计划以来，我国工业软件发展基本上都是技术先行，在借鉴先进技术的基础上，推进企业的信息化建设，先后经历"两甩"、4C、PDM、CIMS、ERP 等发展阶段。工业软件，就是通过计算机硬、软件，综合运用现代管理技术、制造技术、信息技术、自动化技术实现系统集成和优化的复杂系统，应用目的是提高工业的效率和效益，应用的核心是集成与融合。今天流行的各类信息系统，包括 ERP、CRM、PLM、MES 等，大都在此框架范围之内。

（一）工业软件研发企业现状

从企业规模来看，近 70%的工业软件企业的销售额超过 5000 万元（见图 1），其中软件服务收入在销售总收入中的比例大致为 20%～30%。

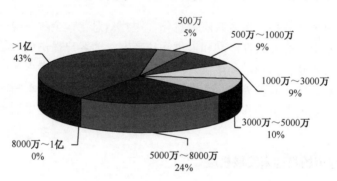

图 1　工业软件企业 2010 年销售收入图

从软件企业涉及的业务领域来看，PLM/PDM、CAD、MES、ERP、SCM 等领域均是企业业务重点，越来越多的企业在发展传统业务的基础上向其他领域延伸，不断创新。PLM 厂商中，开目、清软英泰、山大华天等企业向 MES 领域扩展，神舟软件涉及 SCM、PLM、MES 等多个领域，天喻推出了 TDM，南京新模式在推出了文档安全管理软件基础上更是推出了标准化信息平台。ERP 厂商则积极向 PLM 领域拓展，浪潮集团在 ERP、SCM、CRM 的基础上，推出了 PDM 和 PLM 产品。在 MES 领域中，超过一半的企业推出了 ERP、EAM 等产品。

据工业软件调查发现，我国工业软件厂商的业务领域涉及的行业超过 20 个，范围覆盖电力、医疗、通信、通用机械、冶金、汽车、数控机床、化工、纺织、交通、煤矿、烟草等多个行业（见图 2）。

工业软件研发企业不断扩大业务范围，多数软件企业涉及工业软件的多个业务领域，并在创新型行业应用中不断拓展，有近 50%的工业软件企业在新能源、环保、传感网等领域开展创新型应用（见图 3）。

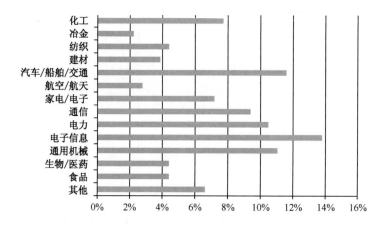

图 2 我国工业软件开发企业业务涉及的行业分布图

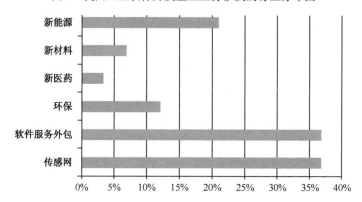

图 3 工业软件开发企业涉及的创新型行业应用图

（二）工业软件应用情况

我国的工业软件在借鉴先进技术的基础上，经历了 4C、PDM、CIMS、ERP 等发展阶段，通过重点企业示范等工作，积累了良好的推进新型工业化建设的基础。从工业软件的典型应用情况看，通用机械、电子信息、家电/电子、通信、汽车等行业应用较为突出（见图 4）。

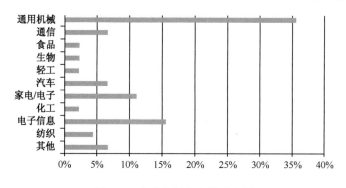

图 4 工业软件行业应用分布图

从工业软件的应用基础来看，2010 年 75%的企业信息化投入在 100 万元以上，其中大部分企业购买工业软件的投入超过 30%，工业软件的需求巨大（见图 5）。

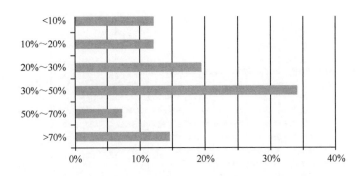

图 5　企业购买工业软件投入图

从企业对工业软件的关注点来看，围绕产品生产的相关环节受到关注，集中体现在企业经营管理和生产过程管理这两块。越来越多的企业对产品研发表示关注，这说明我国的制造业越来越多地关注创新，已开始向新型制造业转变。值得注意的是，对于嵌入式的应用关注度不高，尤其是"马太效应"比较明显，出现了分化，这和自动化、机电一体化等数字化试验、生产、检测，以及大型生产装备的普及情况有一定的关系，这为我国发展装备自动化提供了良好的机遇（见图6）。

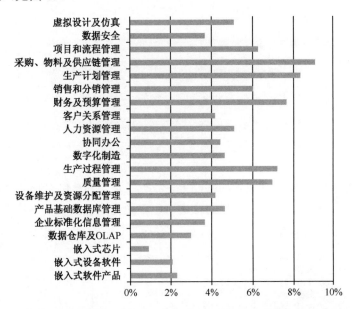

图 6　企业对工业软件的关注点示意图

从工业软件的应用情况看，ERP 和 CAD 的普及率最高。从调研的情况来看，工业软件应用的程度差异较为明显，很多中小型企业只有单纯的 ERP 应用，工业软件的应用范围比较窄。由于我国的工业以加工制造业为主，这也就造成了企业更多地关注可以较快带来效益的 HRM、MES 等模块，对于其他软件研发的关注较少，尤其对于 PLM/PDM 等重要工业软件的应用比较缺乏（见图7）。

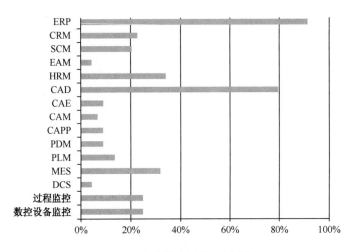

图 7　工业软件应用情况示意图

二、工业软件各领域发展情况

（一）经营管理类软件

调查数据显示，2010 年管理软件市场规模持续增长，增长率为 19.5%。目前，国内经营管理类软件的高端市场应用的主要还是国外软件。但国内经营管理类软件厂商在经历了学习、吸收和结合国情自主开发等几个阶段后，已逐步成熟起来，并成为国内市场上的主力军。国产软件产品由于实用、易用、实施周期短、风险低、见效快等特点，已为越来越多的国内企业所青睐，一些世界著名跨国集团的在华企业也开始选择中国本土的软件产品。据计世资讯发布的数据，国产管理软件在国内市场的份额不断扩大。管理软件市场各品牌份额分布图如图 8 所示。

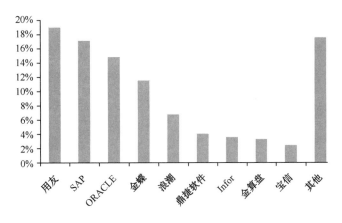

图 8　管理软件市场各品牌份额分布图

数据显示，2010 年管理软件市场有较高的增长态势，企业信息化投入更加谨慎。2010年，在经营管理软件类的市场中，ERP 软件仍主导整体市场，大型企业市场成为市场主导力量，华东、华北、华南是管理软件市场的主力区域。教育、煤炭、建筑行业增长快速，金融、电信等服务行业增长潜力大，制造行业中的机械行业增长较快，中型企业的主体力量更加稳固，保持较高增长速度，小型企业受整体经济环境波动影响较大。服务在管理软件中的比重进一步提高，用户认可服务价值，定价将逐渐明朗化。

（二）产品研发类软件

调查数据显示，2010 年我国 PLM 市场规模达 36.8 亿元，同比增幅达 12.3%。从市场份额看，CAD、PDM、CAE 占据较大的市场份额（见图 9）。

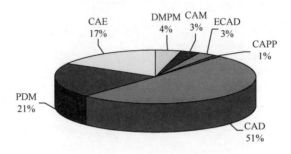

图 9　PLM 各类软件市场份额图

目前，汽车/零部件、造船、航空/航天、电子/通信、电器/家电、通用机械等离散制造行业仍是主要的应用领域（见图 10），而快速消费品、制药、钢铁等流程制造行业正成为产品研发类软件应用的新兴市场。

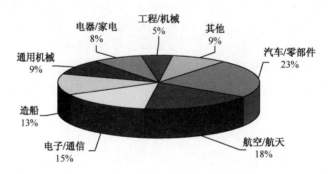

图 10　中国 PLM 市场行业应用分布图

从国内软件厂商 PDM/PLM 的应用情况来看，传统的 PDM 实力软件厂商占据较大的优势，在一定程度上左右了市场的格局，一些传统 PDM 厂商也在扩大自己产品的应用领域，如新模式软件就在基于 PLM 的数据资产保护领域表现抢眼，引领数据管理趋势（见图 11）。

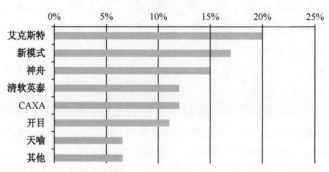

图 11　中国国产 PDM/PLM 市场占有率示意图

我国 PLM 市场上的产品五花八门，国外代表厂商主要包括 PTC、SIEMENS、达索等，国内代表厂商主要包括清软英泰、新模式软件、艾克斯特、CAXA、开目、天喻等。国内市场竞争者主要包括国内主流 PLM 厂商、PLM 代理厂商、国外主流 PLM 厂商等。

我国 PLM 市场总体上呈现出集中度不断提升的态势。国内 PLM 市场的前五名厂商占有约 70% 的市场份额，前十名占有超过 80% 的市场份额。各个细分市场的前三名基本垄断了该市场，但整个市场仍然非常活跃，不断有新的厂商进入。

（三）生产过程管理软件

权威机构数据显示，2010 年国内 MES 市场规模约为 10.6 亿元，同比增长了 23.3%。MES 在发达国家已实现产业化，其应用覆盖离散与流程制造行业和有关领域，如半导体、电子、机械、航空、汽车、医疗、食品、酿酒、石油、化工、冶金等，并给企业带来了巨大的经济效益。据权威咨询公司 AMR 最新完成的一项市场调查显示，MES 的标准化进程与 ERP 的成熟是 MES 市场增长的两大驱动力。

目前，我国 MES 已在钢铁、石化等行业得到深入应用，其应用效益得到用户认可，MES 已成为企业信息化的主体（见图 12）。

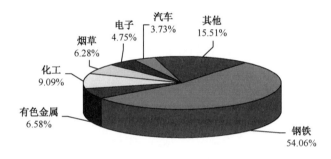

图 12　中国制造业 MES 行业应用分布图

我国的 MES 由于缺乏智能机制，大多只提供一个数据集成、业务集成的系统平台，无法在大量实时信息的基础上进行优化。

（四）企业内和企业间协同集成软件

据权威机构统计，2010 年协同软件市场规模已经达到了 56.4 亿元，同比增长 36.4%。据计世资讯发布的数据，从协同集成软件的应用来看，协同办公软件、协同应用产品占据了最多的份额，达到 63.8%，协同平台占据 30.9%，协同工具占据 5.3%。协同应用的主流将以协同软件、协同应用为龙头，带动协同平台，甚至协同工具的发展，协同工具会越来越多地融入到协同办公或者是协同应用之中。

协同集成软件在国内发展已有十几年，产品技术不断成熟，在领先的国际协同平台软件厂商周围出现了一批经验丰富的集成商。同时也出现了一批以 JAVA 技术协同软件为主要产品的国内厂商。产品技术和服务水平的提升给用户提供了更丰富的选择和方案。协同软件市场行业分布图如图 13 所示。

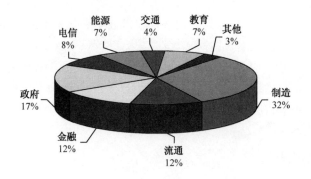

图 13　协同软件市场行业分布图

（五）嵌入工业装备内部的软件

2010 年，嵌入式软件市场规模约为 2142 亿元，比 2009 年增长了 28%。制造业的增长对嵌入式系统产业的发展起到了拉动作用。我国嵌入式系统的应用在计算机与网络、工业控制、消费电子、汽车电子、IC 卡等领域的应用较为广泛（见图 14）。由于电子产品需求量的增长，对嵌入式系统的需求也随之大幅提高，嵌入式系统在通信设备、网络设备、工业自动控制、消费电子及汽车电子等各个领域的应用正在进一步扩展。

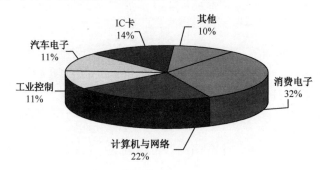

图 14　我国嵌入式系统应用分布情况图

（稿件由中国软件行业协会提供）

2010年我国嵌入式软件发展概况

2010年，全球嵌入式软件市场呈现以下趋势：软件产业全球化进一步加剧，发达国家的软件企业从降低成本的角度考虑，逐步集中力量发展核心业务，利用全球的人力资源，将大量非核心业务向发展中国家转移，使发展中国家的软件企业有了向国际先进企业学习的机会，进一步提高了发展中国家软件产业的技术水平。

一、我国嵌入式软件市场基本情况

2010年，我国规模以上电子信息制造业工业增加值增长16.9%，比2009年增加11.6个百分点，高出工业平均水平1.2个百分点。实现销售产值63395亿元，同比增长25.5%；实现主营业务收入63945亿元，同比增长24.6%；实现利润2825亿元，同比增长57.7%。随着制造业整体规模和技术水平的不断提高，各种电子产品功能集成度也越来越高，产品不断向高端级别迈进，与之伴生的嵌入式软件也为推动信息化发展和促进两化融合发挥了积极作用，在国民经济发展和全球产业布局中日益占据重要地位。

二、嵌入式软件应用分领域情况

（一）移动通信领域

2010年，在全球电子产业持续复苏的推动下，全球智能手机销量较2009年有较大增长。据市场调研的数据显示，2010年全球智能手机出货量较2009年的水平增长21%，达到2.24亿部（见图1）。2.5G手机在2010年的销售量较2009年下降7%左右，而3G智能手机市场较2009年的水平增长8%。据预计，3G手机将从2011年开始成为手机市场的主导产品，到2015年3G手机的市场份额将达到68%。

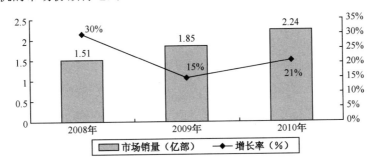

图1 2008—2010年全球智能手机产品销量增长示意图

截至2010年9月底，中国智能手机销量为2220.3万部，达到了2009年全年销量的水平，2010年全年智能手机销量较2009年有较大提高。移动互联网嵌入式业务应用成为智能手机市场发展的重点，数据增值业务成为运营商的重要业务，智能手机的普及有效带动了嵌入式应用软件及数据增值业务的发展。

2010年最受关注的嵌入式软件平台是Google的Android平台，据Gartner的数据显示，

2010 年 Android 平台全球销量超过 6700 万部，市场占有率达到 22.7%，成为了世界第二大嵌入式智能手机软件平台，仅次于 Symbian 平台。苹果公司的 iOS 凭借 iPhone 手机在智能手机市场的热销，以及在线应用商店的创新营销模式的成功，继续巩固了自己的市场地位，全球市场占有率达到 15.7%（见表 1）。

表 1 2010 年国际主流嵌入式软件平台销量占有率统计表

平 台 名 称	2010 年销量（万部）	2010 年市场占有率
Symbian	11157	37.6%
Android	6722	22.7%
RIM	4745	16%
iOS	4659	15.7%
Windows Mobile	1237	4.2%
其他系统	1141	3.8%

注：数据来源：Gartner。

在国内市场中，诺基亚的 Symbian 以 67.2% 的市场份额依然稳居市场首位，并且在未来的一段时期内，Symbian 仍可保持市场占有率第一的位置，但受到 Android、iOS 等产品的强有力的竞争，其市场占有率正在不断下滑。2010 年，国内市场的 Android 操作系统市场份额迅速拓展为 3.1%；基于中国移动 OMS 软件平台的 Ophone 则占市场份额的 1.8%，同比提升 99.4%。

苹果手机在智能手机市场上的销量不断提升，也打破了传统智能手机操作系统的市场格局，苹果公司推出的 iphone、ipodtouch、ipad 系列终端产品不断推进着 iOS 的应用范围。苹果 APPStore 的迅猛发展也侧面提升了 iOS 的影响力，iOS 软件的应用下载数量已经超过 30 万次。

谷歌的 Android 经过 3 年的迅速发展，已成为全球第二大操作系统。凭借 Google 公司自身积累的品牌知名度，以及 Andoroid 的强大功能，Android 在市场中得以迅速扩展。Android 凭借开源和开放性的核心优势，使 Android 的厂商阵营不断扩大。国外的大型手机厂商，如摩托罗拉、三星、LG 等，以及国内的魅族、联想、中兴等手机厂商均加入了 Android 阵营，使其应用范围迅速扩大。

微软 Windowmobile 操作系统 2010 年市场份额继续呈现下滑态势。究其原因，主要是 Windowmobile 商务人群的市场定位，影响了用户规模的拓展。较为传统的用户体验方式已被诸如 Android、苹果 iOS 所支持的多点触摸方式所打破，急需技术变革。

（二）移动互联网领域

2010 年，移动互联网发展迅速，用户数目和收入规模持续增长，行业格局初步形成。据易观国际数据显示，2010 年中国移动互联网用户超过 2.88 亿人，同比年增速达 40.5%（见图 2）。随着移动互联网厂商在产业链中地位不断提高，在互联网领域也将获得更多的市场机会，新的盈利模式和盈利点会不断显现。

1. 移动支付

移动支付业务是近年逐步兴起的基于移动互联网和移动电子商务消费的新型移动业务，用户业务使用方式主要以远程支付为主。据易观国际数据显示，随着电信运营商和银联对移动支付业务的推广力度不断增强，相关产业标准和合作方式不断改善，2010 年移动支付用户数量进一步提升，达到了 1.3 亿多户（见图 3）。

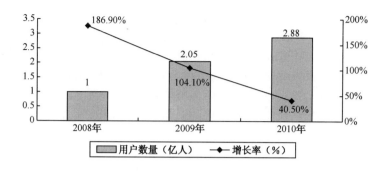

图 2 2008—2010 年国内移动互联网用户数量增长示意图

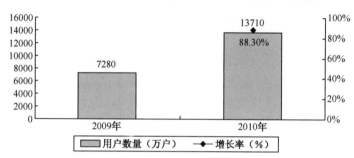

图 3 2009—2010 年移动支付用户规模增长示意图

移动支付是多种电子支付融合发展的集成支付方式，目前国内手机用户已经突破 7.5 亿，潜在用户数量巨大。移动支付可以充分满足用户进行随时便捷支付的需求。对于嵌入式应用软件及服务提供商而言，如能实现规模化推广并与移动互联网相关产业结合，手机支付所具备的独特优势和广阔的发展前景将为终端应用服务商带来巨大的经济效益。

2. 手机即时通信

2010 年，手机即时通信用户使用最多的通信软件是手机 QQ。在用户使用手机即时通信软件最关注因素中，完全与电脑好友互通应用占据最高比例，但软件操作便捷性等因素也是用户选择使用即时通信软件的重要条件。

在手机即时通信软件市场中，有 83.5%的用户使用手机 QQ，在整个行业中居于首位；中国移动飞信以 50.5%的用户渗透率紧随其后；手机 MSN 则以 19.5%的用户渗透率位列第三；手机阿里旺旺依托淘宝网交易平台发展迅速，用户渗透率也达到了 6.7%（见图 4）。

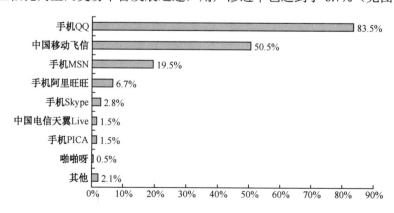

图 4 2010 年手机即时通信软件分布示意图

（三）消费电子领域

消费电子产品是嵌入式软件应用最重要的搭载产品之一，也是出货数量最大的产品领域。目前产品也以国产品牌为主，其核心操作系统仍主要采用国外产品，以及国际开源操作系统产品。国内嵌入式软件厂商仍限于应用软件的开发集成层面，由于消费电子产品出货量巨大，国产品牌以较高的性价比获得了国内市场的认可，使得本土嵌入式软件厂商在此领域获得了可观的效益和持续发展的资本。

1. 便携式音/视频播放终端设备

2010 年，在中国 MP3/MP4 市场上，苹果凭借在外观、操控体验、产品功能等方面的优势，成为市场最受关注的产品。随着竞争加剧及单一音/视频播放类产品市场的逐步萎缩，具备网络功能、智能嵌入式操作系统、多点触摸等新型功能的产品逐步占据了市场的主流地位。

目前，苹果公司的 iOS 受其 ipod 系列终端产品热销的影响，成为了最受关注的产品。国内其他厂商产品目前多采用诸如 μCOS-Ⅱ 等国际开源嵌入式操作系统或其他微型专有嵌入式操作系统，本土嵌入式软件厂商在此领域仍然限于应用软件的开发及产品集成。2010 年，受全球经济复苏的影响，便携式音/视频播放终端设备市场也继续保持了温和增长势态。

2. 数码相框

数码相框产品自 2006 年兴起以来，已逐渐成为我国嵌入式软件厂商新的市场拓展领域，目前中国数码相框市场已经走向行业发展的轨道，并进入快速发展阶段，其产销量和市场需求呈现大幅度增长。数码相框产品包含的嵌入式软件涉及操作系统、程序管理、图像浏览，以及音/视频文件播放、无线上网等高端应用。2010 年国内数码相框产品销量继续保持了增长势头（见图 5）。

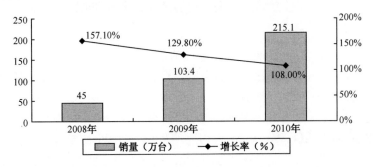

图 5　2008—2010 年数码相框国内市场增长示意图

3. 电子阅读器

目前市场上主要有三种运营模式："终端+内容"的发展模式；电信运营商定制阅读器的模式和纯硬件厂商的商业模式。据来自易观国际的数据显示，在 2010 年中国电子阅读器产品市场中，汉王公司凭借在嵌入式手写识别系统，以及相关软、硬件产品领域多年的独特优势，保持市场份额第一的优势，达到 63.37%；第二名是盛大文学的 bambook，市场份额为 10.29%。

调查数据显示，2010 年第 4 季度中国电子阅读器销量达到 31.78 万台，环比增长 20.11%。2010 全年的销量达到 106.69 万台（见图 6）。

中国电子阅读器市场虽然起步较晚，但借助人口规模优势，呈现了惊人的发展态势。不同类型的内容平台竞争激烈，包括百度、当当网、Google 电子书店等都可能加入到数字出版内容平台竞争中来。中国移动阅读基地也开发了相应的网站，2011 年可能上线运营。目前国内电子书市场还处于发展初期阶段，市场短期繁荣之后可能进入调整阶段，产品及商业模式的多元化将成为电子阅读器市场未来的发展潮流。

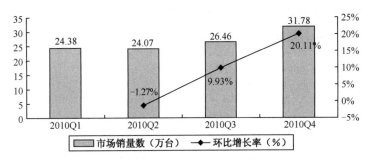

图 6　2010 年国内电子阅读器产品销量增长示意图

（四）数字电视产业领域

2010 年，中国数字电视产业继续高速发展。全球性的经济危机对国内的数字电视产业发展没有产生不利影响。从企业投资到用户需求，国内的数字电视产业在各个层面上都保持了快速的发展势头。众多数字电视网络运营商、硬件厂商、嵌入式软件厂商获得了政府资金的大力支持。2010 年我国数字电视用户数量已经达到 1.13 亿（见图 7）。

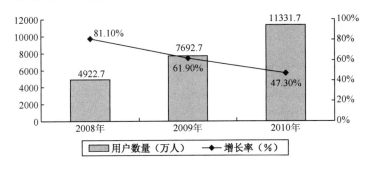

图 7　2008—2010 年数字电视国内市场增长趋势示意图

据 Guideline Research 数据显示，截至 2010 年 9 月，中国数字机顶盒产品市场保有量达到 9361.8 万台，2010 年前 3 季度出货量达到 2143.8 万台（见图 8），与 2009 年同期相比增加 433.1 万台，机顶盒产品销量保持了稳定增长。

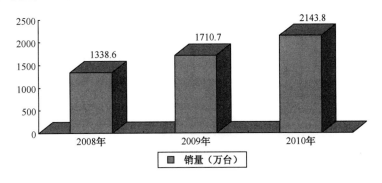

图 8　2008—2010 年数字机顶盒产品国内市场示意图

国内机顶盒厂商大多采取自行研发嵌入式软件平台及应用软件或采购与芯片捆绑的整体解决方案。在这些方案中，开发商均采用了各自的操作系统及软件平台，也有部分厂商采用开源 Linux 方案。目前，国内机顶盒市场发展已经较为成熟，随着更多的数字电视行业内的企业参与到了数字电视的转换工作，以及业务模式的创新，加快了数字电视接收的进程，从而刺激了机顶盒市场销量的增加。

（五）医疗电子领域

随着欧美地区医疗电子体系和市场规模的日趋饱和，一些新兴的区域市场，如以中国、印度等为代表的亚太地区，医疗电子市场近几年一直保持着较高的增长速度，成为带动全球医疗电子市场增长的重要区域，也是国际大企业竞相争夺的新市场目标。据 isuppli 提供的数据显示，2010 年，中国医疗电子全年市场总额达 57.91 亿美元，较 2009 年市场增长了 44%（见图9）。

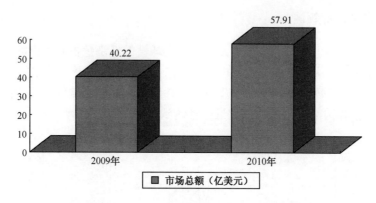

图9　2009—2010年国内医疗电子市场增长示意图

目前，国内嵌入式软件厂商在医疗电子领域仅有以东软集团为代表的少数本土企业在医学影像技术等方面拥有成功案例。在嵌入式操作系统层面则多采用国外嵌入式 Vxworks、Nucleus 等产品。未来由于受市场规模持续扩大、区域分布城乡差异大、产品品牌集中等趋势的影响，国内市场对医疗电子产品的需求正朝便携化、定制化方向进一步发展。

（六）工业控制领域

2010 年，嵌入式软件在工业控制领域继续保持稳步发展势态。北京四方继保自动化有限公司、南京南瑞集团公司、北京和利时系统工程股份有限公司等一批软件企业均成功将自己的软件产品应用于工业实时安全监控软件平台、电力电网控制等众多领域成套嵌入式工控应用软件，在电力、化工、石油等多个行业中。目前国内工控软件厂商多基于国外如 Nucleus、Windows CE 等嵌入式操作系统进行解决方案研发，本土嵌入式操作系统产品尚未实现在工控领域的应用。在未来，我国工业控制软件将继续向标准化、网络化、智能化方向发展。

（七）物联网领域

2010 年 10 月 10 日，《国务院关于加快培育和发展战略性新兴产业的决定》出台，物联网作为新一代信息技术的重要项目被列入其中，成为国家首批加快培育的七个战略性新兴产业之一。这标志着物联网被列入国家发展战略，对中国物联网的发展具有里程碑的重要意义。

2010 年，在各级政府的大力推动下，物联网的应用示范项目开始得到较快发展。在上海市政府的积极推动下，上海世博会成为物联网技术综合应用的典型示范项目。采用 RFID 芯片的 7000 万张世博门票、融合了 RFID 和 SIM 卡技术的 300 万张世博手机门票，以及利用 RFID 与物联网技术实现的车辆管理、垃圾管理系统等。

2010 年，在智能交通、移动支付、城市管理等领域，RFID 与物联网应用示范项目都得到了较快的发展。目前已经出现了民生物联、市政物联、装备物联、企业物联、农业物联、环保物联、物流物联、家庭物联等形形色色的各类物联网络。物联网把人类社会、网络世界与物理系统三者整合在一起，使人与物、人与人通过网络进行信息交互，带动人类进入了信息时代。

（稿件由中国软件行业协会提供）

2010 年我国信息系统安全领域发展概况

2010 年，我国信息安全产品市场、服务市场、工程建设市场都获得了平稳较快的发展，信息安全市场总规模达到了 361.88 亿元，比 2009 年增长 21.51%，信息安全建设投资占信息化建设投资比例达到 5.25%。可以预测，我国 2011 年在建立自主可控的信息安全保障体系上将保持快速发展的势头，信息安全建设的总体市场将达到或超过 400 亿元。

一、2010 年我国信息系统安全基本情况

（一）我国信息安全现状

2010 年，我国信息安全的法律法规体系进一步完善，信息安全保障能力进一步提升，互联网空间进一步净化，网络信息系统运行环境明显改善，网络基础设施运行平稳，全国范围和省（市、区）区域内未发生造成重大影响的信息安全事件，网络及信息系统安全总体态势良好。

1. 信息安全保障能力提升

国家互联网应急中心（CNCERT）和国家信息安全漏洞共享平台（CNVD）建成运行，一批国家级数据灾备中心建成运营，信息安全等级保护安全建设稳步推进，促使我国网络和信息系统安全保障能力进一步提升。数据灾备中心建设一览表如表 1 所示。

表 1　数据灾备中心建设一览表

	灾备数据中心布局	服 务 方 式	服 务 对 象	规 模 及 特 点
中金数据系统有限公司	中金北京数据中心	为政府和企业提供生产中心场地服务、数据备份服务、数据灾备服务、应急状态下的业务连续性服务等	银行、保险、证券和公共服务部门等行业客户	2008 年 6 月运行的北京数据中心，其建筑规模居亚洲第一，中央机房采用最高级别的行业标准，包括国家最新的 A 级机房设计标准和国际行业 T4 级设施保障标准，达到 99.995%的可用性指标
	中金华南数据中心	为政府和企业提供数据备份服务、数据灾备服务、应急状态下的业务连续性服务	政府、金融、电信、交通、能源、公共服务业及大型制造/零售业等信息化依存程度高的行业	位于广州市增城经济技术开发区的中金华南数据中心规划总投资 40 亿元，首期投资 20 亿元
	中金烟台数据中心（建设中）	为政府和企业提供数据备份服务、数据灾备服务、应急状态下的业务连续性服务	政府、金融、电信、交通、能源、公共服务业及大型制造/零售业等信息化依存程度高的行业	高等级数据备份中心，中国东部的灾难备份数据中心

	灾备数据中心布局	服务方式	服务对象	规模及特点
万国数据服务有限公司	万国昆山数据中心	为客户提供高品质的生产中心、灾备中心、存储中心及互联网基础设施服务等	服务于政府、银行、证券、保险、物流、制造、能源、网络公司等行业客户	该项目总投资120亿元。2010年10月31日竣工的一期工程建筑面积为2.4万平方米，投资约8亿元。可容纳16个数据中心模块
	万国成都数据中心	为客户提供高品质的生产中心、灾备中心、存储中心及互联网基础设施服务等	为全国20多家金融机构总部或呼叫中心提供灾备服务	总投资16亿元；2010年12月3日一期工程竣工，是西部地区首个落成的新一代绿色数据中心。达到国际行业T4级设施保障标准
重庆市政府、中国国际电子商务中心、重庆北部新区	重庆北部新区数据灾备中心（建设中）	为全球各国各地区的政府相关机构或企业提供数据灾备服务和外包服务	服务于政府、银行、证券、保险、物流、制造、能源、网络公司等行业客户	总投资11.5亿元，除建设两座高等级数据灾备中心外，还将针对服务外包企业、各级政府机构、相关服务单位等构建一体化支撑服务功能平台

2. 互联网空间进一步净化

政府有关部门不断加大对钓鱼网站、不良信息网站等非法网站和不良信息内容的防范和清查力度，公安部开展了集中打击黑客攻击破坏活动专项行动，以促进我国互联网空间进一步净化。2010年净化互联网空间信息一览表如表2所示。

表2 2010年净化互联网空间信息一览表

序 号	内 容	2010	说 明
1	受理钓鱼网站举报数目	23455	
2	处理钓鱼网站数目	22573	
3	处理涉黄域名数目	6168	
4	添加涉黄域名黑名单数目	3551	86批次
5	删除服务机构涉黄链接及对域名进行实名认证数目	82	批次
6	破获黑客攻击破坏违法犯罪案件	180	违法犯罪案件包括制作销售网络盗窃木马程序案件、组织僵尸网络案件、帮助他人实施拒绝服务攻击案件及侵入政府网站案件等
7	抓获黑客攻击破坏违法犯罪嫌疑人	460	
8	清理整治黑客网站	100	

3. 中小型企业互联网安全建设投资加大

2010年，我国中小型企业互联网信息安全防护水平迅速提高，在接入互联网的中小型企业中，有91.7%的中小型企业安装了杀毒软件，76.5%的中小型企业安装了防火墙。中小型企业信息安全投资在信息化建设总投资中的比例进一步加大，达到3.10%，这是史无前例的。

4. 手机安全防护能力增强

2010年，我国智能手机用户规模为8800万，移动手机成为中国移动互联网最主要的终端设备，通过手机进行支付成为重要的支付方式。随之而来的手机病毒/木马迅速膨胀，截至2010年9月底，共计发现2012个手机病毒样本，手机信息安全形势严峻。以奇虎360公司为代表的多家杀毒软件公司为了适应移动互联网安全需要，推出了不同类型的手机安全软件产品，如"360手机卫士"、"360信安易"、"网秦手机卫士"等。

（二）2010年我国信息系统安全事件

1．2010年我国信息安全事件发生率

根据CNCER公布的2010年上半年《中国互联网网络安全报告》，2010年上半年CNCERT接收了4780次网络安全事件报告（不包括扫描和垃圾邮件类事件），2010年上半年平均每月接收到的事件报告数量为797次，如图1所示。

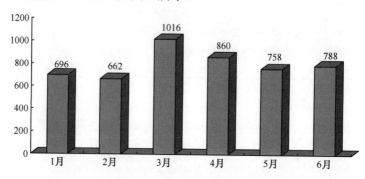

图1　信息安全事件报告月度统计数据图（2010年1—6月）

2．2010年我国信息安全事件类型

在2010年上半年所接收的网络安全事件报告中，恶意代码（含网页挂马）事件为2725次，占报告事件总数的57%；漏洞事件1241次，占报告事件总数的26%；网页仿冒事件740次，占报告事件总数的15%；拒绝服务攻击事件47次，占报告事件总数的1%；其他事件27次，占报告事件总数的1%。2010年我国网络安全事情类型比例如图2所示。

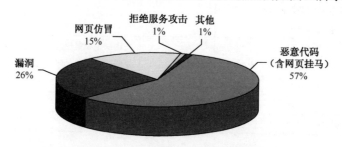

图2　2010年我国网络安全事件类型比例图

（三）2010年信息安全漏洞统计

1．2010年信息安全漏洞月度统计数据

据国家信息安全漏洞共享平台（CNVD）网站发布的全部信息安全漏洞数据，2010年4月5日至2011年2月20日，信息安全漏洞月度统计数据的变化趋势如图3所示。

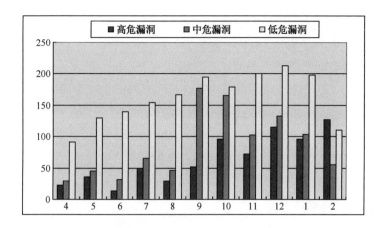

图3　CNVD 平台信息安全漏洞月度统计数据的变化趋势图

2. 2010 年国内信息安全漏洞统计

1）信息安全漏洞分类

根据信息安全漏洞可能带来的威胁严重程度，将信息安全漏洞分为高危漏洞、中危漏洞和低危漏洞三类。在国家信息安全漏洞共享平台上进行检索，得到 2010 年信息安全漏洞严重程度分类，如图 4 所示。

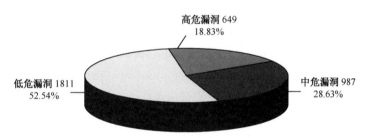

图4　2010 年信息安全漏洞严重程度分类图

2）黑客利用信息安全漏洞实施攻击

黑客利用信息安全漏洞对网络计算机系统实施攻击的地理位置可分为远程攻击、本地攻击和其他攻击三类。2010 年，黑客利用信息安全漏洞对我国网络计算机系统实施攻击，发生漏洞攻击事件 3447 次。其中，远程攻击事件为 2919 次，占攻击事件总数的 84.68%；本地攻击事件为 513 次，占 14.88%；其他攻击事件 15 次，占 0.44%（见图 5）。

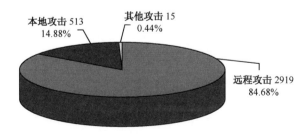

图5　2010 年黑客利用漏洞对我国网络计算机系统实施攻击分布图

3）信息安全漏洞产生的原因

信息安全漏洞是由于通信网络产品、计算机产品、计算机外部设备产品、工业控制系统产品等在设计、编程、测试、安装、配置及使用过程中出现体系结构缺陷、编程错误、测试漏项、安装与配置错误、使用不规范等造成的。

2010年我国信息安全漏洞产生的原因分布如图6所示。由图6可见，造成信息安全漏洞的三大原因如下：第一是设计错误，因设计错误而产生的信息安全漏洞数量占总漏洞数量的41.31%；第二是输入验证错误，占21.47%；第三是边界条件错误，占17.81%。这与实际情况是相符合的。

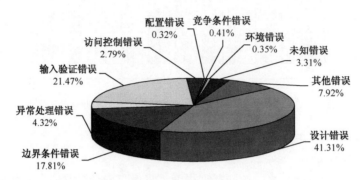

图6 2010年我国信息安全漏洞产生原因分布图

（四）2010年我国计算机用户病毒

1. 2010年我国新增计算机病毒/木马样本数量统计

为了便于与往年的统计数据进行比较，本书未将奇虎360公司的数据列入表中，仅将瑞星、金山和江民三个公司的统计数据列入。从这三个公司公告的统计数据的平均值可以看出2010年我国新增病毒/木马样本总量和分类数量的变化情况（见表3）。对应的2010年我国计算机新增病毒/木马分类比例如图7所示。

表3 2010年新增病毒/木马样本数量统计表

公 司 名 称	时 间 段	新增病毒样本（万）	木马比例（%）	后门程序比例（%）	传统病毒比例（%）	蠕虫比例（%）
瑞星公司	2010年1—12月	750.00	55.00	19.00	12.00	14.00
金山公司	2010年1—12月	1798.00	85.40	7.70	4.30	2.60
江民公司	2010年1—12月	1080.00	69.00	9.95	18.82	2.23
平均值	2010年1—12月	1209.00	69.80	12.22	11.71	6.27

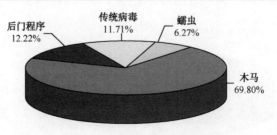

图7 2010年我国计算机病毒/木马分类比例图

2. 我国网络计算机病毒/木马的主要传播途径

2010年，我国网络计算机病毒/木马的主要传播途径是网络下载、移动存储和挂马。其中，通过网络下载各类文件和网页传播的占 82.20%，通过使用 U 盘等移动存储介质传播的占 6.80%，通过挂马方式传播的占 9.70%，其他途径占 1.30%。由于"网页挂马"直接与互联网有关，所以通过网络传播的病毒/木马样本比例超过新增病毒/木马样本的 90%以上。2010年我国网络计算机病毒/木马传播途径比例如图 8 所示。

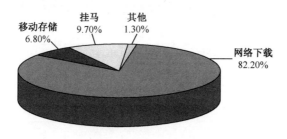

图 8　2010 年我国网络计算机病毒/木马传播途径比例图

（五）2010 年我国政府网站信息安全

我国已建立政府门户网站 4.5 万多个，包括 75 个中央和国家机关网站、32 个省（市）级政府网站、333 个地级（市）政府网站和 80%以上的县级政府所建立的电子政务网站。

根据国家计算机网络应急技术处理协调中心（CNCERT）发布的《网络安全信息与动态周报》信息，统计 2010 年我国政府网站被篡改的数据如表 4 所示，对应的月度统计图如图 9 所示。

表 4　2010 年我国政府网站被篡改的统计数据表

月　　份	1 月	2 月	3 月	4 月	5 月	6 月	7 月	8 月	9 月	10 月	11 月	12 月
被篡改的政府网站数	361	438	503	441	465	565	456	266	399	261	344	618
合　　计	5117											

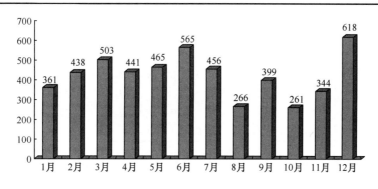

图 9　2010 年我国政府网站被篡改月度统计图

（六）2010 年我国网络信息系统安全威胁

1．2010 年十大钓鱼网站

2010 年中国出现的十大钓鱼网站如表 5 所示。

表 5　2010 年中国出现的十大钓鱼网站

序　号	钓鱼网站名称	钓鱼网站网址
1	淘宝钓鱼网站 1	item.taobao.com-uik.co.cc
2	淘宝钓鱼网站 2	item.taobao.com-uue.co.cc
3	腾讯钓鱼网站 1	ffajxqq.info
4	工商银行钓鱼网站 1	Icbc-be.com
5	央视非常 6+1 钓鱼网站 1	www.cctv3.cc
6	腾讯钓鱼网站 2	qq2010mb.info
7	工商银行钓鱼网站 2	mybank.icbc.com.cipoc.info
8	央视非常 6+1 钓鱼网站 2	www.cctv9669.com
9	腾讯钓鱼网站 3	qqffo.net
10	新浪钓鱼网站	Sina3.t3.to

2. 2010 年十大病毒/木马

根据 2010 年在我国流行的病毒/木马对网络信息系统的威胁程度和感染台数进行综合分析，排出 2010 年在我国传播的十大病毒/木马（见表 6）。

表 6　2010 年在我国传播的十大病毒/木马

序号	病毒/木马名称（中文）	病毒/木马名称（英文）	档案说明
1	网银超级木马，也称"支付宝大盗"	Trojan.PSW.Alipay	该木马也被称为"支付宝大盗"。于 2010 年 8 月由瑞星公司截获，至今已经发现变种 200 余种。病毒会借助网络购物页面中的图片、常用软件进行传播，病毒运行后，会修改用户网上购物的收款人信息，使用户将钱打到黑客账户中，并可对用户浏览器进行强制篡改，指向恶意网站
2	极虎病毒		极虎病毒是一款多功能木马下载器。它利用 IE 浏览器的极光 0day 漏洞进行传播，发作于 2010 年 2 月。它是集合了磁碟机、AV 终结者、中华吸血鬼、猫癣下载器等的混合病毒。它能下载包括各种盗号木马、流氓软件，弹广告，刷流量等；能感染用户机器上的所有可执行文件，并联网下载大量盗号、广告类软件。该病毒非常隐蔽，没有特定进程，而采用"线程"插入方法，插入正常的系统进程 Svchost.exe 中，只有在进程模块中，才能看到病毒原体
3	dll 文件劫持木马	Win32/Lmir.KB	它是一类专门劫持 dll 文件的木马程序，常见于"犇牛"等恶性木马下载器中。2010 年上半年，360 安全卫士对这类木马的查杀量约为 3833 万次
4	首页篡改木马	Adware.Win32.Fsutk	它是一款流氓广告程序，也是首页篡改木马程序。它涉及 IE、搜狗、360、傲游、firefox、chrome、腾讯 TT 等浏览器。它的主要危害是绑架浏览器首页和桌面图标，强制访问不良网址导航。在网民电脑遇到的各种安全问题中，所占的比例约为 70%。2010 上半年，超过 100 家网址导航站使用了木马渠道进行推广，强制篡改用户浏览器首页

序号	病毒/木马名称（中文）	病毒/木马名称（英文）	档 案 说 明
5	漏洞蠕虫病毒	Worm.Win32.Ms08-067	它是一款蠕虫病毒,基于 win32 操作系统,利用 ms08-067 漏洞,注入了 svchost.exe 进程。一旦病毒在目标机器上运行,Win32/MS08-067!exploit 就会连接远程服务器来下载并安装其他的恶意程序,通常都是后门类、下载类和 bot 类的病毒
6	CVB-2010-0806 攻击者病毒	JS/BxploitCVB-2010-0806	这是一个针对微软 IE6 和 IE7 一个安全缺陷,编号为 CVE-2010-0806 的漏洞发起攻击的 js 类型脚本病毒,该漏洞可能会导致用户电脑成为肉鸡。这些安全漏洞创造了向受害人 PC 放置恶意软件的途径,如果受害人使用有安全漏洞的 IE 浏览器访问陷阱网站就会受到攻击
7	暴风一号病毒	Worm.Script.VBS.Autorum.be	这是一个通过 U 盘传播的 VBS 蠕虫病毒。该病毒由 VBS 脚本编写,采用了加密和自变形手段。该病毒在 2009 年大量爆发,在 2010 年内出现新变种。新变种在继承了原"暴风 1 号"U 盘传播方式、ntfs 文件流启动等特点后,病毒的主要目的集中在篡改浏览器主页上。该病毒会修改桌面正常的快捷方式,当用户双击这些修改过的快捷方式时,病毒即获得启动机会,这给手动清除该病毒带来很大的麻烦
8	感染源木马	Win32.Loader	该病毒属蠕虫类病毒,病毒运行后衍生大量病毒文件,修改注册表,添加启动项,以达到随机启动的目的。同时该病毒会连接网络,下载病毒文件
9	U 盘/文件夹寄生虫病毒	Chcckee/Autorun	它是一个利用 U 盘等移动设备进行传播,并利用 autorun.inf 自动播放文件触发的蠕虫病毒。autorun.inf 文件一般存于 U 盘、MP3、移动硬盘和硬盘各个分区的根目录下,当用户双击 U 盘等设备时,该文件就会利用 Windows 系统的自动播放功能,优先执行所要加载的病毒程序,从而破坏用户计算机,使用户计算机遭受损失
10	震网病毒	Worm.Win32.Stuxnet	该病毒是一款高端蠕虫病毒。利用西门子自动控制系统（SieMens Simatic Wincc）的默认密码安全绕过漏洞,读取数据库中存储的数据,并发送给注册地位于美国的服务器。窃取数据后病毒会抹掉一些电子痕迹,所以网络管理员可能在一段时间之后才会发现曾遭到攻击。该病毒是 2010 年 6 月被首次检测出来的,2010 年 7 月爆发。它利用了微软操作系统中至少 4 个漏洞,其中有 3 个全新的零日漏洞;伪造驱动程序的数字签名;通过一套完整的入侵和传播流程,突破工业专用局域网的物理限制;利用 WinCC 系统的 2 个漏洞,对其开展破坏性攻击。该病毒已经感染了全球超过 45000 个网络

3. 2010 年篡改大陆网站十大黑客

2010 年,国内外黑客（组织）对中国大陆网站进行攻击的活动比较猖獗。据 CNCERT 官方网站统计,2010 年篡改中国大陆网站的十大黑客名单如表 7 所示。

表7 2010 年篡改中国大陆网站的十大黑客名单

排　名	黑客名称	攻击次数
1	Timeless	454
2	By_aGReSiF	352
3	Joker	242
4	iskorpitx	205
5	Link	196
6	Hmei7	176
7	冰鱼	155
8	aGReSiF	148
9	HEXB00T3R	145
10	Cracker-Mr.X	140

三、2010 年我国信息安全产品及服务市场发展情况

（一）2010 年我国信息安全市场基本情况

1. 2010 年我国信息安全市场规模与结构

2010 年我国信息安全市场规模达到 361.88 亿元，比 2009 年增长 21.51%，高于信息产业平均增幅。2010 年我国信息安全市场结构如表 8 所示。

表8 2010 年我国信息安全市场结构表

单位：亿元

序　号	部门（行业）	信息化建设投资额	信息安全占 IT 投资比例	信息安全建设投资额	信息安全市场细分比例
1	政府	486.10	13%	58.33	16.12%
2	金融	465.30	12%	55.80	15.42%
3	电信	421.20	12%	50.54	13.97%
4	能源（含电力）	287.70	8%	23.02	6.36%
5	交通（含铁路）	308.40	6%	18.50	5.11%
6	教育	307.10	5%	15.36	4.24%
7	制造业	529.20	4%	21.17	5.85%
8	医疗卫生	122.30	4%	4.89	1.35%
9	互联网	91.60	8%	7.33	2.03%
10	财政	50.10	12%	6.01	1.66%
11	中小企业	2223.40	3.1%	68.93	19.05%
12	其他	1600.00	2%	32.00	8.84%
合计		6892.40	5.25%	361.88	100%

注：其他包括水利、农业、渔业、林业、军工企业等。

根据表 8 数据可得到 2010 年我国信息安全的行业市场结构，如图 10 所示。

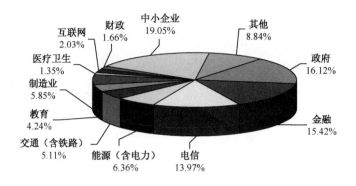

图 10 2010 年我国信息安全的行业市场结构图

2．2010 年我国信息安全产品市场分类及产品结构

根据有关数据统计分析，2010 年我国信息安全主要产品的市场分类如表 9 所示。

表 9 2010 年我国信息安全主要产品的市场分类表

序　号	细分市场名称	市场规模（亿元）	所占比例
1	防火墙/虚拟专用网（Firewall/VPN）	39.52	28.50%
2	反病毒（AntiVirus）	25.68	18.52%
3	入侵监测/入侵防御（IDS/IPS）	20.75	14.96%
4	统一威胁管理（UTM）	11.65	8.40%
5	安全审计（Security Audit）	4.88	3.52%
6	安全管理平台（SOC）	4.33	3.12%
7	服务器安全（Server Security）	3.11	2.24%
8	安全路由器/安全交换机（Secure Router/Secure Switches）	3.02	2.18%
9	信息加密/身份认证 Information encryption unit/Authentication	2．85	2.06%
10	其他	22.88	16.50%
11	合计	138.67	100%

（二）2010 年我国信息安全产品

1．2010 年我国主流信息安全产品的竞争格局

2010 年我国主流信息安全细分市场的竞争格局如表 10 所示。

表 10 2010 年我国主流信息安全细分市场的竞争格局表

信息安全细分市场	国内竞争厂商	国外竞争厂商	关注度高的厂商
防火墙/VPN	（1）天融信 （2）H3C （3）华赛 （4）联想网御 （5）东软 （6）启明星辰 （7）网御神州	（1）Cisco （2）Juniper （3）Fortinet（飞塔）	（1）Cisco （2）Juniper （3）H3C （4）华赛 （5）天融信 （6）联想网御

信息安全细分市场	国内竞争厂商	国外竞争厂商	关注度高的厂商
防病毒	（1）瑞星 （2）奇虎 360 （3）金山 （4）江民	（1）卡巴斯基 （2）趋势科技 （3）诺顿 （4）艾瑞（ESET Nod32）	（1）奇虎 360 （2）瑞星 （3）卡巴斯基
入侵监测/入侵防御系统（IDS/IPS）	（1）启明星辰 （2）H3C （3）绿盟科技 （4）东软 （5）安氏领信 （6）天融信	（1）ISS/IBM （2）Juniper （3）McAfee （4）ippingPoint	（1）启明星辰 （2）H3C （3）Juniper （4）绿盟科技 （5）ippingPoint
UTM（统一威胁管理）	（1）启明星辰 （2）H3C （2）华赛 （4）联想网御 （5）天融信	（1）Cisco （2）Juniper （3）WatchGuard （4）Fortinet	（1）启明星辰 （2）Cisco （3）Fortinet （4）联想网御
SOC（安全管理平台）	（1）网御神州 （2）启明星辰 （3）东软	（1）Arcsight （2）e-security （2）IQnetworks （4）Open System	（1）启明星辰 （2）e-security （3）H3C
信息加密/身份认证	（1）卫士通 （2）兴唐通信 （3）江南科友 （4）吉大正元 （5）捷安世纪	EMC-RSA	（1）卫士通 （2）江南科友 （3）EMC-RSA
安全路由器/安全交换机	（1）华为 （2）H3C （3）华赛	Cisco	（1）Cisco （2）H3C （3）华赛
产品定制/安全集成/安全工程建设	（1）清华紫光 （2）清华同方 （3）北大方正 （4）北大青鸟 （5）神舟数码 （6）中软总公司 （7）太极 （8）浪潮		（1）清华同方 （2）神舟数码 （3）太极 （4）浪潮 （5）中软总公司
信息安全服务	（1）清华同方 （2）北大方正 （3）太极 （4）浪潮 （5）东软 （6）浪潮 （7）神舟数码 （8）首都信息股份		（1）清华同方 （2）太极 （3）浪潮 （4）首都信息股份 （5）神舟数码

2．2010 年我国手机安全软件产品性能比较

据中国互联网信息中心（CNNIC）的数据显示，截至 2010 年 12 月，中国手机网民规模达到 3.03 亿，其中 2.77 亿用户使用手机上网，智能手机用户规模为 8800 万。随着移动互联网交易平台的完善，通过手机进行支付成为重要的支付方式。随之而来的是手机病毒木马迅速膨胀，手机安全问题日趋严峻，截至 2010 年 9 月底共计发现 2012 个手机病毒样本，超过前五年手机病毒数量的总和。

以奇虎 360 公司为代表的多家杀毒软件公司为了适应移动互联网的安全需要，推出了不同类型的手机安全软件产品（见表 11）。

表 11　2010 年我国手机信息安全软件产品市场与功能特点一览表

序　号	产品名称	市场比例	产品说明
1	360 手机卫士	55.60%	奇虎 360 公司的两款手机安全产品占手机安全市场的 61.70%，是手机安全市场的第一大产品供应商。
2	360 信安易	6.10%	360 手机卫士是一款全免费的集防垃圾短信、骚扰电话、防隐私泄漏、归属地显示功能于一身；可过滤短信、彩信、闪信、push 信息和 wap 书签；具有智能拒绝来电功能
3	网秦手机卫士	8.50%	网秦手机卫士是一款完全免费的手机安全软件，具有人性化手机体检及程序连网监控；检查恶意扣费、查杀恶意软件；系统清理手机，实现手机加速等功能
4	金山手机卫士	4.80%	金山手机卫士具有以下功能：清理垃圾文件、清理短信收发件箱等加快手机运行速度；通过检查系统漏洞、扫描风险软件、检查扣费记录等解除手机安全隐患，保证手机及话费安全；提供包括系统信息查看、进程管理、重启手机、内存压缩等功能
5	柳丁来电	3.90%	柳丁来电具有以下功能：能将归属地、卡类型融入来去电显示中；国内首款支持来去电画面可视化 DIY 软件；具有智能防火墙准确过滤垃圾短信，可拦网络骚扰电话，礼貌拒接可选"忙音"、"已关机"、"暂停使用"等；GPRS\3G 流量统计和短信统计带详细图表并可设置上限提示；自动长途加拨 IP 号、接通震动等功能
6	卡巴斯基手机安全软件	3.40%	卡巴斯基手机安全软件软件具有如下功能：除杀毒功能；反盗窃功能；该功能可以实现远程锁定手机、远程删除隐私等操作，保护手机在丢失后的数据安全；通过 GPS 定位功能锁定手机位置
7	扣费克星手机安全软件	3.40%	扣费克星手机安全软件具有如下功能：扫描查杀恶意流氓软件；扣费记录检查；实时监控；上网费用管理；附加实用工具；内存压缩整理；快速重启手机、修复屏幕坏点等实用工具；扩展插件：日志记录、清理系统等功能
8	瑞星杀毒软件手机版	2.50%	病毒查杀功能支持详细配置查杀目录、查杀的文件类型，以及发现病毒后的处理方式；任务管理功能可以选择并结束某一进程，以确保系统无恶意程序运； 短信防火墙功能能保护用户不受垃圾短信和欺诈短信的骚扰；来电防火墙功能能屏蔽掉您不想接听的电话号码
9	江民杀毒软件手机版	1.70%	该版本软件具有出色的兼容性和占用资源较小的特点，可以全面查杀各种手机病毒、木马，保护智能手机不受病毒的威胁，维护移动设备的信息安全

序　号	产品名称	市场比例	产品说明
10	东方飞塔手机杀毒防扰大师	0.70%	为智能手机用户提供了病毒扫描、病毒实时查杀、短信过滤、来电防火墙、上网防火墙等全方位的安全功能；并支持OTA下载、激活和升级，方便用户使用

四、2010年我国信息安全产品的创新发展

（一）防火墙技术创新与产品创新

2010年是我国防火墙产品由中低端向高端迈进的一年。防火墙的信息处理速度由XG向XXG、百G速度跨越。防火墙性能跨越的基础是技术创新，如硬件体系结构采用多核、多线程、分布式体系结构；采用开放的模块化结构设计；支持外部攻击防范、内网安全、流量监控、邮件过滤、网页过滤、应用层过滤等功能，能够有效地保证网络的安全等。

2010年我国防火墙技术创新和产品创新一览表如表12所示。

表12　2010我国防火墙技术创新和产品创新一览表

序　号	公司名称	创新产品型号	创新技术
1	北京天融信科技股份有限公司	超百G机架式防火墙——擎天TG 9500系列	（1）TG 9500系列是2010年度国家电子信息产业发展基金项目所形成的超百G防火墙。2010年10月通过验收鉴定 （2）该产品具有大容量、高性能、高扩展性等特点，国内领先，适用于政府、电信、数据中心、大型企业等 （3）该产品硬件体系架构采用业界领先的"多核+crossbar"体系架构和开放的系统架构及模块化的设计，软件平台基于天融信公司的自主知识产权的TOS系统 （4）该产品采用模块化设计思想，其系统控制卡、防火墙卡、接口卡均相互独立，各模块卡支持热插拔，可以随业务流量的需要任意扩展
2	H3C	SecPath F5000-A5	（1）H3C SecPath F5000-A5是目前全球处理性能最高的分布式防火墙，旨在满足大型企业、运营商和数据中心网络高性能的安全防护需求 （2）采用多核多线程、ASIC等先进处理器构建分布式架构，将系统管理和业务处理相分离，整机吞吐量达到40Gbps，使其具有全球最高性能的分布式安全处理能力 （3）支持外部攻击防范、内网安全、流量监控、邮件过滤、网页过滤、应用层过滤等功能，能够有效地保证网络的安全 （4）采用ASPF（Application Specific Packet Filter）应用状态检测技术，可对连接状态过程和异常命令进行检测 （5）支持多种VPN业务，如L2TP VPN、GRE VPN、IPSec VPN和动态VPN等，可以构建多种形式的VPN （6）提供基本的路由能力等
3	锐捷网络	RG-WALL1600XG-NG	（1）RG-WALL下一代防火墙是面向物联网、云计算的新一代防火墙产品，采用了多核+分布式硬件平台体系架构 （2）它是一款十万兆防火墙产品，也是十万兆安全平台。RG-WALL采用RG-Slab锐捷网络HiSpeed安全处理算法，突破了硬件处理器对应用层安全检测的性能瓶颈

序　号	公司名称	创新产品型号	创新技术
3	锐捷网络	RG-WALL1600XG-NG	（3）支持深度状态检测、外部攻击防范、内网安全、流量监控、邮件过滤、网页过滤、应用层过滤等功能，能够有效地保证网络的安全
			（4）内核层处理所有数据包的接收、分类、转发工作，因此不会成为网络流量的瓶颈
			（5）具有入侵监测功能，可判断攻击并且提供解决措施，且入侵监测功能不会影响防火墙的性能

（二）杀毒软件技术创新与产品创新

2010 年，我国杀毒软件技术创新主要体现在基于虚拟技术的反病毒安全软件和基于多核、多引擎、智能技术的反病毒安全软件。

2010 年我国杀毒软件技术创新与产品创新一览表如表 13 所示。

表 13　2010 年我国杀毒软件技术创新与产品新创比一览表

序　号	公司名称	创新产品型号	创新技术要点
1	瑞星科技	瑞星 2011 版	依托亚洲最大的云安全数据中心、世界级反病毒虚拟机和专业虚拟化引擎这三大技术，全面提升运作效能，有效解决黑客攻击、木马病毒、钓鱼网站等安全问题
			随着 Web2.0 带来了越来越多的应用创新，杀毒软件必须与应用安全需求相适应，智能云和虚拟云是瑞星新品创新的基础
			智能反钓鱼作为瑞星 2011 版独有功能，能利用网址识别和网页行为分析的手段有效拦截恶意钓鱼网站，保护用户个人隐私信息、网上银行账号密码和网络支付账号密码安全
2	瑞星科技	全功能安全软件 2011	（1）该产品具有智能云安全、智能安全防护和智能杀毒 3 层安全架构，可以针对病毒、木马和钓鱼网站提供全面的安全解决方案
			（2）依托亚洲最大的云安全数据中心和"智能云安全"系统，能快速处理各种安全威胁
			（3）在钓鱼网站的智能辨别和防范技术上通过对其色块布局频率、引诱用户鼠标单击的行为习惯、域名变化趋势等进行数学统计，建立了"反钓鱼网站"智能辨别模型，并将其植入到瑞星"云安全"系统中，从而使该系统拥有了智能辨别钓鱼网站的能力
3	金山毒霸	金山毒霸 2011 版	2011 版中率先启用了双引擎策略，采用蓝芯 II 引擎+云查杀引擎，构成一个全面的本地+服务器端的立体防御体系，能对抗各种病毒木马，产品版形成了一套立体防护体系
			基于"云网址"、"云下载"、"云沙箱"相结合的 3 层防护，打造安全的网上购物环境
			金山毒霸 2011 检测到威胁 1100 个，检测率为 90%，系统资源占用方面表现出色，CPU 平均占用率不到 20%
			金山毒霸坚持自主引擎研发，从蓝芯 II 杀毒引擎到云杀毒引擎、系统修复引擎，金山毒霸无论是在查杀能力，还是在产品性能方面都有出色的表现。《一种检测和防御计算机恶意程序的系统和方法》获国家发明专利奖

序　号	公司名称	创新产品型号	创新技术要点
4	奇虎360	360 2.9版	（1）360安全卫士拥有安全领域国内最庞大的用户群，简便、易用的界面是网民钟爱的理由 （2）"360安全卫士"和"360杀毒软件"功能强大、使用方便、对用户电脑安全提供了很强的安全保护功能 （3）360的四核多引擎杀毒技术、QVM人工智能杀毒引擎、360云查杀引擎、Bitdefender反病毒引擎，以及系统文件智能修复引擎打破了一些非免费杀毒公司的疑虑 （4）360多次入围国际认证榜单，在国际上受到重视
5	江民	KV201	（1）新产品使防火墙和江民安全专家等各项功能有机整合为一体，组成了一个立体的防毒反黑体系。加上江民自主研发的智能主动防御和启发式扫描、沙盒技术等核心反病毒Web2.0技术，让识别病毒的准确率及网络恶意行为拦截的精准率大大提升 （2）江民防火墙采用了4种安全策略，分别是"最小"、"自定义"、"完全"、"断开网络"，最大限度地节省了资源

（稿件由中国软件行业协会提供）

2010年我国软件和信息技术服务领域投融资发展概况

一、全球软件业投融资概况

（一）软件投融资整体规模稳步增长

随着经济复苏，2010年全球软件业投资也开始复苏，投资机构投资意愿逐步增强，企业融资数量和金额均出现增长。以美国为例，2010年美国软件行业风险投资额度及数量均有大幅上升的趋势，全年投资金额为7.99亿美元，投资数量为835起，而2009年全年投资金额为6.4亿美元，投资数量为692起，2010年同比分别上升了25%和20.66%（见图1）。

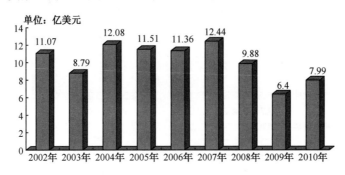

图1　2002—2010年美国软件行业风险投资金额图

随着经济的复苏，相比其他行业，软件业更受风险投资的青睐，融资金额重新位居第一位，排在生物科技之前。由于较高的利润和投资回报使得软件企业倍受投资机构的关注。数据显示，2002—2008年美国软件行业投资领域一直保持在行业中的首位，2009年有所下降（位居第二位），2010年重新位居所有行业中的首位（见图2和图3）。

二、国内软件业投融资情况

（一）投融资总体情况

2010年，国内外经济形势复杂多变，但中国软件业的快速发展还是吸引着众多投资机构的关注。

1. 投资规模及数量基本持平，略有下降

一方面，由于行业发展臻于成熟，实力较强的企业已先后上市，传统软件行业现在估值普遍偏高；另一方面，受宏观经济影响，非产品型软件企业目前净利润及软件出口增速下滑，难以引起投资机构的重点关注。2010年，国内软件行业投资数量和规模均落后于金融、电子商务、能源、医疗服务、物流等热门投资行业。与2009年相比，2010年软件业投资案例及投资金额基本持平，略有下降。投资案例为41起，比2009年下降14.6%，已披露投资金额为4.9亿美元，比2009年下降21.9%；平均每笔投资金额为1484万美元，比2009年下降9.1%。

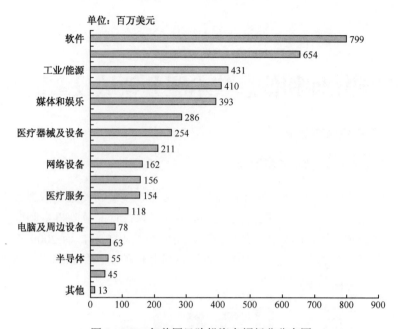

单位：百万美元

图 2　2010 年美国风险投资金额行业分布图

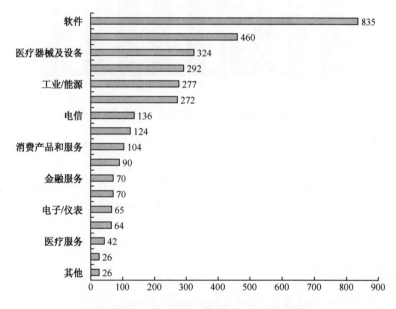

图 3　2010 年美国风险投资数量行业分布图

2．游戏软件持续成为投资热点

国内游戏软件行业包括网络游戏、网页游戏、手机游戏、单机游戏等，2010 年全年收入达 323.7 亿元，同比增长 26%。政府对动漫游戏产业和原创动漫游戏产品的支持使得更多的企业投身其中，同时也带动了投资机构的热情。2010 年游戏软件共有 11 起投资案例，已披露投资金额为 1.48 亿美元，占到全部披露投资金额的 30.4%。

3．基于互联网的软件和服务受到青睐

基于互联网的软件和服务，尤其是软件即服务（SaaS）因其潜力巨大而成为 2010 年软件行业新的利润增长点，继续受到投资机构的关注。2010 年，互联网软件及服务领域共有 6

起投资案例，已披露投资金额达到 0.42 亿美元，占到 2010 年全年已披露投资金额的 8.6%。

（二）典型案例数据

2010 年软件业投资典型案例一览表如表 1 所示。

表 1　2010 年软件业投资典型案例一览表

单位：万美元

序　号	融资公司	发生时间	投资公司	涉及金额
1	汇通天下	2010 年 1 月	金沙江创投、纪源资本、经纬创投	1000
2	奇虎 360	2010 年 1 月	挚信资本	2000
3	迅游网络	2010 年 3 月	挚信资本、盈创动力、达晨创投 亚商新兴	1515
4	网秦科技	2010 年 4 月	联创策源、富达亚洲	2000
5	中科金财	2010 年 6 月	达晨创投	545
6	速达软件	2010 年 7 月	IDG 资本	3030
7	奇矩互动	2010 年 8 月	海纳亚洲	800
8	深讯和	2010 年 9 月	华软投资、复星投资、点石投资	424
9	软通动力	2010 年 11 月	光大投资、永威投资、富达亚洲、盈富泰克、三井创投	6500

三、国内软件企业 IPO 情况

（一）软件企业 IPO 总体情况

截至 2010 年年底，4 万亿投资的落实，使得中国经济出现快速复苏。各地方政府纷纷出台政策、设立引导基金鼓励股权投资发展，以促进金融和经济转型。2010 年中国软件企业 IPO 共有 35 起案例，较 2009 年增加 169.23%，其中境内 24 起，境外 11 起，境内的 24 起包括创业板的 13 起和中小板的 11 起；融资金额大幅上升，共融得 39.76 亿美元（见表 2），与 2009 年相比上升 90.7%。2009 年我国软件企业共有 13 起 IPO 案例，其中包括创业板 7 起和中小板 3 起，境外 3 起，共融得资金 20.85 亿美元。

表 2　2010 年国内软件企业 IPO 数据一览表

单位：百万美元

资本市场	IPO 数量	融资金额	平均融资金额
境内资本市场	24	2659.33	110.81
境外资本市场	11	1317.06	119.73
总　　计	35	3976.39	113.61

（二）资本市场成为软件企业主要的 IPO 渠道

2010 年共有 24 家软件企业在境内 IPO，融资金额大幅上升，共募集资金 26.59 亿美元，远远高出 2009 年软件企业在境内资本市场募集的 8.63 亿美元。同时，2010 年和 2009 年我国软件企业在境外 IPO 募集的资金基本持平，2010 年略有上升。美国资本市场仍是中国软件企业境外 IPO 的首选及主要目标市场。2010 年国内软件企业境外资本市场 IPO 数据表如表 3 所示。

表 3 2010 年国内软件企业境外资本市场 IPO 数据表

单位：百万美元

资 本 市 场	IPO 数量	融 资 金 额	融 资 比 例
纳斯达克	5	409.1	31%
纽约证交所	4	716	54%
香港证交所	2	191.96	15%
总计	11	1317.06	100%

（三）IPO 项目数据

2010 年国内软件领域 IPO 一览表如表 4 所示。

表 4 2010 年国内软件领域 IPO 一览表

单位：百万美元

序 号	公 司 名 称	时 间	发 行 价 格	融 资 金 额
1	皖通科技（002331:SZ）	2010 年 1 月	27 元	57.27
2	天源迪科（300047:SZ）	2010 年 1 月	30 元	122.73
3	世纪鼎利（300050:SZ）	2010 年 1 月	88 元	186.67
4	赛为智能（300044:SZ）	2010 年 1 月	22 元	66.67
5	积成电子（002339:SZ）	2010 年 1 月	25 元	83.33
6	三五互联（300051:SZ）	2010 年 2 月	34 元	69.55
7	中青宝（300052:SZ）	2010 年 2 月	30 元	113.64
8	太极股份（002368:SZ）	2010 年 3 月	29 元	109.85
9	联信永益（002373:SZ）	2010 年 3 月	28 元	74.24
10	海兰信（300065:SZ）	2010 年 3 月	32.8 元	68.83
11	科远股份（002380:SZ）	2010 年 3 月	39 元	100.45
12	数字政通（300075:SZ）	2010 年 4 月	54 元	114.55
13	宁波 GQY（300076:SZ）	2010 年 4 月	65 元	134.33
14	交技发展（002401:SZ）	2010 年 5 月	26.4 元	53.2
15	四维图新（002405:SZ）	2010 年 5 月	25.6 元	217.21
16	广联达（002410:SZ）	2010 年 5 月	58 元	219.7
17	银之杰（300085:SZ）	2010 年 5 月	28 元	63.64
18	启明星辰（002439:SZ）	2010 年 6 月	25 元	94.7
19	海辉软件（NASDAQ）	2010 年 6 月	10 美元	64
20	高德软件（NASDAQ）	2010 年 7 月	12.5 美元	108
21	中国智能交通（香港）	2010 年 7 月	3.49 港元	77.04
22	柯莱特（NYSE）	2010 年 7 月	19.5 美元	101
23	易联众（300096:SZ）	2010 年 7 月	19.8 元	66

序　号	公司名称	时　间	发行价格	融资金额
24	高新兴（300098:SZ）	2010 年 7 月	36 元	93.27
25	乐视网（300104:SZ）	2010 年 8 月	29.2 元	110.61
26	二六三（002467:SZ）	2010 年 9 月	26 元	118.18
27	榕基软件（002474:SZ）	2010 年 9 月	37 元	145.76
28	蓝汛通信（NASDAQ）	2010 年 10 月	13.9 美元	84
29	麦网（美国 NASDAQ）	2010 年 10 月	11 美元	95.1
30	好孩子（香港）	2010 年 11 月	4.9 港元	114.92
31	当当网（NYSE）	2010 年 12 月	16 美元	272
32	斯凯网络（NASDAQ）	2010 年 12 月	8 美元	58
33	软通动力（NYSE）	2010 年 12 月	13 美元	140
34	优酷（NYSE）	2010 年 12 月	12.8 美元	203
35	世纪瑞尔（300150:SZ）	2010 年 12 月	32.99 元	174.95

四、国内软件企业并购重组

（一）并购总体情况及特点

2010 年中国软件行业并购重组市场总体规模较 2009 年有所减小，2010 年并购案例共发生 29 起，数量同比降低 50.85%。其中，已披露金额的案例 22 起，涉及并购金额 6.97 亿美元，并购金额同比降低 56.76%；平均每起并购金额 3167 万美元，同比增加 21.41%（见表 5）。

表 5　2010 年国内软件领域境内与跨境并购规模比较表

单位：百万美元

性　　质	并购案例数量	已披露并购金额案例数	已披露并购金额	平均并购金额
境内	21	15	428.81	28.59
跨境	8	7	267.99	38.28
总计	29	22	696.8	31.67

1. 国内游戏软件及行业应用软件并购

2010 年软件产业并购偏重于游戏软件、行业应用软件。从软件产业并购案例数量上来看，游戏软件、行业应用软件案例数量居多，其中游戏软件以 13 起案例数量排名第一；从金额上来看，游戏软件以 2.48 亿美元的并购规模排名第一，占全年软件产业并购总金额的 47.9%。

2. 上市公司是并购主力军

上市公司仍是软件行业并购的主力军，2010 年软件类上市公司并购案例数量 27 起，较 2009 年增长 8%。未上市软件公司并购案例数量增幅较小，2010 年未上市公司并购案例只有 2 起，而 2009 年未上市公司并购案例为 11 起（见图 4）。

（二）并购项目典型案例

2010 年软件业并购一览表如表 6 所示。

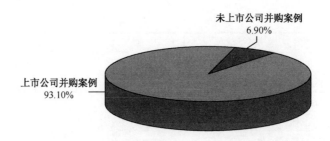

图 4　2010 年国内软件企业并购案例比例图

表 6　2010 年软件业并购一览表

单位：万美元

序　　号	并 购 方	发 生 时 间	并 购 对 象	涉 及 资 金	涉 及 股 权
1	完美时空	2010 年 3 月	C&C Media	2100	100%
2	完美时空	2010 年 3 月	日本网游运营商 C&C Media	2100	100%
3	网龙	2010 年 5 月	福建天棣	993	100%
4	用友软件	2010 年 6 月	英孚思为	7440	100%
5	三五互联	2010 年 9 月	亿中邮	392	70%
6	联发科	2010 年 9 月	和信锐智科技	190	100%
7	盛大游戏	2010 年 9 月	Eyedentity Games	9500	100%
8	神州泰岳	2010 年 11 月	友联创新	890	100%
9	立思辰	2010 年 11 月	友网科技	4470	100%
10	博瑞传播	2010 年 12 月	晨炎信息	1200	100%
11	第一视频	2010 年 12 月	3GUU	2985	70%

（稿件由中国软件行业协会提供）

2010 年我国软件和信息技术服务人才发展概况

一、全国高校软件人才学历教育状况

2010 年,全国高等学校研究生招生 53.4 万人,其中博士研究生 6.2 万人,硕士研究生 47.2 万人。全国高等学校本、专科招生 657 万,其中普通本科 339 万人,高等职业教育 318 万人。全国接近 80% 的院校开设了软件及软件相关专业学历教育。37 所国家示范性软件学院、35 所示范性软件职业技术学院继续保持稳定发展。

(一)在校研究生(博士生、硕士生)

2010 年,全国软件专业在校研究生约 6.8 万人,软件相关专业在校研究生约 8.3 万人,软件及软件相关专业在校研究生总数约 15.1 万人(见表 1)。我国高校培养的软件人才数量比 2009 年略有增长,且渐趋稳定。

表 1 2010 年全国软件及相关专业在校研究生数量表

单位:人

	软 件 专 业	软件相关专业	总　计
博士生	9455	16480	25935
硕士生	59001	66462	125463
合　计	68456	82942	151398

(二)在校大学生(本、专科生)

2010 年,全国软件专业本、专科在校生约为 51.8 万人,其中,软件专业(本、专科)约为 29 万人,信息安全专业(本科)1.5 万人,集成电路设计与集成系统专业(本科)5136 人。软件相关专业本、专科在校生约为 289 万人。软件专业及软件相关专业在校生总数约为 340 万(见表 2)。

表 2 2010 年全国软件及软件相关专业本、专科在校生数量表

单位:人

	软 件 专 业	软件相关专业	总　计
本　科	376204	1545112	1921316
专　科	141631	1344492	1486123
合　计	517835	2889604	3407439

(三)软件专业在校生学历结构

2010 年全国高校软件专业在校生学历结构分布情况如表 3 和图 1 所示。

表3 2010年软件专业在校生学历结构表

单位：人

	博　士　生	硕　士　生	本　科　生	专　科　生	合　计
2010年	9455	59001	376204	141631	586291
所占比重	1.6%	10.1%	64.1%	24.2%	100%

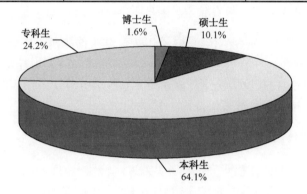

图1　2010年软件专业在校生学历结构图

（四）37所国家示范性软件学院

适应软件产业需求，以培养实用型、复合型和国际化的软件高级工程技术人才和管理人才为目的的国家示范性软件学院，经过10年的发展建设，在办学理念、高教改革、创新教学、与产业互动培养人才方面取得了突出的业绩。10年来，国家示范性软件学院共培养研究生和本科生9万多人。2010年37所国家示范性软件学院在校生人数统计一览表如表4所示。

表4　2010年37所国家示范性软件学院在校生人数统计一览表

序　号	院校名称	本　科	单证硕士	双证硕士	合　计
1	北京大学软件与微电子学院	36	1659	1596	3291
2	北京工业大学软件学院	471	1716	133	2320
3	北京航空航天大学软件学院	558	3674	126	4358
4	北京交通大学软件学院	704	212	243	1159
5	北京理工大学软件学院	687	1669	148	2504
6	北京邮电大学软件学院	388	2935	74	3397
7	重庆大学软件学院	848	706	141	1695
8	大连理工大学软件学院	3104	1143	123	4370
9	电子科技大学软件学院	650	4234	123	5011
10	东北大学软件学院	1600	1167	74	2841
11	东南大学软件学院	505	731	442	1678
12	复旦大学软件学院	356	1158	105	1619
13	国防科技大学软件学院	0	534	0	534
14	哈尔滨工业大学软件学院	634	95	235	964
15	湖南大学软件学院	751	496	204	1451
16	华东师范大学软件学院	868	729	82	1679

序　号	院 校 名 称	本　科	单证硕士	双证硕士	合　计
17	华南理工大学软件学院	1148	326	127	1601
18	华中科技大学软件学院	1005	756	450	2211
19	吉林大学软件学院	1207	768	204	2179
20	南京大学软件学院	946	1046	226	2218
21	南开大学软件学院	477	985	95	1557
22	清华大学软件学院	247	151	308	706
23	山东大学软件学院	1554	1770	23	3347
24	上海交通大学软件学院	1216	2962	607	4785
25	四川大学软件学院	1365	1350	15	2730
26	天津大学软件学院	701	785	35	1521
27	同济大学软件学院	876	1676	231	2783
28	武汉大学软件学院	1425	2638	244	4307
29	西安电子科技大学软件学院	1649	423	232	2304
30	西安交通大学软件学院	391	253	145	789
31	西北工业大学软件与微电子学院	1140	956	62	2158
32	厦门大学软件学院	1140	555	193	1888
33	云南大学软件学院	1071	2015	105	3191
34	浙江大学软件学院	378	997	289	1664
35	中国科学技术大学软件学院	0	373	1279	1652
36	中南大学软件学院	758	119	570	1447
37	中山大学软件学院	1531	286	153	1970
	合　计	32385	44048	9446	85879

（五）35 所国家示范性软件职业技术学院

教育部指出创办国家示范性软件职业技术学院的建设目标之一是：经过三至五年的努力，建设成校均规模在 4000 人以上、能够培养大量就业能力强的高质量实用型软件技术人才的基地，从而改善软件人才结构中基础开发人员缺乏的窘况。35 所国家示范性软件职业技术学院的创建和发展，提供了大量实用型基础开发人员，为改善软件人才结构发挥了积极作用。

二、全国高校软件及相关专业毕业生情况

2010 年，全国普通高校软件及相关专业毕业研究生 4.17 万人，其中软件专业毕业研究生 2.15 万人，软件相关专业毕业研究生 1.97 万人；软件专业及软件相关专业本、专科毕业生共 84.8 万人，其中软件专业本、专科毕业生 15.8 万人，软件相关专业本、专科毕业生 69 万人。

（一）研究生毕业数量

2004—2009 年全国软件及相关专业研究生毕业数量如表 5 所示。

（二）本、专科毕业生数量

2010 年全国普通高校软件及相关专业本、专科毕业生数量如表 6 所示。

表5　2004—2009年全国软件及相关专业研究生毕业数量表

单位：人

	软 件 专 业	软件相关专业	合　　计
2004 年	7796	4140	11936
2005 年	11249	15783	27032
2006 年	14001	15307	29308
2007 年	17184	19878	37062
2008 年	19301	19217	38518
2009 年	20356	19753	40109
2010 年	21469	20304	41773

表6　2010年全国普通高校软件及相关专业本、专科毕业生数量表

单位：人

	软 件 专 业	软件相关专业	总　　计
本科毕业	94082	276416	370498
专科毕业	99407	432923	532330
合　计	193489	709339	90828

（三）软件专业毕业生学历结构

2010 年全国普通高校软件专业毕业生学历结构如表 7 和图 2 所示。

表7　2010年全国普通高校软件专业毕业生学历结构表

单位：人

	博　士　生	硕　士　生	本　科　生	专　科　生	合　　计
2010 年	1792	19118	94082	99407	214399
所占比重	0.8%	8.9%	43.9%	46.4%	100%

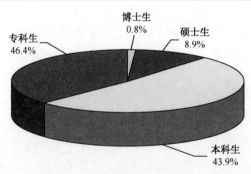

图2　2010年全国普通高校软件专业毕业生学历结构图

三、2010 年软件人才市场情况

2010 年，中国软件人才市场需求急剧增长。从百度 IT 培训行业搜索指数来看，2010 年上半年日均值达 23 万，约是 2009 年年日均值 11.9 万的 2 倍。

（一）网络化软件人才需求持续增长

目前，网络化软件人才需求势头强劲。紧随世界软件与互联网结合的云计算潮流，中国各大软件企业也开始了向互联网转型的探索，无论是在个人应用还是在企业级软件层面。2009 年 1—10 月 IT 职业关注度排行图如图 3 所示。

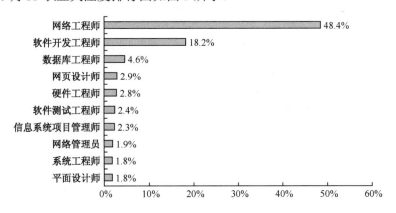

图 3　2009 年 1—10 月 IT 职业关注度排行图

（二）软件企业招聘势头上扬

2010 年的软件人才招聘增长几乎达到了翻番水平。经历了金融风暴后的软件人才招聘市场已经走出阴影，恢复常态。

截至 2010 年 11 月，IT 职位的网上发布职位数为 243264 个，达到了 2010 开年以来的最高峰。相较于 2009 年同期的无忧数据，2010 年年末前程无忧 IT 职位的网上发布职位数同比增长了 82%，在无忧指数统计的各大类职能之中增幅领先。2010 年 IT 职位招聘走势图如图 4 所示。

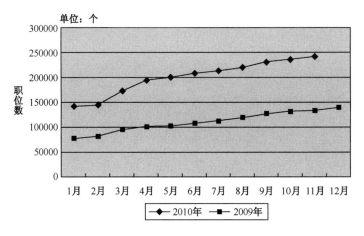

图 4　2010 年 IT 职位招聘走势图

（三）民企求贤若渴

在地域分布上，二、三线城市体现出对 IT 人才的热烈需求，在招聘 IT 人才的企业类型中，民营企业依然唱着主角。根据前程无忧 IT 职位网上发布职位数统计（见图 5），截至 2010 年 11 月，民营企业贡献了近 50% 的 IT 职位需求量。具体数字相较 2010 年年中增长了 20%，相较2009年年末则增加了近110%。对于许多成长中的民营IT企业，求贤若渴是最好的形容词。

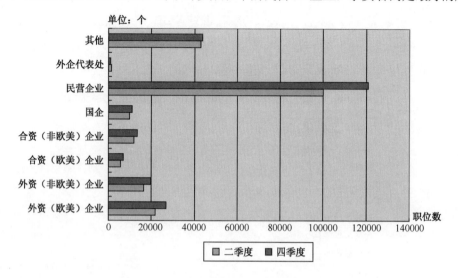

图5　2010年二/四季度各类企业IT职位招聘需求对比图

除去民营企业之外，外资企业、合资企业和国企对于IT人才的需求也处在涨势，仅外企代表处的人才需求在缩小。据悉，2010年11月由国务院常务会议通过的《外国企业常驻代表机构登记管理条例》将于2011年3月开始实施。随着国家监管制度进一步收紧，该类机构的发展确实正受到不小的影响。

（四）软件从业人才年轻化

目前，中国软件从业人员年龄结构呈现出年轻化趋势，青年才俊依然是中国软件人才市场的中坚力量（见图6）。

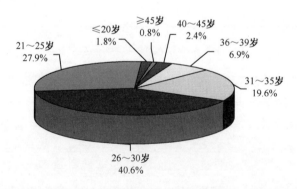

图6　软件从业人员年龄结构图

（五）软件人才行业布局

统计显示，中国软件人才从事的行业一直呈现出分散趋势，但行业顺序变化不大。目前超过三分之一的软件从业人员从事于IT服务业，其他行业主要集中在制造业、交通、科研/教育、电信、金融和政府/公共事业等部门（见图7）。工作职位主要集中在企业业务应用开发、网络管理与维护、企业应用系统维护、系统管理与维护、数据库管理与维护和软件测试六大类。

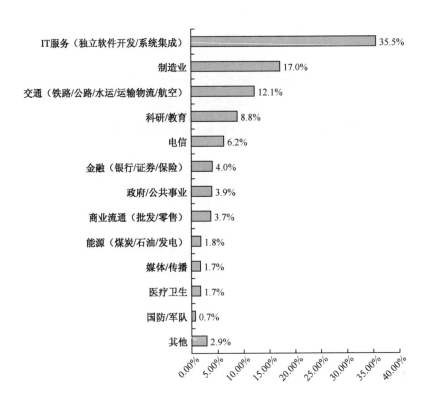

图 7 软件人才行业分布结构图

（六）结构不尽合理 高端人才缺乏

软件产业持续、稳步发展需要三类人才：既懂技术又懂管理的软件高级人才、系统分析及设计人员（软件工程师）、熟练的程序员（软件蓝领）。中国这三类由高到低的人才结构并未成金字塔形。在社会培训机构的努力，以及教育部发展软件职业技术学院的推动下，我国的软件人才结构从橄榄形（缺少两头的高级管理者和基础程序员）逐渐向梯形结构过度（缺乏高端人才）。根据国际经验，软件人才高、中、初之比为 1：4：7，我国软件人才比例大致是 1：11：5。

目前，我国高校软件相关专业硕士（含）以上毕业生数量大约为 20910 人，仅占高校软件相关专业毕业生总量的 9.7%左右，其中，博士学历软件相关专业毕业生尚不足 1792 人，占比不足 0.8%，这进一步加重了高端软件人才供给的不足。

四、软件人才的社会培训教育

为支持软件和信息服务业的快速发展，国家积极支持社会力量参与办学。在各方努力下，我国目前已经逐步形成普通高等院校、软件学院、职业技术学院、民间培训机构以及民间社会团体、企业培训认证等广泛参与、形式多样的软件人才教育培训服务体系。

（一）竞争格局逐渐细分

纵观 2010 年的 IT 软件培训市场，伴随行业需求增大，培训机构数量和规模增长很快。目前国内尚没有准确的统计数据，普遍说法是中国 IT 培训机构已多达 10000 家，2009 年整个中国 IT 培训市场总值达到 6800 亿元，预计到 2012 年这一数字将达到 9600 亿元，每年的增长率约为12%。行业人士估计，2010年整体中国市场规模以30%的速度扩大，培训机构数量也不断增多，仅北京海淀区就有400多家，北京全市至少有1000家以上。

从总体上看，2010年软件人才培训市场有四个特点。

第一是分化和细分。整个IT培训市场有两块，一块是以高中生为主要培训群体的培训机构，市场规模有一定的减少；另一块是以大学生IT培训就业为主的市场，反映出比较好的势头。为了提高竞争力，目前培训机构已经根据不同的客户群设置不同的培训课程。软件培训正从广普型培训向精细化、专业化培训方向转移。

第二是集中。品牌的集中度，从市场的角度来说，更多的市场份额向前几名大型培训机构集中。尤其是安博上市以后，会进一步加速IT培训机构在全国的整合布局。

第三是联姻。高校和培训机构合作的紧密程度增强。从传统的高校里面开设一些大学生IT培训基地，到课程置换，甚至到学分置换，在2010年这种联姻的程度增强了。现在安博、北大青鸟等都是在跟大学进行合作，作为扩大业务的助推器和市场渠道。

培训机构或者高校与用人企业的合作更加紧密，推动订单式培养方式。订单式培养也叫"人才定做"，它是指培训机构针对单个用人单位需求人数较少，岗位较分散的实际，自行开发并经劳动保障部门同意后组织明确就业岗位去向的技能培训；用人单位也可向劳动保障部门提出用工需求，由劳动保障部门有计划地委托培训机构根据用人单位用工需求组织实施。经考核鉴定后，用人单位与符合补贴条件的培训对象签订1年及以上劳动合同，并为其缴纳社会保险。

第四是资本助力，社会培训市场格局有望破冰。我国目前软件培训产业整体水平较低，大多数培训机构规模较小，还处于作坊模式阶段。几年来，产业格局一直由北大青鸟和新华电脑学校遥遥领先于其他品牌。北大青鸟在市场份额上更是一支独秀，连续9年蝉联市场份额冠军。

2010年一改几年来的沉闷局面，资本力量的推动让安博教育IT培训市场脱颖而出，2010年8月在美国上市后发展势头日盛。2010年上半年IT培训品牌关注度排行图如图8所示。

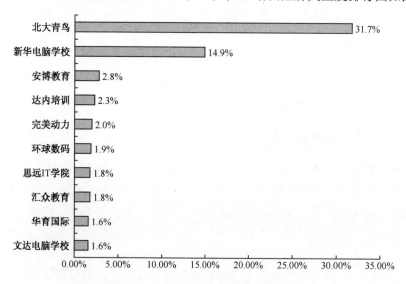

图8　2010年上半年IT培训品牌关注度排行图

（二）IT 认证关注度

IT 认证/考试类目繁多，按照主办单位的性质可大体分为三类：IT 厂商认证、组织协会认证和培训机构认证。

IT 厂商认证由于实用性强、与就业密切相关，获得市场更多的青睐（见图9）。

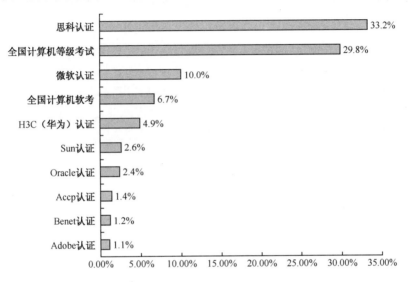

图9　2010年上半年IT类认证/考试培训关注度排行图

（三）培训机构连锁经营遇挑战

在 IT 培训领域，"规模经济"特点非常明显。以教材研发为例，一套定位合理、内容完善、设置科学的教材，要经过企业调研、专家论证、教程编写等多个环节，历时日久而且需要耗费大量人力、物力，规模小的培训机构显然是无法胜任这类工作，加上市场份额有限，从投入与产出角度来看，这样做也是极不经济的。大型培训机构由于占有较大市场份额，能将产品推向更大市场，让产品价值得到更充分的体现，这对培训机构收回成本、实现正常盈利来说提供了保障，在客观上也刺激了产品的创新。

行业和市场的发展对大型培训机构产生强烈需求，现实情况是：IT 培训行业仍被大量作坊式的小型地方性培训机构占领。IT 培训领域必须摆脱这种现状，对行业资源进行重新整合。以北大青鸟为代表的大型培训机构已经走上了品牌授权、实行连锁经营的发展道路。

（稿件由中国软件行业协会提供）

2010 年北京市软件产业发展概况

2010 年 3 月，北京市人民政府正式印发了《北京市促进软件和信息服务业发展的指导意见》（京政发〔2010〕4 号文），提出下一阶段的中心任务是全面提升软件和信息服务业发展能力，标志着北京软件和信息服务业进入了提升能力、高端发展的新阶段。

2010 年促进北京软件和信息服务业发展的工作主线是落实指导意见，在促进产业持续、快速发展的同时，做大做强做精，引导各方资源转到提高产业发展的质量和效益上来。一年来，北京软件和信息服务业发展能力获得较大提升，企业大型化、产品高端化、市场国际化均有较大突破。

一、基本情况

（一）产业快速增长，软件产业规模跃上新台阶

2010 年，北京软件和信息服务业继续保持快速发展的趋势，软件产业实现收入 2425 亿元，同比增长 28.8%，比近三年平均增速提高了 8.1 个百分点。北京市软件产业用了 4 年的时间，实现了从 1000 亿元到 2000 亿元的跨越，在全市经济中的支柱地位进一步加强。

（二）政策落实取得良好效果

新认定企业数量和经登记的软件产品数量不断增多。2010 年，北京新认定软件企业 803 家，同比增长 8.1%；新登记软件产品 2536 件，同比增长 5.7%。北京获得各级系统集成资质的企业达到 690 家，占全国总数的 18%，获得高级项目经理资质的人数达到 2139 人，占全国总数的 24%。

（三）企业发展迅速，资本市场活跃

神州数码、北大方正、百度、同方股份 4 家企业达到世界软件百强收入规模，用友软件、文思创新、博彦科技、中软国际和软通动力 5 家企业发展成为万人规模级企业，文思创新、博彦科技、中软国际和软通动力进入国际外包服务供应商一线阵营。

2010 年以来，北京软件和信息服务企业登陆资本市场达到 24 家，企业主要集中在中小板、创业板两大板块上市。截至 2010 年，北京软件和信息服务上市企业累计达到 90 家，上市公司总市值超过 8000 亿元。

企业并购活动持续活跃，据不完全统计，2010 年北京软件和信息服务企业并购金额超过 30 亿元。中软、用友、神州数码把近两年作为兼并重组年，实施了多起并购事件。亚信联创合并成为近年来最大的并购案。用友软件以 4.9 亿元收购了国内汽车行业解决方案商英孚思为公司，进军汽车软件领域，填补了北京汽车软件领域的空白，创国内管理软件行业并购金额记录。

二、2010 年主要工作

（一）实施"四个一批"工程，推动大企业做大做强

2010 年，北京正式启动了以"打造一批大集团、聚集一批大总部、做强一批高端企业、培育一批高成长企业"为核心的"四个一批"工程，确定以 178 家企业作为首批"四个一批"工程企业，并建立了"一企一策"的制度化服务机制。

"四个一批"工程实施一年来，政府各部门整合资源，形成合力，为重点企业的发展创造良好条件，软通动力等 30 余家企业解决了资质认证方面的问题，百度等 13 家企业解决了建设用地困难的问题，22 个企业得到国家财政支持 1.6 亿元，文思创新等 90 多家企业被推荐申报国家规划布局重点企业。此外，在协调银行贷款、引进人才等方面，政府各部门也提供了务实、高效的服务，有力地推动了北京软件和信息服务企业做大做强的进程。

（二）启动一批重大项目，促进企业提升创新发展能力

为提升高端发展战略，北京市以项目为抓手，积极促进企业扩大产业投资，新上和引进了一批产业引领作用强、市场前景好的重大项目，启动了一批产业基地建设工程。

围绕提高自主创新能力，北京市经济和信息化委员会和市科委支持软件企业积极参与国家科技重大专项，移动 ophone 智能平台、东方通中间件等 11 个软件项目得到国家支持，总投资 6.71 亿元。中关村管委会通过政府股权投资方式，推动了国智恒北斗卫星授时系统等 7 个软件重大成果的产业化。在市发改委的支持下，北京企业 15 个项目进入国家信息安全专项，国家支持资金 1.13 亿元。

围绕企业高端发展转型升级，北京市经济和信息化委员会和市发改委组织企业实施国家级技术改造专项，用友高端 ERP、百度精确搜索等 12 个项目得到国家支持，总投资 11.9 亿元，国家支持资金 7275 万元。这批项目水平高、投资大，是北京软件企业技术改造的重大突破。

围绕产业化基地的建设，加快推进软件园二期、中移动信息港等重点工程。目前，软件园二期的一级开发及二级软件企业项目的建设均纳入了北京市绿色通道，中移动国际信息港项目一期建设将于近日封顶。北京市与国家测绘局共同建设的国家地理信息产业园项目正式启动，预计将聚集地理信息相关企业 100 家。

围绕加强软件和信息服务业总部功能，先后引入了腾讯、阿里巴巴、研祥等国内知名企业在京扩大业务。市政府与爱立信公司签订了合作协议，支持爱立信研发中心二期项目尽快启动，增加本地研发团队 5000 人。

此外，政府各部门通过信息化基础设施提升计划、中小企业专项资金、创新基金及资金统筹安排等多种方式，对软件和信息服务企业给予项目支持。据不完全统计，地方财政支持软件和信息服务业的资金约有 4.15 亿元。

（三）聚焦云计算和物联网，战略性新兴产业快速起步

北京软件和信息服务企业及市政府各有关部门高度重视云计算、物联网等新兴技术带来的产业发展机遇，及早布局，整合资源，快速推进，积极抢占产业发展新的制高点。

北京市经济和信息化委员会、市发改委、中关村管委会联合发布了《北京"祥云工程"行动计划》，在全国率先提出了云计算产业的发展战略和政策。全球首个云计算产业基地落成，

中关村云计算产业联盟成立，初步形成围绕产业链集聚发展的态势，北京获批成为全国云计算创新服务示范城市之一。百度云平台、神州数码金融云、世纪互联云快线、北京工业云等十多项云计算重点项目陆续启动。"北京云计算国际高层论坛"、"京台云计算高峰论坛"成功举办，搭建了北京云计算产业对接国际的平台，受到了全球 IT 业界的广泛关注。

以"感知北京"物联网示范工程为依托，物联网骨干企业群体快速成长。时代凌宇的视频监控解决方案、长城金点的有毒气体监控解决方案、东土科技的工业以太网等一批物联网应用实现了产业化，有力地支撑了北京市应急管理物联网平台、北京市物联数据专网等重大工程的建设。政府各部门积极推进中关村物联网工程技术中心、物联网技术转移中心等产学研联合创新平台的建设。

2010 年，北京首次开展了"信息网络产业新业态创新企业遴选活动"，在云计算、物联网、移动互联网、3D 应用、三网融合、电子商务等领域遴选出一批业态创新、技术创新的优秀中小企业，确定了北京战略性新兴产业全面推进的突破口。

（四）进一步优化发展环境，形成支持产业发展合力

2010 年，北京重新组建了由市领导牵头的促进软件和信息服务业发展协调领导小组，建立了相关政府部门分工协作的工作机制，确定了年度任务列表。协调小组各单位以高度的责任意识，密切协作，同心协力，有力地推动了产业发展。

在工业和信息化部和市政府的指导下，2010 年北京组建北京软件和信息服务交易所。交易所将陆续开展信息化项目招投标、软件产品交易、解决方案咨询等业务，努力推动软件和信息服务交易的公开化和规范化，降低交易成本，为产业的持续、健康发展注入新活力。

行业中介组织的活跃程度体现了产业发展的成熟度。2010 年，几个重点协会的服务能力和服务水平都有重大提高。北京软件行业协会通过换届选举，建立了以企业家群体主导、知名企业家领头、职业化团队运营的新体制，各项工作继续走在全国前列。新组建的软件行业协会投融资委员会，同北京银行签订了 100 亿元的授信额度，为广大软件企业解决了发展难题。北京通信信息协会、信息化协会、软件行业协会密切配合，成功地举办了京港洽谈会、京台科技论坛、信息城市论坛、软件博览会等一系列重要推广活动，扩大了北京软件和信息服务业的影响。

区县政府是产业发展环境优化的关键。2010 年，市区两级政府加强互动，协力为产业发展创造条件。北京市经济和信息化委员会分别与朝阳区政府、海淀区政府签署了战略合作协议，支持朝阳区建设为国际化信息服务业新总部区域，与海淀区建立了联合支持企业创新、提升企业发展能力的机制。顺义、昌平、石景山、大兴、怀柔、通州、密云等区县及市经济技术开发区，也纷纷立足本地优势，提出了支持区域内软件和信息服务业发展的优先领域，对区内企业给予了大力支持。

三、2011 年发展目标

2011 年是"十二五"规划的开局之年。综合分析国内外形势，2011 年也是难得的机遇之年。国际国内市场需求持续回暖，全球软件支出将比 2010 年增长 5.3%（IDC 数据），以云计算为代表的新变革趋势将开始产生影响市场的巨大冲击力。国内在工业化和信息化深入融合，以及大力发展战略性新兴产业的政策指引下，将为软件和信息服务业带来更多的活力。同时，发展形势复杂多变，特别是人民币升值压力加大，国内人力成本增加，信贷资金减少，

上市步伐趋缓等因素将对北京软件和信息服务业的国际化、高端化战略实施产生一定的影响。2011年产业发展需要各企业、政府相关部门高度重视，精心谋划，抓住机遇，争取"十二五"开局。

2011年的工作思路是，以科学发展观为指导，以转变发展方式为主线，围绕建设世界城市的大局，深入实施能力提升、高端发展的战略，以抓新兴、强体系、促转型为重点，全力推进产业发展水平跃上新台阶。

预计2011年发展目标为：北京软件和信息服务业（含电信业）营业收入3300亿元，年均增长19%；实现增加值1400亿元，占全市地区生产总值的比重努力达到10%；软件产业营业收入2800亿元，年均增长21%；3～5个企业的收入规模超过100亿元；上市公司数量突破100家。

四、下一步工作

（一）抓紧培育新兴产业，尽快形成产业化优势

积极推进"祥云工程"行动计划。 启动十大信息服务运营平台建设，依托骨干企业，重点扶植培育市场前景大、商业模式新、整合资源能力强的云计算平台。加快推进一批云计算重大示范应用工程，带动创新的云计算新产品推向市场。做好云计算产业基地的布局规划，依托产业基地，建成云计算公共服务平台。以祥云论坛为载体，深化同我国台湾地区的云计算战略合作，大力引进云计算国际高端人才和前沿项目。

加快落实物联网产业发展实施方案。 加速物联网基础设施建设，将物联网共性支撑服务平台和传感器网络、无线宽带接入系统等基础设施建设纳入信息化基础设施提升计划；以应急管理、公共安全、城市交通、城市管理等应用为先导，继续推动物联网应用项目试点示范；加强物联网产业基地建设，重点验证和展示物联网解决方案。

实施三网融合带动产业发展行动计划。 以三网融合试点为契机，尽快发布三网融合带动产业发展的重点和措施，提出三网融合相关的重点软件企业和产品名录，鼓励开展三网融合技术应用的创新业务试点，鼓励围绕运营商和播出平台建立三网融合产业链，争取国家级的三网融合研发和产业化项目落地北京。

推动移动互联网产业加快发展。 配合北京无线城市、智慧城市建设战略，出台移动互联网产业行动计划，整合移动互联网产业链。

（二）全面加强市场服务体系、产业金融体系和高端人才服务体系建设

在北京促进产业发展的工作体系中，市场服务体系、产业金融体系和高端人才服务体系是相对薄弱的环节。2011年将选择突破口，加快强化这三个体系。

市场服务体系建设。 以北京软件和信息服务交易所的建立为契机，组建交易所监管委员会，出台政策措施规范软件和信息服务市场交易，加强政府部门对市场的监管职能。推动软件和信息服务交易所尽快投入运行，发挥引导市场的作用。

产业金融体系。 要进一步扩大政府、协会同金融机构的战略合作。围绕战略性新兴产业发展，继续同一批风险投资基金建立项目合作关系。制定促进企业并购的工作方案，有计划地推进企业并购。启动与北京银行的并购贷款合作试点。北京市经济和信息化委员会已经同北京银行达成战略合作意向，未来3年内北京银行将向北京软件和信息服务业企业发放30

亿元并购贷款，希望企业积极参与这一计划，加快做大做强进程。

高端人才服务体系。重点要围绕高端化发展方向和新兴产业的要求，组织实施专项的人才引进计划和培养计划，完善对高级管理人才和技术人才的引进和奖励政策。

（三）推动传统软件和系统集成企业转型升级，培育高端产业形态

启动 IT 咨询试点工程。选择一批方案设计能力强的企业组建独立的 IT 咨询公司，支持与国际化 IT 咨询企业组建合资合作企业，支持本土 IT 咨询企业的能力建设，协调有关部门将 IT 咨询服务纳入政府采购支持范围。

加快推进信息技术服务标准及运维资质试点工作。做好信息技术服务标准验证与应用试点工作。优先选择符合条件的系统集成企业开展运维资质管理试点工作，用足政策手段，促进一批企业从项目型企业转变为服务型企业。

推动工业企业、服务业企业剥离软件开发和 IT 服务部门，成立具有行业独特优势的软件企业。在汽车、石油化工、电力、交通等行业中，择优选择部分企业，将公司内设的行业软件产品开发和服务部门分立成为独立企业，探索对分立公司扶植的有效措施。

（四）深入落实同重点企业和区县的战略合作，加快重大项目落地

开展新一轮的"四个一批"企业遴选工作。总结前期工作经验，开展新一轮四个一批企业遴选，将四个一批工程扩大到 200 家企业以上，并实行动态管理。

做好重点工程项目落地工作。加快中关村软件园二期、中关村软件新园、云计算园区等项目的前期工作，推动国家地理信息产业园、百度云平台、用友管理软件技术改造、北京工业软件基地建设、北京超级云计算中心、爱立信二期等新项目的建设。

启动北京软件和信息服务业重大项目计划，建立起重大项目的管理机制。2011 年计划将50 个左右重大项目列入计划，并进行重点推进和保障，同时探讨建立重大项目计划同全市统筹项目、国家各类专项的直通车机制。

（五）创新工作模式，提高政府引导产业发展的水平

继续做好行业运行的监控工作，为保障产业平稳运行提供决策支持。充分发挥好互动服务系统作用，及时协调企业发展中遇到的困难。

认真做好软件产业税收优惠落实的政策衔接工作。软件企业认定、产品登记、系统集成资质等各项管理工作要在进一步规范的基础上，创新服务方式，更好发挥资质管理对产业发展的促进作用。

在软件和信息服务企业中开展"质量·管理·标准"年活动，推广先进管理经验，提高企业的经营管理水平。组织企业积极参与国家信息技术服务标准工作组、云计算标准工作组和游戏软件标准工作组的工作，推动标准创制和宣贯。

组建软件和信息服务业促进中心，搭建政府整合服务资源、支撑产业发展的大平台，提高产业促进公共服务的水平。

（六）积极创建软件名城，提升北京软件和信息服务业影响力

在工业和信息化部的指导下，结合"十二五"规划，务实开展中国软件名城创建试点工作。以创建工作为契机，提出部市合作发展北京软件产业的重点项目，争取更多国家级资源

落地北京，促进北京产业环境的进一步优化，为北京努力打造世界级软件和信息服务业城市奠定基础。

　　积极组织力量，宣贯《国家软件服务业发展规划》、《北京市软件和信息服务业发展规划》，在全市上下统一思想，形成发展共识，确保"十二五"规划的思路和政策措施贯彻执行。

　　精心组织好第十五届中国国际软件博览会、软件行业协会成立二十五周年纪念会、第二届创新业态企业遴选等重大活动，积极开展海外推介活动，让北京成为名副其实的软件名城。

2010 年天津市软件产业发展概况

2010 年，天津市软件产业紧密围绕天津市委、市政府提出的"调结构、增活力、上水平"的发展主线，借助天津滨海新区开发开放和服务外包基地城市的政策优势，取得了良好的成绩。

一、产业规模稳定增长

2010 年，天津市纳入软件业年报统计的共有 370 家企业，比 2009 年多 42 家，完成软件业务收入 271 亿元，同比增长 35%，"十一五"期间保持了年均 20%的增长速度；实现利润 37 亿元，比"十五"末增长了 20 多亿元，年均增长 18%，软件业务出口额 7.7 亿美元，同比增长 26%。软件业务收入过亿元的规模企业数量达到 41 家，从业人员 200 人以上的规模企业数量达到 46 家。

二、产业结构转型趋势明显

2010 年，软件业务收入 271 亿元中，软件产品和 IC 设计在软件业务收入中所占比重逐年扩大。2010 年，全行业完成软件产品收入 63.5 亿元，信息系统集成服务收入 21.8 亿元，信息技术咨询服务收入 29.8 亿元，数据处理和运营服务收入 9.8 亿元，嵌入式系统软件收入 99.4 亿元，IC 设计收入 47 亿元（见图 1）。其中，嵌入式系统软件收入占软件业务收入的比重从"十五"末的 80.5%下降到"十一五"末的 36.6%，下降 44 个百分点；纯软件和软件技术服务收入为 170 亿元,软件产品与信息技术服务收入的增长保证了软件产业规模稳定增长。

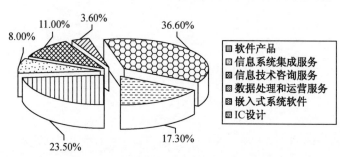

图 1　2010 年天津市软件业务收入分类图

三、软件出口与服务外包规模快速增长

2010 年，天津市软件业务出口额 7.7 亿美元，同比增长 26%。其中，软件外包服务出口 0.4 亿美元，同比增长 71%；嵌入式系统软件出口 7.1 亿美元，同比增长 26%。软件外包服务出口业务量在经济危机过去之后有所回暖，尤其以对日外包增量幅度较大，对欧美外包保持平稳增长。

四、企业实力逐步增强

截至 2010 年年底，天津市从事软件开发、销售和服务的软件和信息服务业企业达 750 多家，主要分布在高新区软件园和泰达软件园。全年新认定软件企业 48 家，累计通过认定软件企业 423 家；登记软件产品 213 件，累计登记软件产品 1376 件；计算机软件著作权登记 1223 件，累计登记著作权达到 4417 件。新增 10 家系统集成资质企业和信息工程监理资质企业，累计达到 68 家。98 人获得系统集成（高级）项目经理和监理工程师资格证书，累计达到 713 人。通过 CMM/CMMI 认证的企业 13 家，通过 ISO27000 信息安全认证的企业 3 家。

五、产业聚集效应日益明显

滨海新区成为天津市软件产业发展的主体，2010 年新区聚集的软件企业数占全市总量的 70% 以上，软件业务收入占全市总量的 90%，软件业务出口占全市总量的 98%，认定的软件企业占全市总量的 87%，软件产品登记占全市总量的 89%，著作权登记占全市总量的 73%。

（一）高新区软件园

高新区规划建设总占地面积 308 万平方米的软件园三期——"软件与服务外包产业基地"被天津市政府列为重点督导项目，软件园建设以"生态智城"为主题，以"人本主义"思想为建设理念，将"产业密集区"、"自然生态区"、"高智力密集的场所"和"有活力的城市中心"相结合，软、硬件环境均满足国际一流标准。高新区大力倡导优质服务理念，用硬措施改善软环境，针对重点企业积极实施 VIP 服务计划。在软件与服务外包平台建设上，高新区承担了国家发改委"天津市软件与信息服务业公共技术与人才支撑平台"项目，资助资金为 1000 万元；天津市集成电路设计中心已经初步完成了项目规定的各个平台建设。高新区软件园将成为集产业、商务、金融、教育与科技、生活与休闲于一体的"生态智城"。一个环境优美、生态和谐、国际一流的特色软件园初露锋芒。

（二）开发区泰达软件园

近年来，开发区软件产业载体建设取得突破，先后建设了滨海服务外包园、泰达科技发展中心等重大载体项目，用来作为开发区软件产业的加速器。2010 年，建筑面积 2.7 万平方米的滨海服务外包园一期工程已经投入使用；建筑面积 6 万平方米的泰达科技发展中心也已封顶，进入内部装修阶段，预计 2011 年年中具备入驻条件。为了解决软件企业人员的通勤问题，开发区建设的能够容纳 1800 人的瑞馨白领公寓投入使用；建筑面积达 22.7 万平方米的瑞达滨海服务外包园白领公寓也将于近期投入使用，可容纳 6200 名开发人员。这些加速器和白领公寓的投入使用大幅度提升了开发区软件产业的载体承接能力，为企业发展提供了条件。作为重点项目的国家超级计算天津中心、腾讯数码天津公司数据中心先后投入运行。国家超级计算天津中心的天河一号超级计算机在全球超级计算机排名中名列第一。腾讯数码数据中心一期建筑面积 3 万平方米，可容纳服务器 5 万台，该数据中心全部建成后将成为东亚地区最大的数据中心。加之惠普在开发区投资注册了惠普数据中心设计公司，开发区今后将依托强大的数据处理能力搭建服务平台，促进与先进制造、生物医药、航天航空相关的软件产业的发展。

（三）保税区空港软件园

天津港保税区、空港经济区作为滨海新区重要的经济功能区，是滨海新区距离天津市区和北京最近的经济功能区，它依托都市，交通便利，具有难得的区位优势和发展优势，是发展软件产业难得的理想之地。区内软通动力、中兴软件、爱思爱等重点软件企业规模不断扩大，企业业务发展概况良好，东软、安道斯等企业正式开始经营，具有良好的发展前景；保税区重点发展的现代物流、现代制造等行业企业逐渐加强了对嵌入式软件的重视程度，叶水福、罗升科技等企业实现了软件部门的剥离，成立了以软件开发及应用为主的子公司。空港软件园将成为产业发展环境佳、国际竞争力强、产业特色鲜明，集人才培养、技术创新、服务外包于一体的国内知名软件产业基地。

2010 年河北省软件产业发展概况

一、基本情况

2010 年，河北省认真谋划发展思路，大力推进项目建设，努力提高办事效率和服务质量，各项工作成效明显。2010 年，完成软件业务收入 124.2 亿元，软件产品收入 24.9 亿元，系统集成服务收入 96.2 亿元，信息技术咨询服务收入 1.4 亿元，完成工业增加值 69.5 亿元，利润总额 52.5 亿元，税金总额 8.4 亿元，2010 年新认定软件企业 42 家，累计达到 364 家，新登记软件产品 329 项，累计达到 2488 项。73 家企业具备计算机信息系统集成资质。10 家企业具备信息系统工程监理资质。

二、2010 年重点工作

（一）以项目建设为重点，大力推进基地（园区）建设

着力推进廊坊信息服务核心区、秦皇岛数据产业基地、石家庄软件园建设，力促重点项目尽早开工建设。廊坊润泽国际信息港一期工程、信和服务外包基地、秦皇岛数据产业基地"数谷"大厦、石家庄软件园汉康软件孵化大厦和振新软件大厦等 5 个项目先后开工建设，总建设面积 90 万平方米，总投资约 25 亿元。以上项目建成后，将大大优化河北省软件与信息服务业发展环境和投资环境，促进河北省软件与信息服务业与北京的产业合作，形成产业发展整体优势。目前，各项目建设工作进展顺利。

（二）科学谋划工作，加强工作指导

努力提高服务质量和工作效率，扎实做好各项工作。一是加强对行业和重点软件企业的运行监测，组织对全部软件企业进行梳理，筛选出 58 家企业作为重点联系企业，新列入统企业 57 家，并分市下达入统企业名单。在各市主管部门三定方案和内设处室尚未确定及主管人员变化较大的情况下，积极主动地加强与各市主管部门的沟通和联系，保证工作的连续性。二是加强软件企业认定和软件产品登记工作的指导，努力提高服务质量和服务水平，按时限办结审批事项。2010 年分 12 批认定软件企业 42 家，登记软件产品 364 个，累计认定软件企业 329 家，登记软件产品 2488 个。三是完成 201 家软件企业的年审工作，组织对 72 家计算机系统集成企业和 8 家信息系统工程监理企业进行了监督检查。四是结合计算机信息系统集成项目经理资质的人才缺口较大，严重影响企业资质认定和资质升级的实际情况，搭建人才对接平台，组织开展企业和人才对接活动。五是充分发挥电信基础运营商的主导作用，加大公共信息服务平台建设和推广应用力度，开展了"加快信息服务业发展、推进企业信息化建设"主题培训和宽带商务巡展活动，在各设区市和县级产业聚集区巡回培训 50 余场次，累计培训 3000 余家企业。六是围绕推进产业发展组织开展调研、培训。组织有关设区市工业和信息化主管部门、服务外包示范区、软件与信息服务园区及支撑机构的相关负责同志，赴重庆和四川开展软件与信息服务业"十二五"规划调研暨公共服务平台建设培训。七是研究制订

河北省软件与信息服务业"十二五"发展规划。

（三）积极推动物联网产业发展

在深入调研的基础上，认真分析国内物联网产业发展形势和河北省产业基础，在技术研发、产业发展和应用示范等方面提出了河北省物联网产业发展的思路，出台了《关于加快物联网产业发展的意见》。加强与中国电子科技集团、中国航天科技集团、中科院计算所、中国电子信息产业研究院等驻京大型企业集团和科研机构的联系、沟通，积极寻求合作。推动航天信息股份公司和北京大学工学院，围绕物联网产业发展和企业精益化管理，分别与河北工业和信息化厅签署了战略合作协议。积极推进河北工业和信息化厅与河北联通的深层次合作，成立由双方主要负责同志牵头的战略合作推进领导小组，协调推进中国联通廊坊综合信息服务基地、河北联通综合信息服务平台及 3G 行业应用等相关工作。

三、2011 年展望与目标

坚持以科学发展观为指导，按照加快转变经济发展方式、调整优化经济结构的总体要求，遵循"科学布局、产业聚集，应用为主、市场驱动，技术创新、产业融合，加强合作、对接首都"的原则，做大做强应用软件和嵌入式软件，大力发展工业软件，突出发展物联网产业。加强重点园区（基地）建设，推动软件和信息服务业实现跨越式发展。力争 2011 年软件与信息服务业主营业务收入突破 200 亿元。

四、下一步工作

（一）认真组织实施《河北省软件与信息服务业"十二五"发展规划》，着力提升重点领域和骨干企业竞争力

按照《规划》确定的发展目标和工作任务，结合贯彻落实《国家电子信息产业调整振兴规划》和《河北省电子信息产业振兴实施意见》，采取有力措施，认真抓好各项工作落实。大力培育和发展医疗电子、电力电子、安防电子、交通电子、智能仪表、节能环保监测、智能控制等一批市场竞争力强、具有一定规模和较强市场竞争力的优势企业，不断增强重点骨干企业竞争力。培育和推动 1~2 家软件与信息服务企业上市。加强产业发展运行监测，确保河北省软件服务业平稳较快发展。

（二）加快推进物联网产业发展

大力推进河北省政府《关于加快物联网产业发展的意见》（［冀政 2010］118 号）的贯彻落实。按照《意见》提出的发展目标和工作重点，有计划、分步骤地认真组织实施。积极推动河北省与中国电子科技集团、中国航天科技集团物联网产业发展战略合作，力争签署框架协议；加强与航天信息股份公司和北京大学工学院的联系，围绕双方签署的战略合作协议，务实推进深度合作；密切与中国联通的战略合作，扎实推进廊坊综合信息服务基地建设和基于 WCDMA 无线网络的 3G 行业应用、数字办公以及物联网试点示范工程；加快中国电科石家庄物联网研发中心、航天信息河北物联网应用工程中心、廊坊物联网信息服务技术中心、北京大学工业物联网应用研究中心等技术研发中心建设，组织实施传统产业改造提升、水资源监测传感网应用、区域智能交通、食品药品行业应用和智慧城市试点工程，瞄准物联网新

技术、新应用和新发展，加强技术研发和成果转化，推动我省物联网产业快速发展。

（三）加强软件与信息服务产业聚集区建设

建设和完善软件产业公共服务平台和公共支撑平台，优化软件企业生产研发所需的内、外部环境，增强园区（基地）吸引企业、聚集企业的能力。采取"请进来、走出去"等方式，对标兄弟省市在聚集区（园区）建设方面的先进经验和成功做法，加快产业聚集。科学谋划软件与信息服务业的产业布局，加快环首都软件与信息服务聚集区的建设，推动石家庄、保定、廊坊、秦皇岛软件和信息服务园区的聚集发展，推进廊坊信息服务核心区、秦皇岛数据产业基地、中国电科河北物联网产业基地、邯郸北京邮电大学物联网产业基地、唐山工业软件应用与产业化示范基地和南湖软件园的建设，积极组织有条件的地区申报"国家软件和信息服务产业基地"。

（四）抓好软件与信息服务业大项目建设

把项目建设作为推动产业跨越式发展的重中之重，坚定不移地抓紧、抓实。一是加强对廊坊润泽国际信息港、秦皇岛数据产业基地、北戴河硅谷湾、信和服务外包基地、石家庄软件园汉康软件孵化大厦和振新软件大厦、中太现代服务业基地等已开工项目的跟踪督导，及时了解和着力解决项目建设中的有关问题。二是进一步加大招商引资力度，对于有望合作和落地的项目紧盯不放，协调有关方面逐一解决项目落地的具体问题。瞄准基础电信运营商业务转型、3G、下一代互联网、数字电视网络和物联网发展带来的软件与信息服务发展的新模式、新需求，加强合作，推进产业联盟建设，培育大型信息服务企业。

（五）加强队伍建设，不断提高服务能力

牢固树立服务意识，贴近一线，真心实意为企业服务。加强对河北省软件评测中心、河北省软件与信息服务业协会等支撑机构的工作协调、指导，理顺工作关系，促使其工作职能逐步向为产业发展提供技术支撑和咨询服务转变。结合国家关于《物联网发展指导意见》《加快软件服务业发展的指导意见》等政策文件的出台，认真研究河北省贯彻落实意见，以良好的政策环境促进河北省软件与信息服务业加快发展。

2010 年山西省软件产业发展概况

一、基本情况

2010 年，山西省软件服务业共有已认定的软件企业 105 家。根据年报显示，规模以上企业计 91 家，软件收入 172529 万元，同比增长 23.5%。其中，软件产品收入 87109 万元，同比增长 37%；信息系统集成服务收入 66355 万元，同比增长 112%；信息技术咨询服务收入 10629 万元，同比增长 97%；数据处理和运营服务收入 4431 万元；嵌入式系统软件收入 3690 万元，同比增长-69%；IC 设计收入 316 万元。利润总额 3 亿元，研发经费 21760 万元，固定资产投资额 11665 万元，软件著作权 294 件，增加值 75130 万元，从业人员年末数 7152 人，其中软件研发人员 3284 人，从业人员工资总额 22228 万元。

二、主要特点

2010 年，在认真落实国家 18 号文件精神的过程中，在山西省经济和信息化委员会的正确领导下，在各级税务部门的大力支持下，在各行业同仁的大力配合下，山西省软件服务业得到了较快的发展，软件企业的综合实力明显增强，一批有实力、有特色的企业脱颖而出。软件收入上亿元的企业达到三家，即理工天成信息公司、罗克佳华公司和天地科技公司；上5000 万元的企业有 5 家；上千万元的企业有 17 家。它们活跃在山西省经济建设的各个领域，尤其是在电子政务、煤炭行业、电力行业、交通行业、制造业、医疗、环保等方面的软件产品服务和系统集成服务成绩显著，它们的服务范围还涵盖外包服务、信息传输服务、信息技术服务、互联网信息服务、数字内容服务、数字娱乐运营服务等多个方面，已成为山西省经济建设中的一股不可或缺的力量。但另一方面，山西软件服务业的表现为：规模小、素质低、技术差，没有形成产业规模和产业链，没有自己的核心技术、知名品牌和拳头产品，市场认知度低，仅在本省部分行业的信息应用市场有一定的竞争力。

目前，山西省的软件企业几乎全部集中在太原市，且绝大多数集中在太原国家高新技术开发区。一方面是由于高新技术开发区为这些企业提供了优惠、方便、舒适的研发空间和生存空间，另一方面是在高新技术开发区可以较快、较好地享受到国家给予的各项优惠政策。而在山西省的其他地市，软件服务业十分弱小，没有形成气候。

三、面临问题

山西省软件服务业的发展面临着以下问题：①全省对软件服务业的认知度急需提高。②产业发展环境急需改善。山西省还没有出台发展软件服务业的发展战略和优惠政策。③产业发展需要集聚平台。山西省没有一座真正意义上的软件园，无法吸引国内外大公司来晋投资，无法建立全省的公共技术服务平台和产品研发平台，无法给企业一个宽松、便捷、雅致的工作环境，无法形成行业的集聚发展。④企业急需提高素质，做强做大。山西省软件企业不多，实力不强，规模不大，以民营股份制企业为主。企业素质不高，软件研发能力弱，软件产品少，没有在市场上有影响力的产品，总体技术水平跟不上国内的发展形势。⑤缺乏人才。

四、2011 年展望和目标

2011 年是中国共产党成立 90 周年，是"十二五"规划的开局之年，是全面推动转型跨越发展的关键之年，我们将全力以赴做好 2011 年的工作。2011 年，山西省要做好"国家软件和信息技术服务业示范基地"的申报工作。要抓潮头、抓重点、抓示范、抓应用，努力开创山西省软件服务工作的新局面。要充分发挥"四器"作用（即经济增长的倍增器、产业升级的助推器、发展方式的转换器、新兴产业的孵化器），全力实现"两个服务"，即为新型工业化服务，为国民经济和社会信息化服务。要发挥政府的引导作用，以企业为主体，围绕产业链关键环节，推动高校和科研机构研发成果产业化，加强企业与科研机构的合作，形成政、产、学、研、用互动发展的良好局面。争取有 2 家软件企业能够进入国家规划布局内的软件企业行列。

2011 年，山西省软件服务业的主要预期目标是：认定软件企业 25 家，登记软件产品 50 件，软件著作权登记 300 件以上，软件服务业收入达到 20 亿元、增长 60%，软件收入上亿元的企业达到 4 家。

五、下一步工作

（1）认真学习、领会、贯彻执行国务院国发［2011］4 号文件精神。

（2）结合山西实际，积极拟定为国发 4 号文件配套的地方优惠政策和实施细则，为山西软件服务业创造出优良的发展环境。

（3）积极与政府各有关厅局沟通联系，落实国发 4 号文件精神，做好与 18 号文的衔接工作。

（4）培育龙头企业，争取资金支持，扶持山西省软件企业做大做强。

（5）编制和实施好《山西省软件服务业"十二五"发展规划》。

（6）做好行业管理工作，完善行业规范。同时，做好"双软"认定工作及其他工作。

（7）拟定山西省软件服务业发展的重大技术研发课题和研发项目，拟定山西省软件园建设项目和软件服务业公共服务平台建设项目。

（8）落实山西省有关人才政策。

（9）做好"国家软件和信息技术服务业示范基地"创建工作。

2010 年辽宁省软件产业发展概况

一、基本情况

2010 年，辽宁省软件和信息服务业经济运行平稳，全年完成软件业务收入 921 亿元，完成软件业务出口收入 22 亿美元。

截至 2010 年年底，辽宁省累计认证软件企业 1165 家，软件企业认定数量增速放缓。辽宁省认定的软件企业主要集中在沈阳、大连、鞍山 3 个城市，这 3 个城市认定的软件企业共有 1011 家，占全省总数的 86.7%。

截至 2010 年，辽宁省认证软件产品 4692 个，大连和沈阳分列辽宁省软件产品新认定数量的前两位，两市 2010 年共认定软件产品 539 个，占辽宁省总数的 86.4%。

二、发展特点

2010 年，辽宁省软件和信息服务业继续紧紧围绕国家信息产业发展规划，密切结合辽宁省工业经济特色，深入推进"五项工程"战略，整个行业呈现出快速、健康发展的可喜态势。行业发展在软件服务外包、软件出口、产业园区建设和软件技术提升传统制造业水平等方面取得可喜的成就，具体表现在产业规模持续增长，创新能力日益提高，产业渗透能力不断增强，产业集聚效应突显，政策环境日益完善。软件和信息服务业目前已成为辽宁省有一定规模的新兴产业，其战略地位和对辽宁省经济增长的支撑作用进一步凸显。

（一）业务收入持续增长，企业实力不断提高

2010 年，辽宁省软件和信息服务业经济运行平稳，各月软件业务收入增速均保持在 30%以上，软件和信息服务业从业人员约 20 万人。东软集团股份有限公司、沈阳先锋计算机工程有限公司、大连华信计算机技术股份有限公司、辽宁天久信息科技产业有限公司、沈阳东大自动化有限公司、沈阳新松机器人自动化股份有限公司 6 家企业入围 2009 年中国软件业务收入前百家企业；东软集团股份有限公司、辽宁聚龙金融设备股份有限公司、荣信电力电子股份有限公司、大连华信计算机技术股份有限公司、益德穿梭科技（大连）有限公司、大连东软金融信息技术有限公司 6 家企业被列入 2009 年度国家规划布局内重点软件企业。目前，辽宁省已有东软集团、荣信电力电子、奥维通信、百科集团、新松机器人和海辉软件公司 6 家本地软件企业在证券市场上市，其中海辉软件是首家登陆纳斯达克的中国软件和信息服务企业。

（二）产业布局趋于合理，地区发展特色突出

辽宁省软件和信息服务业呈现出重点突出、全面发展的产业特色。省内各市软件和信息服务业特点明显，已初步形成了以沈阳、大连两市为核心，辐射全省的格局；以特色园区和基地为基础，分工合理的产业结构布局。沈阳市在继续保持系统集成优势的同时，大力推进软件外包、动漫游、嵌入式软件发展，软件产业发展迅速；大连市在保持离岸外包产业国内领先地位的同时，着力打造全球软件服务外包新领军城市，立足日韩、放眼欧美，持续提升

大连软件服务外包的国际竞争力；鞍山市软件产业与传统产业结合紧密，其工业自动化控制系统等嵌入式软件水平处于同行业领先地位；丹东市的智能仪器仪表嵌入式软件发展特色明显，已形成了围绕智能仪器仪表嵌入式控制系统的软件产业集群。

（三）服务外包能力显著提高，外包市场不断扩大

2010 年，辽宁省软件服务外包收入 224 亿元，同比增长 31.7%。目前，辽宁省专业从事软件服务外包的企业 390 家，其中，人员规模超过 6000 人的企业有 2 家、超过 3000 人的企业有 4 家、超过 2000 人的企业有 7 家、超过 1000 人的企业有 2 家。外包市场已经从原来单独依靠日韩市场，逐渐向欧美市场渗透。沈阳的东软、大连的华信和海辉居全国软件出口前列。辽宁软件出口已遍布除大洋洲以外的各大洲，世界 500 强 IT 企业中，已有 66 家在辽宁省设立了服务中心和技术中心。

（四）创新能力逐步提升，关键技术取得突破

软件和信息服务业企业自主创新能力不断提高，软件产品在数字视听、汽车电子、通信及网络技术、动漫游技术、IC 设计、先进制造业信息化技术（数控、总线）、行业信息化等方面取得突破。一批具有自主知识产权的软件产品广泛应用在装备制造、医疗、金融等领域。沈阳新松机器人有限公司研制出我国首台具有生命探测功能的井下探测救援机器人和 200 公斤垂直关节工业机器人控制系统；东软医疗系统有限公司推出的多层螺旋 CT、超导磁共振成像系统、直线加速器治疗系统、正电子发射断层扫描系统等产品，已达到国内领先水平；辽宁聚龙金融设备有限公司的多功能验钞识别控制系统等产品已达到国际领先水平；沈阳高精数控有限公司的"蓝天"中高档数控系统，填补了国内数控领域的空白，并打破了跨国公司多年的行业垄断。

（五）骨干企业不断成长，综合实力明显增强

目前，辽宁省软件和信息服务业年收入 500 万元的企业有 474 家。其中，主营业务收入 1 亿元以上的企业有 98 家，10 亿元以上的企业有 27 家。通过 CMM 认证的企业有 62 家，其中通过 CMM3 以上的企业达到 45 家，通过 CMM5/CMMI5 评估的企业达 11 家，省内软件和信息服务业企业的综合实力明显增强。

（六）园区建设日益完善，产业聚集效应显著

目前，辽宁省已建成各类软件园区（基地）32 个，占地面积 4185 万平方米。全省 60%的软件和信息服务业企业和 90%以上的软件外包企业集中在各类软件园区。软件园区建设的日益完善为辽宁省软件和信息服务业的快速发展起到了重要的推动作用。已建成投入使用的东软软件园、沈阳国际软件园、沈阳 123 创意软件园、大连软件园、旅顺国际软件园、黄泥川天地软件园、河口国际软件园、英歌石国际软件园等一系列软件园，吸引了包括 IBM、HP、LG、AMD、SUN、埃森哲、松下、戴尔、东芝、诺基亚、索尼、日立、Genpact、NTT、NCR、Oracle、NEC、Fidelity、BT、瑞穗银行等在内的 66 家世界 500 强跨国企业入驻，园区从业人员超过 10 万人，业务涵盖软件外包、信息服务、动漫设计制作、软件测试、人才培训等多个专业领域。

（七）产业政策得力，发展环境不断优化

辽宁省软件和信息服务业除了认真做好国家关于软件和信息服务业的政策落实工作外，各市还因地制宜地制定并实施适合当地产业发展的政策措施。沈阳制定了《沈阳促进软件及动漫产业发展的若干政策措施》、《关于促进沈阳服务外包产业发展的若干意见》、《沈阳市软件（动漫）高级人才专项奖励办法》、《沈阳市进一步促进软件产业发展的若干政策措施》；大连制定了《关于示范城市离岸服务外包业务免征营业税政策》、《关于加快服务外包产业发展促进高校毕业生就业的若干政策》、《关于扶持动漫产业发展有关税收政策》、《关于鼓励政府和企业发包促进我国服务外包产业发展的指导意见等政策》等地方性鼓励政策和优惠措施。这些政策措施的积极落实，极大地优化了辽宁省整体的产业环境。2010 年 6 月，由中国软件交易会主办的中国软件创新论坛发布了《2010 中国软件创新报告》，辽宁省大连市被评为创新环境优越型城市。

三、2011 年工作重点

（一）高度重视经济运行

（1）掌握全省软件业动态运行数据，把握产业发展方向。一是及时掌握软件企业经济运行数据，建立企业动态档案，做好软件企业、软件产品、重点项目、核心技术、服务领域的分类整理工作。二是定期分析运行数据，动态调整工作思路，引导企业平稳发展。

（2）积极推动软件技术同支柱产业深度融合，促进产业共同发展。一是摸清各市支柱产业链结构和发展方向，寻找软件技术融入的突破口，建立融合服务平台。二是创造条件鼓励全省软件企业跨市合作，在发挥软件核心技术优势、联合抢占应用市场、共享优势资源等方面打造出一批示范城市和典型案例。

（3）加强重点软件企业的运行监测，扶持企业做大做强。对重点企业特别是行业领军企业要加强运行监测，及时了解行业和企业最新发展概况，建立重点监测软件企业动态上报机制，积极帮助企业协调解决发展中遇到的困难，要做到信息灵、协调快。

（二）着力推动"五项工程"的实施

（1）企业提升工程。一是各市结合地区实际，从当地规模以上企业中优选出一批具有发展潜力和提升空间的软件企业，制订有针对性的企业提升培育计划，确定 2011 年企业培育目标。二是通过各种方式，从资本环境、项目建设、自主创新、高端人才、国际化管理等方面入手，培育目标企业做大做强。

（2）项目工程。一是要充分培养和挖掘项目源，对 1000 万元以上的软件投资项目要针对性地制订扶持工作计划。二是通过融资渠道对接、配套企业引进、搭建人才供需平台等服务手段，积极为项目实施创造有利条件。

（3）并购工程。一是加大宣传力度，通过多种渠道宣传、介绍省政府实施并购工程的战略意义，使企业了解并购政策。二是根据企业的服务领域、上下游产业链关系，通过企业推介会等方式增强省内企业与国内外优秀企业的沟通和了解，为企业实施并购创造有利条件。

（4）集群工程。一是沈阳和大连要加大招商引资力度，以应用带市场，以市场带项目，不断聚集资源，协调完善产业配套，努力为"十二五"期间打造千亿元规模产业集聚打好基础。二是沈阳和大连以外的其他城市，要根据本地区支柱产业实际情况，有针对性地建立特

色产业集群，服务于本地区支柱产业。

（5）节能减排工程。要收集一批、整理一批、推广一批在水资源管理、电力电能控制、燃气燃煤效率提升、余热余压利用和电机节能等方面的优秀软件技术、产品和解决方案，推动省内软件企业和传统高耗能工业企业开展深度合作。

（三）发展工业软件产业，培育信息服务业

（1）抓好工业设计软件和工业嵌入式软件的开发与产业化，支撑传统产业升级。一是依托国家和辽宁省企业技术创新重点项目，充分发挥软件产业在传统工业企业设计研发数字化、制造装备智能化、生产过程自动化、经营管理网络化、开发应用标准化进程中的关键作用。突破中间件、信息安全、工业设计软件和工业嵌入式软件、行业应用解决方案，提升辽宁省软件和信息服务的自主创新能力。二是发挥辽宁省制造业规模优势，大力发展计算机辅助研发和制造软件、企业生产过程一体化软件。加速培育一批面向辽宁省装备制造、机床、船舶、汽车等优势传统产业的优秀工业软件和嵌入式软件产品，为传统产业改造提升提供技术和服务支撑。

（2）抓好面向传统产业的软件和信息技术服务，培育信息服务业。一是鼓励大型工业企业剥离内设优秀软件和信息技术服务部门，组建服务行业的信息技术服务企业，用好、用足现有的产业政策，实现规模化、产业化和社会化发展，促进产业结构调整。二是鼓励具有核心技术的科研机构加快企业化转制步伐，在信息技术改造传统产业中发挥更大作用。三是鼓励企业非核心业务进行外包，发展软件和信息服务外包产业。四是积极培育生产性服务业中的工业设计及研发服务、信息服务外包服务，探索新型服务模式，推进生产性服务业联盟建设。

（3）搭建对接平台，活跃信息服务业合作市场。一是组建资源共享、优势互补的工业软件企业合作平台。鼓励省内各市资源共享、优势互补，实现跨地区、跨行业合作。二是倡导联合开发，有效推进，限制重复引进和重复开发，避免同一层次的技术创新，保证有限资源的有效使用。三是由政府、企业、协会、科研院所、研发机构共同参与，合力推进工业软件和信息服务业的研究，促进产品及服务在冶金、石化、装备制造、电力、船舶等行业的示范应用。

（四）加快低端服务外包向二三线城市转移

（1）加快制订沈阳和大连高端服务外包发展战略。沈阳和大连要加快制订本地区软件和信息服务外包发展规划和实施办法。重点发展高端软件和信息服务外包业务，确定低端业务转移对象。鼓励和引导现有重点服务外包企业将低端外包业务向二三线城市转移，带动更多中小型服务外包企业跟进。

（2）培育二三线城市人才环境，建立低端服务外包对接服务平台。一是二三线城市要结合本地区的特点，积极推进接包企业与大专院校的合作，采取多种形式、多渠道培养服务外包适用型人才队伍，为承接沈阳、大连低端服务外包业务转移创造良好的人才环境。二是建立低端服务外包对接服务平台，鼓励各市跨地区合作，为发包和接包企业搭建顺畅的合作交易平台。

（五）注重培育创新型服务业应用市场

（1）打造物联网软件产业链，推动全省物联网产业的发展。一是采取各种形式，整合物

联网产业领域软件企业优势资源，培育物联网产业领军企业。协调有关部门采用网络、媒体宣传等多种形式，扩大影响，吸引更多的企业参与物联网产业的发展；二是重点围绕工业自动化和生产性服务业，将应用软件作为物联网产业发展的突破口，加强中间件研究，培育一批掌握物联网应用核心技术的企业，不断增强辽宁省软件产业自主创新能力；三是以两化融合为切入点，围绕"五项工程"领军企业和所确立的重大项目，协调有关部门逐步推动辽宁省物联网应用示范工程的实施，以应用带产业，以产业带技术，推动物联网产业起步并快速发展；四是逐步打造辽宁省物联网发展的应用平台，在各行各业成立物联网产业发展联盟，从政策、资金、技术、人才等多方面推动辽宁省物联网产业的发展。

（2）推动云计算研究，大力培育云计算应用市场。一是积极支持软件龙头企业加强与国内外云计算领域先进企业的合作，研究各行业云计算解决方案，提高辽宁省云计算应用的能力和水平。二是要逐步培育云计算应用客户群，加快辽宁省软件产业由产品主导型向服务主导型发展的步伐，推动辽宁省软件产业健康发展。

（3）积极创造软、硬技术的合作机会，发展"三网融合"软件应用市场。以大连市"三网融合"试点为契机，鼓励相关部门和企业跨市、跨行业合作，鼓励软件企业积极参与"三网融合"有关软件技术的研究、技术规范和标准的制定，搭建"三网融合"软、硬技术合作平台，推动辽宁省"三网融合"工作快速发展。

（六）充分用好外资企业的集聚优势，加强合作，提升辽宁省民营企业自主创新能力和先进管理能力

（1）增强服务意识，挖掘外资企业技术和管理优势。一是加强服务，通过人才和市场对接等形式，主动了解、充分挖掘外资企业技术和管理优势。二是充分利用现有政策搭建服务平台，加速外资企业优势资源尽快本地化，提升外资企业本地结算中心比例。

（2）加强合作，开拓软件应用市场新领域。加强外资企业和本地民营企业的合作，利用外资企业的技术、管理、品牌、市场等优势，开拓软件应用市场新领域，提升辽宁省软件产业自主创新能力。

（七）探索高端软件人才的聚集机制

（1）努力营造适宜高端人才成长和发展的产业环境和公共服务环境，完善人才开发机制。

（2）推动教育培训体系建设，鼓励企业与高校联合培养专门人才，开展多层次教育培训，扩大高端人才培养规模。

（3）利用辽宁软考高级人才库和开源软件社区兼职高级人才，集聚社会上的高端人才资源，加快高端人才交流和评价体系的平台建设。

2010 年吉林省软件产业发展概况

在吉林省委省政府的正确领导下，随着新一轮东北老工业基地振兴不断推向深入，两化融合步伐不断加快，战略性新兴产业发展方向进一步确定等一系列重大战略部署及政策措施的相继出台，吉林省软件和信息服务业作为现代服务业中科技创新最活跃，增值效益最大的产业，迎来了前所未有的发展机遇。

2010 年，吉林省软件和信息服务业运行高速、平稳，继续保持健康、快速的发展势头。

一、基本情况

（一）软件业收入状况

2010 年，吉林省软件行业全年规模达到 172 亿元，增长 30%，吉林省软件行业从业人员超过 3 万人。

（二）软件收入构成情况

从吉林省软件产业构成来看，软件收入主体是软件产品、软件服务和系统集成，嵌入式软件份额增加。其中，软件服务销售额达到 35 亿元，占软件产业总额的 20%；软件产品销售额、系统集成销售额分别为 51 亿元、54 亿元，占软件产业总额的比重分别为 29% 和 31%；嵌入式软件销售额达到 32 亿。

（三）软件企业发展概况

从吉林省软件企业发展概况来看，2010 年吉林省从事软件和信息服务业的企业超过千户。其中，收入超过亿元的企业有 20 家，收入超过 10 亿元的企业有 1 家，软件出口外包企业超过 50 家。吉林省软件企业认定家数和登记产品项数在总体上均呈稳中有升的趋势。截至 2010 年年底，吉林省累计认定软件企业 439 家，登记备案软件产品 1380 个。其中，2010 年新认定软件企业 53 家，新登记软件产品 157 个。吉林省获得计算机信息系统集成资质的企业共 52 家。其中，获得一级资质认证、二级资质认证、三级资质认证的企业分别有 3 家、5 家和 37 家。吉林省通过 CMMI3 级的企业有 4 家。同时，在 2010 年，吉林省还有 4 家企业被确定为"国家规划布局内重点软件企业"。软件企业在研究开发投入、建立和完善核心技术创新体系、提高自主创新能力、扩大产业规模及丰富产品结构等方面均有较大突破。拥有自主知识产权、具有核心技术优势和特色的软件产品，市场占有率不断提高，品牌效应不断提升。

（四）信息基础建设成果显著

"十一五"以来，在加快发展信息服务业的规划指导和政策引导下，吉林省信息服务业市场规模不断壮大，基础设施不断完善，信息内容服务不断拓展，质量不断提升，应用网络建设全面推进，为信息服务业的纵深发展奠定了良好的基础。

第一是网络信息服务业不断深化。目前，在以电信网、广电网为主的基础网络体系和以光纤通信为骨干、以卫星通信和数字微波为辅的通信网络体系良性运行下，吉林省信息服务业的网络化建设取得了显著的进展。具体来看，在电子商务方面，小商品在线支付网络、防伪信息网络、网上银行、企业的电子商务采购平台等全年运行平稳，省密钥管理中心和数字认证中心的综合服务能力进一步提高，尤其是电子商务中的短信业务实现较快增长；在电子政务方面，电子政务内、外网建设与管理机制逐步完善，应用水平整体提高，政务信息发布逐步规范、及时、透明，电子政务重点项目建设和培训工作开展有序，突发应急信息管理逐步加强，"一站式"电子政务服务能力大大提升，政府网站内容不断丰富，功能逐步增强，从而有力地强化了政府通过网络信息进行社会管理、市场监督和公共服务的职能。

第二是信息服务平台建设不断加强。目前，吉林省信息服务平台涉猎的领域不断拓宽，建设完善力度不断加强。例如，数字电视服务平台、农业综合信息服务平台、制造业信息化服务平台、企业基础信息交换平台、信息技术综合服务平台等的建设正日趋完善与健全，从而大大提高了信息资源共享和开发应用的能力。同时，在就业、社会保障、安全生产、公共卫生等领域，信息服务平台的作用也日益突出。

第三是信息安全保障体系建设不断健全。随着信息化的全面推进，信息的安全性愈显重要。当前，吉林省网络信任体系建设整体水平快速提升，信息安全等级保护制度、信息安全风险评估体系和审核标准日趋完善。

二、发展优势及特点

（一）区位优势

吉林省 80%以上的软件企业都集中在长春市、吉林市和延边朝鲜族自治州。长春市地处东北亚区域几何中心，交通便利，基础设施建设相对完善，是物流、人流和信息流的重要枢纽地区，为大力发展软件和信息服务业奠定了坚实的物质基础。延边朝鲜族自治州一直以来与日韩等国家关系较为密切，特别是近几年来长吉图开发开放先导区的建立，大大促进了吉林省软件和信息服务业外包市场规模的发展壮大。

（二）科教人才优势

从人才培养的硬件设施投入来看，目前，吉林省设立了软件及相关专业的全日制大学就有40 余所，其中吉林大学计算机专业是中国计算机学会常务理事单位之一。吉林省现有国家级软件学院 2 所，省级 15 所，国家级软件技术学院 2 所，有计算机技能培训机构 50 多家。从人才培养的规模和数量来看，吉林省现有计算机及相关专业在校大学生 4 万多人；各级软件学院及软件技术学院年培养计算机及相关专业本科毕业生、硕士毕业生分别达 10000 多人，2500 多人；计算机技能培训机构年培训各类人才 5000 多人。从人才结构来看，软件工程师所占的比例较高，系统分析员和项目总设计师的比例较低。目前，吉林省拥有一线软件工程师近 10000 人。据统计，每年吉林省为全国各地软件及服务外包企业输送的人才将近 20000 人。

（三）产业优势

吉林省长春市是全国重要的工业生产基地，尤其是在汽车、轨道客车和装备制造业方面，具备了较高水平的研发、设计、加工、生产等综合能力，拥有一汽集团、一汽大众等著名整车生产企业及十几家专用车、改装车企业，拥有全国最大的轨道客车生产基地，该基地将形成年产 800 列高速动车组的生产能力。同时，随着战略性新兴产业规划的进一步确定，新能源、新材料等诸多领域对软件和信息服务业的依存度和需求量不断增加，必将为吉林省软件及信息服务业的加快发展提供广阔的应用领域和市场空间。

（四）产业基地优势

在信息产业领域，吉林省已经成立了国家产业基地和省级产业园区，其中包括长春国家光电子产业基地、新兴的现代电力电子产业基地、吉林省（长春启明）汽车电子产业园、吉林新元器件产业园、长春软件园、吉林软件园、延边信息产业园，已形成了特色的产业集群。在光显示器件、新型元器件和汽车电子等领域发展迅速，形成了吉林省特色化的信息产业。

在软件领域，长春启明在汽车管理软件产品研发与服务和车载信息系统研制及服务两个领域的市场份额居国内同行业第一位。吉林盟友、东电开元集团等一大批优秀软件企业正逐步形成自己的特色产品。一批具有自主知识产权的软件产品已遍布全国，拥有"双软"认证的企业数三百余家，各种应用软件，如税务、银行指纹识别、教育、网络安全等都有非常活跃的市场。

（五）其他优势

吉林省的软件和信息服务业发展的优势还体现在产业结构、产品种类和软件园区建设的特色方面。在产业结构上，吉林省软件产业虽然产业规模逐年扩大，但仍然是中小型企业占大多数，大型企业数量偏少。而且企业性质也是以民营、中外合资、股份制等所有制的公司为主。

在产品种类上，吉林省软件产品以应用软件占绝对优势，系统软件和支撑软件数量较少。其中，汽车、信息安全、教育、政府、农业等行业应用软件在市场占有率、技术水平及知名度等方面处于国内领先水平。

在软件园建设上，吉林省政府明确提出，将着力把信息服务业打造成重要的特色产业，着力建设长春软件园、吉林软件园和延边中韩软件园，以形成优势互补、共同发展的新格局。其中，长春软件园主要发展企业管理软件、人口信息管理软件、汽车软件、教育软件、信息安全软件；吉林软件园主要发展嵌入式软件和电力行业、石化行业大型应用软件；延边中韩软件园着重承接韩国、日本的软件外包和信息服务。据统计，目前，吉林省 80% 以上的软件企业、85% 的软件收入都主要集中在这三家软件园区，聚集效应十分显著。

三、存在的问题

近年来，吉林省软件和信息服务业虽然在质和量两方面都取得了突飞猛进的发展，但同国外发达国家、国内经济发达省份地区相比，依然存在差距和不足。诸如在总体规模、发展环境、产业结构、产业集聚、自主创新体制机制、政策扶持效应等方面，都存在一些亟待解决的问题。

（一）软件和信息服务业发展面临的总体性问题

吉林省的软件和信息服务业不仅总体规模偏小、比重偏轻、发展环境设施落后，而且产业总体增长率不是很高、服务外包出口额较小、产品结构不优、核心技术缺乏、自主创新能力薄弱、产业集群效应不明显、区域发展不平衡。在广大农村，信息化建设还相对缓慢，通信覆盖率和网络利用率相对较低；在城市，软件和信息产业园区建设较快，但公共服务平台建设较缓慢。这种地区之间、城乡之间存在的"数字鸿沟"，以及基础网络和信息资源的较低共享水平，在一定程度上制约了吉林省软件和信息服务业的快速、健康发展。

（二）软件和信息服务业发展的政策需求及政策落实问题

吉林省在综合分析省内软件和信息服务业发展现状及趋势的基础上，相继制定了《吉林省信息产业越升计划》、《吉林省信息服务业发展三年跨越计划》，并且提出经认定的软件企业和登记的软件产品可享受税收优惠政策等。然而，同国内其他发达省区相比，吉林省为软件和信息服务业发展提供的政策支持机制尚不完善，措施手段较为单一，政策供给与需求还存在结构性矛盾，且政策的落实情况和实施效果并非十分理想。

（三）从事软件和信息服务企业面临的普遍问题

尽管目前一汽启明、吉大正元、东师理想、长白科技、鸿达集团等软件企业在吉林省软件和信息服务业领域处于龙头地位，并取得了一定的成绩，但仍然延续着企业数量多，规模小，产业优势、集群效应和品牌形象不突出，研发生产投入不足的模式，整体落后于发达省份，缺少真正具有国际竞争力的龙头企业。此外，企业在软件人才结构性方面矛盾突出，缺乏高层次的技术人才、复合型人才；在资金需求方面，缺乏广阔而有效的融资来源渠道；在核心技术方面，自主创新能力薄弱等。

（四）软件和信息服务企业发展面临的体制机制问题

当前，促进吉林省软件和信息服务业发展的风险投资及投融资机制、海外市场开拓支撑体系、公共技术开发体系、软件技术创新机制、统筹协调机制，以及相关的制度法规建设尚不健全，亟需进一步完善相应的体制机制，以从根本上提升服务水平，打造"信息化"、"数字化"吉林。

四、2011 年展望与目标

2010 年吉林省软件和信息服务业实现产值 175 亿元，同比增长 30%，按照预测的年均20%的增长率测算 2011 年的产值情况，可以预期 2011 年将完成产值 210 亿元。

随着转变经济发展方式，推行节能减排、大力发展战略性新兴产业，两化深度融合等重大战略的进一步实施，将从更广范围、更深层次激发市场对各类软件和信息产品的需求，从而为软件和信息服务业的发展提供巨大的国际、国内市场空间。同时，吉林省省委、省政府各部门也高度重视软件和信息服务业的发展，全省服务业发展工作中特别强调要为软件和信息服务业的发展提供良好的政策环境。基于此，从总体上看，2011 年吉林省软件和信息服务业将面临良好的发展机遇，可全面完成全年预计目标任务，保持较快速度增长，产品结构不断完善，种类不断丰富，软件产业自身发展模式将实现由单一向多元化的转变，为持续、快速、健康发展奠定良好的基础。在未来的发展中，软件和信息服务业面临国内、外有利形势：

国际形势方面，软件和信息服务产业作为发达国家重要的战略性产业，将成为全球经济回暖的领头军，也将继续成为发达国家竞技的主要领域。据 Gartner 公司预计，2011 年全球IT 支出将达到 3.6 万亿美元，IT 业投入将继续加大。

国内政策方面，软件和信息服务业是我国重要的生产性服务业，新十八号文件的出台为软件和信息服务业的发展提供了强大的政策支持。为加快企业的信息化进程，国家积极推动化工、冶金、有色、石油、电力等传统产业的技术改造，促成数据库管理技术、自动化产品和电子商务领域企业间的合作。此外，国家明确了网络、信息资源和网络应用系统等领域的重点建设任务，电子政务的发展扩大了政府对于 IT 业的采购，同时也是加快信息化进程的重要举措。

五、下一步工作

（一）继续营造软件和信息服务业发展的良好环境

在政策、资金环境方面，加大资金和政策扶持力度，促进融资渠道多元化，强化专项资金的引导作用，除税收优惠政策外，积极开展其他优惠措施，不断丰富优惠政策种类，有效调动社会资源参与软件和信息服务业的发展。在经营环境方面，培育竞争有序的市场，加强投融资服务平台和公共服务平台建设，从而为软件和信息服务业的发展奠定坚实的基础。

（二）充分发挥政府的职能作用，贯彻落实好相关扶持政策

针对吉林省软件和信息服务业的发展现状，政府应从宏观上规划引导，坚持务实、创新、做细做强的原则，科学制订促进产业发展的各种政策和措施。特别应积极支持软件和信息服务龙头企业开拓国际市场，支持企业到国外进行商标注册、专利申请等活动；为企业出国培训、建立销售网点、国际采购和招投标、引进国际人才开辟快速通道。同时，在政策落实上，应加强监督管理力度，尤其要做好事后监管工作，以确保政策实施的有效性。

（三）大力培育具有国际竞争力的骨干型软件和信息服务企业

培育具有自主创新能力和自主品牌建设的大型骨干企业，鼓励具有创新活力的中小型企业发展壮大，以在激烈的市场竞争中立于不败之地。此外，还要优化企业构成，改变传统的企业分布格局，使其向"纺锤形"的分布格局发展，形成一大批中等规模服务企业和一定数量的收入超亿元的龙头企业。与此同时，鼓励这些实力雄厚的龙头企业扩大开放合作，实施软件和信息服务业"走出去"战略，充分发挥 IT 产业和人才的比较优势，大力发展软件外包、研发外包等知识密集型服务贸易。

（四）全面促进技术创新

加快推进以企业为主体的技术创新体系建设，增强自主创新能力，不断提高技术研发经费占总收入的比例和产品中自主知识产权的含量，从而提高高端产品的市场占有率，争取在一些特色优质产品上达到国内领先水平。

（五）注重人才战略

吉林省在软件和信息相关的学科建设领域卓有成效，多渠道、多层次的人才培养也具备相应的规模。在今后的人才战略中，要更加注重人才培养方向与技术应用的匹配，加强岗位的职业培训，实现技术人才供给与 IT 业发展方向的结合。除了人才培养领域，吉林省还要在人才应用领域给予相应的政策支持，尽量减少人才外流的损失。同时，还应加强软件和信息服务业高端人才引进工作，通过在各方面提供相应的政策支持来积极引进国内、外优秀人才。

（六）推动软件和信息服务业与传统产业的融合

　　吉林省软件和信息服务业的发展不仅注重该产业的发展壮大，更加注重软件和信息化领域的高技术对传统工业发展的渗透和促进作用。软件和信息服务业的核心价值也体现在信息化与工业化的融合。在具体的应用领域中，结合吉林省的实际情况实现两化融合。例如，在推动汽车产业的发展过程中，可以通过汽车电子控制产品装置的研发，积极开拓混合动力汽车市场。又如，在能耗较高的石化行业、建筑行业、冶金矿业中推进重点企业的节能改造，通过企业信息化的建设，实现能源消耗管理与控制一体化，进而加速吉林省节能减排的进程。在信息化对传统工业改造的过程中，实现软件和信息产业的技术突破和发展壮大。

2010 年黑龙江省软件产业发展概况

一、基本情况

2010 年，黑龙江省软件产业持续稳定增长。

（1）软件服务业收入持续增长，利润总额继续增加。2010 年，软件业务收入 783065.6 万元，同比增长 20%，增长幅度比上年提高 7.2 个百分点。实现利润总额 126082 万元，同比增长 16.7%。

（2）从六个小行业分类看，同比增长幅度超过两位数的小行业有 4 个：软件产品累计收入 259499.9 万元，同比增长 21.1%；信息系统集成服务累计收入 215580.3 万元，同比增长 12.1%；嵌入式系统软件累计收入 92854.9 万元，同比增长 65.1%；信息技术咨询服务累计收入 77996.8 万元，同比增长 59.3%。同比增长幅度低于两位数的小行业有 2 个：数据处理和运营服务累计收入 137027.7 万元，同比增长 6.6%；IC 设计累计收入 106 万元，同比减少 99.1%。如表 1 所示。

表 1　2010 年软件产业分类收入完成情况表

序　号	名　　称	2010 年	2009 年	增长（%）
1	软件产品收入	259499.9	214293	21.1
2	信息系统集成服务收入	215580.3	192263	12.1
3	信息技术咨询服务收入	77996.8	48957	59.3
4	数据处理和运营服务收入	137027.7	128575	6.6
5	嵌入式系统软件收入	92854.9	56258	65.1
6	IC 设计收入	106	12453	−99.1

其中，软件产品收入占软件业务收入的比重较大，保持 20% 以上的增速，对软件业务收入的增长起到较大拉动作用。信息技术咨询服务收入增长较快，其主要原因是用户对技术服务费用和售后培训费用逐渐认知，单独签订技术合同的数量在增加。数据处理和运营服务收入增速减缓，随着省外数据录入和数据处理等同类企业的迅猛增加，该子行业的增速将呈放缓态势。嵌入式系统收入继续保持高速增长，也是增速较快的子行业之一；IC 设计收入同比减少，其主要原因是原设计开发收入一部分调到软件产品收入。

（3）软件外包服务业累计收入继续增长。2010 年，软件外包服务累计收入 211103.24 万元，同比增长 70.6%。

二、主要特点

（一）园区建设促进了软件产业的加快发展

2010 年，哈尔滨市平房区水景园软件及服务外包园一期工程的竣工和松北科技创新城软件园的加速建设，使签约入驻软件园区的企业总数达到了 13 家，已经落户办公的有 4 家，有意向入驻的企业还有 22 家。先进的软硬件设施和办公环境，解决了规模型软件企业扩充中办公用地不足的瓶颈问题。一南一北两处新建软件园区，挑起了哈尔滨市软件产业快速发展的重担，同时促进了黑龙江省软件产业的发展。

（二）服务于具体行业的软件企业持续发展

2010 年，黑龙江省软件业务收入超过 500 万元以上的公司 140 家，其中服务电力、电信、交通、铁路等行业的软件企业占 37%。2010 年，电力、电信、铁路、石化行业的 IT 需求量增长较快，服务于这些行业的软件企业收入增长较大。例如，服务铁路行业的威克、瑞兴收入增长 20% 以上；服务电力行业的华强、龙电增长近 20%；电信领域亿阳一枝独秀，在国内电信运营订单量保持不变；服务石化行业的华创在油田节能减排等领域，订单额度同比增长超过 20%，未来两年产品还将扩展到全国石化行业系统。

（三）市场开发步伐加快

黑龙江省软件企业积极参加 2010 年北京软博会、大连软交会和中国农博会。借助这些平台，黑龙江省软件企业与传统行业的社团组织、企业家建立了交流渠道，进一步推进软件向传统行业的渗透融合。随着国家智能电网规划的发布，电力行业软件应用前景十分广阔。黑龙江省软件行业协会及时举办"智能电网的未来应用"专题讲座，并筹建电力行业软件企业工作委员会，以解决黑龙江省部分软件企业信息闭锁、不能形成合力、市场拓展有限等问题。

（四）自主研发能力逐渐增强

2010 年，黑龙江省共有 152 件产品通过软件产品登记，具有自主知识产权。北京晟龙世纪公司开发的"WDRB 型温度发热计量分配系统"中计量核心设备所使用的软件，是由哈尔滨中超信诺科技开发有限公司研发的。该产品曾被新闻联播报道，它可使北方采暖地区不再按照取暖面积收费，而是用多少热交多少钱。根据有关部门的测算，计量收费后，居民每个供暖季可节省 20% 取暖费。哈尔滨斯达皓普管理系统有限公司开发了"黑龙江省机构编制网络管理平台"，该平台内部的办公自动化管理、机构编制管理、数据统计分析三大软件系统可实现省、市、县三层数据的上下贯通。系统实施以来，得到了黑龙江省编办、中央编办的高度认可和好评。

三、面临问题

（1）融资难。一是由于中小企业资产规模小、可提供的担保品价值低、信誉度不高、信息不透明、银行贷款风险大等原因，使得一些银行出于自身安全考虑不愿贷款给中小企业。二是受到政策的影响，以宏观调控为主要目标的货币政策，使中小企业面临较为严峻的融资环境和政策限制。

（2）人员流动频率加快。大多数人员流向北京、上海等地区，虽然留下的岗位很快被填补，但是这些流走的人员多为既懂技术又有管理经验的人才。例如，哈尔滨新中新每年都在为弥补人才流失而引进新人，而新人 2～3 年后又会流向发达地区。目前，用人成本逐步提高，人才储备不足，成为企业高速发展的瓶颈。

四、2011 年展望与目标

2011 年，黑龙江省既要抓住战略机遇，也要增强忧患、风险意识。要充分利用积极的财政政策和稳健的货币政策，加快推进软件产业结构调整；大力加强以软件企业为主体，以市场为导向，产学研相结合的技术创新体系建设；深入实施引进来、走出去的战略；保持软件产业平稳较快发展。2010 年，我国出台了加快转变东北地区农业发展方式的政策文件，文件要求东北地区农业土地产出率、资源利用率和劳动生产率达到发达国家水平，现代农业发展取得显著成效，黑龙江省软件产业要抓住机遇，激活这一潜在市场。2010 年，哈尔滨市云计算产业发展基地建设项目启动，目标是使其成为国家大型行业数据灾备中心、政府数据中心、新媒体数据中心和地理信息数据中心等，未来将形成超百亿规模的支柱产业。"十二五"期间，国家智能电网市场将给软件产业带来机遇。据保守估计，黑龙江省计划用于智能电网升级改造资金 200 亿元，其中软件至少占改造资金的五分之一。目前，黑龙江省内有一批以 3G 等移动互联网业务为主的软件企业，具有长期为发达地区提供产品研发、技术支持和运维服务的经验，也有一定的市场渠道，如果给予一定的扶持，将会成为推动黑龙江省软件产业持续发展的新动力。2011 年，黑龙江省软件及服务外包项目将逐步启动，将为软件企业发展提供良好的契机。预计 2011 年黑龙江省软件产业将继续保持年均两位数的增长速度。

五、下一步工作

大力发展软件及服务外包产业，对于加快黑龙江省经济发展方式的转变，调整产业结构，促进区域经济发展，扩大就业，具有重要意义。黑龙江省软件及服务外包产业将珍惜机遇，不断创新，充分考虑黑龙江省产业发展规律、国际发展趋势、现实发展基础和城市区位功能，选择并明确发展方向，引导切入、强力突破、重点集聚、协调联动。打造具有国际知名度软件及服务外包产业的黑龙江品牌，进而把现代服务业培育成为支撑黑龙江省经济发展的重要产业。

（一）重点发展领域

1. 生产性服务业

一是抓好工业软件和嵌入式软件的开发与产业化，提升制造业等级。推动黑龙江省软件在石油石化、智能电网、汽车电子、航空航天、医药食品、船舶与海洋工程等重点行业、重点领域的重大应用。加快嵌入式软件的开发、设计、应用，提升产业自主创新能力。突出发展面向移动通信、移动互联网、消费电子、数字电视、工业控制等领域的嵌入式软件，支持建立各行各业的嵌入式软件开发平台。发挥黑龙江省制造业的规模优势，发展计算机辅助研发和制造软件、企业生产过程一体化软件，提高企业管理能力。发挥重点骨干企业的行业示范、辐射带动作用，引导中小企业走差异化、专业化的发展道路，逐步形成产业集聚，提升传统产业发展。

二是鼓励引导中介机构，加强传统产业的研发与设计。围绕黑龙江省支柱产业，引导和鼓励企业、高校、科研机构等，加强装备制造、食品加工、生物医药等传统产业的研发、设计及创意服务。坚持以信息化带动工业化，培育发展高技术产业，以装备制造、石油化工等传统优势产业为重点，加快制订具有自主知识产权的核心技术标准，促进设计、制造过程和产品的数字化和信息化，利用信息技术提升装备制造业的技术水平。依托丰富的原材料、多年的行业经验和成熟的技术，黑龙江省有能力承接食品外包。其中，重点发展领域涉及食品包装设计及制造、食品技术鉴定及检验、食品物流及企划等外包业务。重点加强对人民生命健康危害严重的疾病、传染病的新型疫苗和药物的研发，提高自主创新能力，推动黑龙江省生物医药产业快速发展。

三是依托大庆软件园区，打造石油石化外包品牌。以大庆软件园区为依托，利用大庆市优势产业，支持和引导软件服务外包企业发展石油石化生产性服务业，打造数字油田和生产服务业产业集群，提高油田经济绩效，促进园区集约化、规模化发展。打造石油石化服务外包品牌，逐渐形成具有国际知名度的石油石化外包示范区。园区将培育发展主导产业摆在突出位置，大力发展以石油石化行业软件开发和工业设计为代表的生产性服务业；充分发挥黑龙江省工业基础雄厚、制造业发达的优势，顺应信息化与工业化融合发展的大趋势，紧密结合传统石油石化产业的发展，重点提供地质制图、数据分析、地震解释、勘探开发、实时数据库分析等石油石化数据处理服务型应用软件的服务外包，以及石油勘探开发和石化生产数据采集处理、工程设计、自动化控制等技术服务。同时，园区要突破传统工业园建设模式，坚持按照"科学规划、合理布局"和"实用性、配套性、超前性"的原则，认真谋划产业布局，抓好石油石化产业规划、招商、建设、服务等相关工作。

2. 工业软件产业

提高本土化工业软件在工业产业链的应用程度，实现规模发展。以增强联盟成员单位的核心竞争力为目的，成立工业软件产业联盟。促成企业为主体、科研机构为辅助的各式合作，鼓励自主创新，在实时数据库、专用嵌入式操作系统、电力电子等领域实现核心技术突破，并初步实现产业化。

鼓励企业加大研发投入，致力于本土工业软件的性能与功能，以提高对国外品牌的可替代性，增加工业企业的可选项。本土化软件在国产化软件所占比例达到20%以上，力争打造几个国内知名品牌工业化软件，几家国内知名工业软件和工业解决方案提供商，使品牌集群化。拓宽已成熟产业链的辐射程度，形成新产业链条。

扶持优势行业领域的知名企业，确立其在突破领域的行业地位。在嵌入式技术、石油石化行业应用、实时数据库等领域打造国内知名企业。结合黑龙江省工业发展需求和黑龙江省工业软件发展现状，并与"十二五"规划发展方向相对照，发展重点集中在石油石化、智能电网、汽车电子、航空航天、医药食品、船舶与海洋工程等七个领域。

3. 数字内容产业

鼓励数字内容原创，加强对国内外企业的招大引强和对黑龙江省内企业的培育，形成以数字内容各子行业龙头企业带动产业链发展和专业化园区带动产业集聚的数字内容产业发展格局。

重点支持黑龙江省动漫产业基地和盛源数字新媒体产业园区，以带动数字动漫、数字视听、数字游戏集聚发展壮大；支持大庆服务外包园，以带动大庆纳奇网络开发有限公司、大庆盛源文化传播股份等数字游戏企业集聚发展壮大；支持黑龙江省地理信息产业园，以带动地理信息加工处理产业集聚发展壮大。

4. 互联网数据中心产业

加快通信网络工程建设，重点辟建 IDC 专业性园区，带动上下游从事数据收集、处理、传播、存储、流通、服务以及相关软、硬件研发的产业向黑龙江省聚集，快速提升黑龙江省辐射东北、服务全国、沟通东北亚乃至世界的信息基础设施服务和通信保障能力，建成东北亚地区重要的数据产业基地。重点拓展在政府、金融、石油、电力、铁路、医药、制造装备等行业的数据中心、灾备中心等业务应用。提供面对中小企业信息化应用网络安全的整体解决方案。大力开发面向网游、视频、社会性网络服务（SNS）等市场前景广阔领域的专业细化IDC解决方案。

5. 数据处理产业

调整优化数据处理产业结构，快速扩大数据处理市场规模，加快提升数据处理交付能力。将黑龙江省建设成为东北亚重要的数据处理中心。

整合黑龙江省现有小规模企业，发展壮大低端数据处理业务。以重点企业为龙头，拓展石油石化、煤矿等行业的高端数据处理业务应用。以研究机构、企业为主体，进行数据采集、数据分析，为高端数据处理提供业务模型和行业解决方案，带动政府、金融、医疗、保险、物流、教育等行业向高端数据处理业务发展，以满足不同企业对数据的差异化需求。

6. 呼叫中心服务

充分运用现代技术设备和信息交流手段，构筑"一站式"呼叫服务中心。以整合服务资源，简化服务流程，创新服务形式，提高服务质量和效率为目标，坚持招商与引才相结合，带动黑龙江省呼叫中心企业快速升级。坚持以专业化园区带动呼叫中心产业发展。坚持横向引导行业应用类企业拓展呼叫中心业务，推动黑龙江省呼叫中心产业由数量扩张向质量提升转变。

重点发展以大庆华拓数码科技有限公司为龙头企业，在金融、石油石化、电力、医药等重点领域发展呼叫中心业务。加强招商和引才相结合，引进知名呼叫中心企业，培育黑龙江省企业开展呼叫中心业务。鼓励和支持黑龙江联通专业化呼叫中心园区发展壮大。大力发展日、韩、俄等多语言呼叫中心。

7. 云计算、物联网

紧紧抓住云计算和物联网等新技术带来的产业创新机会，引导和推动新一轮创业浪潮，通过产学研联盟的方式，培育新的产业增长点，积极打造世界级创新型软件服务企业。建立数据安全风险防御体系，减少云计算在发展初期所遇到的诚信和数据安全问题，提高云计算的技术成熟度。

（二）具体措施

1. 加强沟通协作，完善产业政策

积极与黑龙江省通信管理局沟通协作，高度重视互联网的管理，进一步加强黑龙江省通信安全工作，不断完善技术设施，加强技术保障，切实维护网络信息安全。同时，加强与各职能部门的协作与配合，按照软件及服务外包产业国际化发展的要求研究制订战略规划，明确发展目标、任务和重点，联合推进信息服务业的发展；完善现有产业的发展政策，从产业导向、土地、规划、财税措施、市场准入、中介组织等方面，出台鼓励和支持软件及服务外包产业发展的各项相关政策，建立软件及服务外包产业扶持资金管理制度，重视企业技术认证等方面工作，细化新出台政策的实施方案，做到逐项逐级分解落实，逐步提升黑龙江省软件及服务外包产业发展水平；采取多种形式，充分利用报刊、广播、电视、网络等媒体宣传政策，使政策深入人心，最大限度调动软件及服务外包企业的积极性，切实发挥政策导向和

推动工作的巨大作用。

2. 加大财政资金支持力度，构建多元化投融资体系

在政府设立的产业引导资金中，保证有一定比例的资金用于软件及服务外包产业，为重点企业、重大研发和产业化项目提供资金支持；省财政在财政预算内设立软件及服务外包产业发展资金，为软件及服务外包产业的人才培训、产业园区建设等提供相应的财政专项资金扶持；省级有关部门每年安排一定数量的科研资金，用于软件及服务外包产业的理论与技术开发研究；积极争取国家投资，根据工业和信息化部确定的技术创新、技术改造、信息化建设等方面支持重点，立足黑龙江省产业优势特色，积极筛选一批科技含量高、拉动力强、示范作用大的龙头项目，及时向工业和信息化部汇报、沟通，争取纳入工业和信息化部项目库，取得资金支持。

充分发挥政府产业发展资金作用，引导和促进专业投资基金投资黑龙江省重点培育的软件及服务外包企业；对技术含量高、发展潜力大的企业优先提供贷款担保或给予适当贴息；支持企业通过兼并、收购、重组等方式进行产业链上下游整合，加强对企业风险投资、融资知识的辅导和对企业上市的引导，逐步形成以政府为引导、企业为主体、社会广泛参与的投资体系。

3. 注重人才培养，为产业提供有利支撑

重点培养国际化复合型软件技术人才，探索软件与服务外包实用人才培养的新途径。积极培养和引进省内外软件与服务外包高端人才，具有服务外包业务经验、精通国际服务外包业务流程管理、熟悉离岸服务外包市场营销、能与发包客户进行直接业务沟通的中高级专业技术人才和管理人才；积极构建由软件及服务外包企业、高等院校、职教机构和社会力量办学的多元化、多层次人才教育培训体系，并在此基础上创新软件及服务外包人才培训模式；鼓励跨国公司和服务外包企业独立或与本地教育机构合作创办专业培训机构；推进服务外包专业人才实训学校和基地建设；加强软件及服务外包人才定制培训、从业人才资质培训、国际认证知识培训、国际认证人才培训、知识产权培训、相关法律及行业标准培训、软件及服务外包企业新入职人员岗前业务技能培训、计算机运用能力培训、外语实用能力培训等；积极推广"订单式"人才培训，引导教育机构按企业需求设置课程，安排教学；大力培养复合人才。

定期开展各种形式的服务外包产业论坛。邀请专家对政府及相关部门领导干部进行软件及服务外包知识培训，提高政府工作人员对服务外包知识的了解，加强政府工作人员与服务外包企业管理人员的联系与交流，培养一批专业的、具备实战经验的服务外包领导干部。同时，加强企业对业内最新动态的洞悉，培育一批服务外包高级管理团队，提升软件服务外包企业的国际竞争力。

引入国内外知名服务外包培训机构，支持高等院校和职业院校建设软件与服务外包人才培训基地；鼓励有条件的企业、社会力量与有关教育机构合作，建立软件与服务外包人才实训基地；选取省内外大型软件与服务外包企业，与之对接并建立合作关系，定制培养对口专业人才，最大限度地满足服务外包对适用人才的需求。

2010 年上海市软件产业发展概况

2010 年是"十一五"规划的最后一年,也是为"十二五"发展奠定基础的关键一年。在上海市委市政府的正确领导下,上海市软件产业全行业认真落实各项决策部署,深入贯彻落实科学发展观,积极面对后金融危机时期的机遇与挑战,扎实推进软件和信息服务业高新技术产业化。产业发展呈现稳定较快增长态势,运行状况总体良好。

一、基本情况

2010 年,上海软件产业运营呈平稳增长态势,实现软件业务收入 922 亿元,比上年同期增长 31.4%,增速较上年出现大幅增长。其中软件产品收入 356.6 亿元,占软件业务收入比重的 38.7%;信息系统集成服务收入 227.4 亿元,占软件业务收入比重的 24.7%;信息技术咨询服务收入 70.54 亿元,占软件业务收入比重的 7.6%;数据处理和运营服务收入 160.4 亿元,占软件业务收入比重的 17.3%;IC 设计收入 107.2 亿元,占软件业务收入比重的 11.7%(见图 1)。实现利润总额 212.4 亿元。全年新增认定软件企业 327 家,登记软件产品 2920 个。从业人员 17 万人。

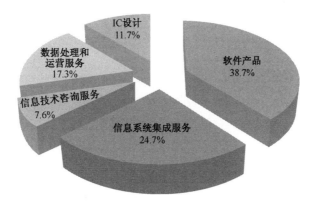

图 1　上海市软件业务收入构成图

二、主要特点

(一)企业实力日益增强

2010 年以来,东方财富、华平股份、交技发展、万达信息、大智慧、汉得信息等六家企业先后上市,共融资 66 亿元。目前上海累计有 31 家信息服务业企业在海内外上市。截至 2010 年年底,通过 CMM/CMMI 3 级以上国际认证的企业达到 117 家,其中 5 级 18 家、4 级 17 家。有 189 家企业获得计算机信息系统集成资质认证,其中一级 12 家、二级 33 家、三级 105 家、四级 39 家。主营业务收入超亿元软件企业 210 家,其中经营收入超 10 亿元的软件企业 18 家。共有 31 家软件企业被列为 2010 年国家规划布局内重点软件企业,在全国排名第二。

（二）软件出口中对欧美出口出现大幅度增长

2010 年上海市软件出口达到 15.7 亿元，同比增长 57%。出口以信息技术外包（ITO）为主，主要国别依次是美国、日本、瑞士、爱尔兰等 41 个国家和地区，其中对美国出口出现大幅增长，比上年同期增长 142.99%，对日本出口则出现小幅下降。

（三）金融信息服务业飞速增长

2010 年上海金融信息服务业发展迅猛。从银联、万得信息、东方财富、大智慧、快钱、汇付、花旗和易保等企业的监测数据来看，总体营收比上年同期增长 45%。7 家金融信息服务企业被认定为 2010 年度国家规划布局内的重点软件企业。在银行卡方面，中国银联入榜 2010 年中国软件业务收入百强第 16 位；在金融资讯方面，新华社"新华 08"、万得公司"国际金融交易服务平台"、东方财富公司"财经网站平台"、大智慧公司"大智慧金融终端"等金融信息服务平台先后建设完成；在第三方支付方面，上海 10 家企业进入央行第三方支付牌照公示名单，其中汇付天下四年磨一剑，推出了创新型金融产品——基金第三方支付。上海已成为我国第三方支付最发达的地区之一。全国第三方支付排名前 10 位的厂商中已有 8 家企业入驻上海，其中 4 家将总部设在上海。

（四）工业软件融合发展

2010 年上海发布振兴工业软件三年行动方案，全面对接上海高新技术产业，发挥工业软件在高端制造业中的重要作用。宝信软件、开通数控、联创汽车电子、同济铁道轨交研究院、上海自仪研究院、软件评测中心分别在钢铁制造、数控与伺服、柴油电喷控制、轨道交通制动、功能安全、质量检测领域成立了工业软件工程中心。在钢铁制造、轨道交通信号系统、票务系统、石化管线远程维护、民用飞机数字化设计制造、核电仪控测试认证、汽车电子控制系统等领域都取得了显著进步，并在上海形成一批在全国具有较强影响力的、产业技术领先的专业企业。

（五）云计算风起云涌

2010 年上海发布"云海计划"，成立云计算产业联盟，打造亚太云计算中心，实现"十百千"的目标。上海启动首批总投资超过 30 亿元的 12 个重点项目。其中，闸北区建立云计算产业基地，在三年内实现基地总产值 50 亿元；杨浦区设立云计算创新基地，创立 3 亿元的云海创业基金；微软加大在中国的投入，在上海成立云计算创新中心；华为与市政府签订云计算战略合作协议，在上海建立全球云计算联合实验室，开发基于云计算的并行计算系统。

三、2011 年目标和主要举措

全面贯彻党的十七届五中全会、中央经济工作会议和九届上海市委十三次、十四次全会精神，按照上海市委、市政府提出的"创新驱动、转型发展"要求，以落实战略性新兴产业总体部署、推动高新技术产业化、建设"智慧城市"为核心，聚焦突破性政策，聚焦重大项目，聚焦龙头企业，聚焦保障条件，进一步推动上海软件产业的发展。

（一）健全政策优化服务能力

贯彻落实国家4号文，做好政策衔接配套。组织实施国家信息技术服务标准验证应用试点工作。继续落实软件产业优惠政策。开展软件企业年审工作，启用双软认定网上审批平台，建设系统集成、信息系统监理网上审批系统。

（二）加强产业推进合力

召开上海市软件和信息服务业联席会议，建立专项工作联络机制，优化产业政策环境，协调解决产业、企业发展遇到的主要问题，推动建设重大项目。落实市、区联动工作机制，进一步完善区县季度例会制度，加强与主要区县的对口联系，依托区县进行政策试点、企业项目跟踪以及招商引资等。

（三）完善产业空间布局

加快建设专业产业基地。对符合条件的产业基地进行认定授牌，开展规范化管理，建立资金支持、年度检查、期满复审等机制。在有条件的产业基地试点新型融资服务，由政府、基地园区以及金融机构共同搭建中小企业融资平台，提供"无抵押、无担保"的短期、超短期信贷服务。

（四）大力开展招商引资

健全招商引资信息沟通制度和重点项目协商制度，与相关部门、区县、基地园区以及重点企业形成引进合力。改建上海市企业信息化公共服务平台，提供招商引资专业服务。组织开展基地园区系列宣传推广活动。

（五）促进行业交流互动

争取中国信息服务业协会落户上海。举办世界软件质量大会，主办2011年上海推进软件和信息服务业高新技术产业化专题活动，支持举办面向重点领域、优势领域、新兴领域的行业促进交流活动。指导出版软件、信息服务业等行业性交流刊物。

2010 年江苏省软件产业发展概况

2010 年，江苏认真贯彻落实工业和信息化部和江苏省委、省政府的决策部署，充分发挥人才资源丰富、制造业基础雄厚等优势，不断推动结构调整和技术创新，积极拓展国内外市场，加快信息产业发展，服务经济转型升级，软件产业继续保持持续、快速、健康的发展态势。

一、基本情况

2010 年江苏省实现软件业务收入 2292.8 亿元，同比增长 42.8%，占全国软件收入的 16.87%。其中，软件产品收入 587.8 亿元，同比增长 50.2%；信息系统集成服务收入 401.4 亿元，同比增长 39.8%；信息技术咨询服务及数据处理和运营服务收入 311.4 亿元，同比增长 37.32%；嵌入式系统软件收入 885.3 亿元，同比增长 59.9%；IC 设计收入 106.8 亿元。完成软件外包服务收入 73.5 亿元，同比增长 23.5%；软件业务出口 50 亿美元，同比增长 42.9%。实现利税总额 470 亿元。截至 2010 年年底，从业人员数超过 40 万人，同比增长 17.6%。产业发展步入良性循环，对社会生活和生产各个领域的渗透和关联带动作用不断增强。2005—2010 年江苏省软件业务收入增长情况如图 1 所示。

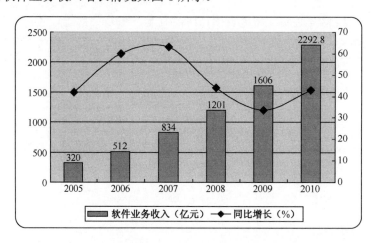

图 1　2005—2010 年江苏省软件业务收入增长图

（一）重点企业平稳发展，行业创新进展明显

2010 年，江苏省软件业务收入保持较快增速，其中软件十强企业实现业务收入 278.1 亿元，同比增长 44.2%，占江苏省软件业务收入的 12.1%。21 家企业入围"2010 年度国家规划布局内重点软件企业"名单（见表 1），比 2009 年增加了 8 家，全省上市的认定软件企业累计达到 12 家。全省新增认定软件企业 456 家，新增登记软件产品 2053 项，新增计算机信息系统集成资质认证企业 30 家。累计认定软件企业 2261 家，累计登记软件产品 10383 项，分别是"十五"末的 3.25 倍和 3.5 倍。累计通过 CMMI2 级以上认证企业达到 267 家，通过 ISO27001 信息安全管理体系认证企业达到 133 家。2005—2009 年江苏省"双软"认定增长情

况如图 2 所示。

表 1　江苏省 2010 年国家规划布局内重点软件企业名单

序　号	企 业 名 称	序　号	企 业 名 称
1	南京富士通南大软件技术有限公司	12	南京三宝科技股份有限公司
2	南京擎天科技有限公司	13	南京南瑞继保电气有限公司
3	江苏爱信诺航天信息科技有限公司	14	南京国电南自软件工程有限公司
4	联迪恒星（南京）信息系统有限公司	15	江苏金智科技股份有限公司
5	联创亚信科技（南京）有限公司	16	南京智达康无线通信科技股份有限公司
6	南京中兴软创科技股份有限公司	17	江苏润和软件股份有限公司
7	国电南瑞科技股份有限公司	18	新宇软件（苏州工业园区）有限公司
8	焦点科技股份有限公司	19	横新软件工程（无锡）有限公司
9	南京欣网视讯通信科技有限公司	20	软通动力信息系统服务有限公司
10	爱可信（南京）技术有限公司	21	冲电气软件技术（江苏）有限公司
11	南京新模式软件集成有限公司			

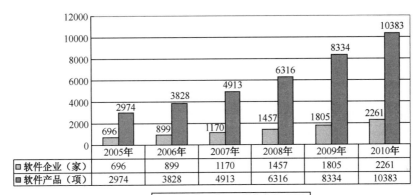

	2005年	2006年	2007年	2008年	2009年	2010年
软件企业（家）	696	899	1170	1457	1805	2261
软件产品（项）	2974	3828	4913	6316	8334	10383

□软件企业（家）　■软件产品（项）

图 2　2005—2009 年江苏省"双软"认定增长图

（二）产业载体加速扩张，重点园区发展顺利

2010 年，江苏软件园区新增建筑面积 200 万平方米，累计达 1200 万平方米，共实现业务收入 1346 亿元。五个国家级软件园实现业务收入近 873 亿元，占江苏省的 38.1％，其中江苏软件园 135 亿元，南京软件园 160 亿元，苏州软件园 200 亿元，无锡软件园 300 亿元，常州创意产业基地 78 亿元。省级软件园发展势头迅猛，共实现业务收入 473 亿元，成为江苏省软件产业发展的重要组成部分。

江苏省内软件园区比、学、赶、帮、超的氛围良好，软件园区创新发展、特色发展、联动发展的局面逐步形成。2010 年，4 家软件园加入到"省级软件和信息服务产业园"行列，无锡软件园和南京雨花软件园被认定为首批"江苏示范软件园"，省级软件园累计达到 21 家。

（三）发展环境持续优化，服务水平不断提升

江苏省制定了《关于进一步落实推进全省软件和信息服务业发展政策的意见》，从"完善产业政策、合力促进发展"，"鼓励自主创新、培育骨干企业"，"加强载体建设、提升服务水平"，"加强人才引培、完善激励机制"等方面入手，对推进江苏省软件产业发展进行政策集成和创新，为江苏省软件产业发展营造了更优的政策环境。

软件企业与江苏虚拟软件园服务平台紧密对接初见成效，平台用户数快速增长，软件测试、软件外包服务能力和业绩显著提升。2010 年，江苏虚拟软件园荣获"国家软件与信息服务公共服务示范平台"称号。

（四）产业联盟抱团发展，"名城"地标成功创建

为完善产业组织体系，促进企业相互联合，推动企业做大做强，2010 年，推动组建了多个产业联盟。联盟与联盟之间，联盟成员之间的交流合作不断增加，江苏省内企业抱团发展呈现良好的开端。

建设中国软件名城是江苏省提出的开创性工作。通过部、省、市的共同努力，在第六届南京软件博览会开幕式上，南京市被工业和信息化部授予首个"中国软件名城"称号，极大地带动了南京软件产业的发展。

二、存在的问题

（1）产业总量规模较大，骨干企业偏小。全国软件百强企业、国家规划布局内重点软件企业距离领先省市仍有较大差距。

（2）行业应用软件强，基础软件薄弱。江苏的行业应用软件在国内有很强的竞争力，电力行业管理软件、通信行业管理软件在国内市场占有率均为第一，产生了一批国内知名的软件企业。例如，围绕电力行业的南瑞科技、国电南自、金智科技、南瑞继保等公司；围绕通信的江苏华为软件、中兴软创、联创科技等公司。但在基础软件领域，软件企业和软件产品表现尚不突出。

（3）在嵌入式软件中，嵌入式操作系统、嵌入式应用软件等规模化、高附加值的软件产品还有待于进一步培育和壮大。

（4）高层次人才匮乏。软件产业高端人才、复合型人才相对短缺的矛盾仍然比较突出。

三、2011 年主要工作

2011 年，江苏软件服务业将认真贯彻落实各项要求，继续优化发展环境，落实和完善产业政策，增强产业公共服务能力，推动软件企业自主创新，提升产业竞争能力，促进两化融合，加快软件产品和技术服务的推广应用，努力培育骨干企业和著名品牌，确保全面完成软件服务业年度行动计划，继续保持软件产业总量快速增长，为全省工业经济转型升级提供有力支撑。

（一）做好 4 号文件的贯彻落实工作

认真学习领会 4 号文件的精神实质，跟踪了解国家相关政策的实施标准和程序，结合江苏省实际情况，与江苏省各有关部门共同研究出台贯彻 4 号文件的实施意见。各市应结合地方实际，出台相应实施细则。加大对国家产业政策的宣传，努力汇聚各方资源，推动软件和信息服务业，使之更好地为地方经济社会发展提供支撑服务。

（二）宣贯实施好"十二五"规划

《江苏省软件和信息服务业"十二五"发展规划》已经编制完成。下一步应认真学习研究规划提出的重点领域和重大工程，结合地方产业特色，加强上下各个层面的工作衔接，围绕产业链、特色园区和重点企业三个层次，将规划的目标任务具体分解落实。

（三）培育龙头骨干企业

围绕重点软件和信息服务产品集群，拟定首批"十百千亿企业"培育名单。建立针对这些骨干企业的联系制度，根据企业成长壮大中的需求，实施个性化、即时性的服务。通过多方面政策措施的支持、持续高强度的专项投入，尽快培育一批龙头骨干企业。

（四）强化研发体系创新

组建江苏省信息产业研究院。从企业研发需求和产业创新需求出发，有效汇集国内外研发创新优质资源，搭建决策咨询、研发创新、融资孵化平台，推动政、产、学、研、金等创新要素的融合，完成依靠单个企业难以胜任的研发创新任务，大力提升江苏省电子信息产业创新发展的能力和水平。

（五）提升载体建设水平

继续强化部省市联动，提出南京中国软件名城发展提升计划，推进南京软件和信息服务业再上新台阶。按照《江苏省软件和信息服务产业园认定管理办法》，2011 年对省级软件园进行星级评定，强化软件园区特色发展、联动发展、持续发展；积极组织符合条件的省级软件园区申报和创建"国家软件和信息服务业示范基地"。

（六）深入开展公共服务

加快江苏虚拟软件园各公共服务子平台的建设，完善提升 SaaS 服务能力、软件测试水平，进一步推广教育培训服务、软件和服务外包交易服务，继续提高江苏虚拟软件园的服务面和知名度。组织编制《江苏云计算产业发展规划》，尽快组建江苏省云服务股份公司，整合江苏省有效计算资源，承担全省云计算中心的公共服务。充分发挥软件行业协会等中介组织的作用，开展产业政策宣传和培训，举办好"软件江苏行"活动，编印好《江苏软件与服务》内刊。组织好江苏软件企业赴美国、加拿大招聘高端人才的活动，组织好国际大学生软件设计大赛，组织好第七届南京软博会。

（七）加快培育软件服务业的新市场

在江苏省组织机械、石化、钢铁和纺织等传统产业与工业软件企业对接活动，启动工业软件应用示范工程。加强软件正版化工作，争取更多自主知识产权的软件产品进入政府采购。推动政府部门将一般 IT 业务外包，培育软件和信息服务内需市场。按照工业和信息化部系统集成工作的新思路、新方案，推动系统集成企业转型升级，进一步强化系统集成资质和监理资质管理工作，积极培育在线支持维护、移动支付、设计与开发服务、数据处理和运营维护等新业态。

（八）齐力抓好行业管理工作

与江苏省省委组织部共同组织好软件企业家高研班，开展软件和信息服务类科技创新团队项目组织申报，优选一批领军人才，推荐上报工业和信息化部"软件和信息服务业领军人才培育工程"。组织申报并认真实施"核高基"国家科技重大专项、部电子发展基金项目、重大技术改造项目，落实专项配套资金。组织认定一批软件企业省级技术中心，提升全行业的可持续发展能力。继续推进软件正版化工作，扩大江苏软件品牌的知名度和市场占有率。加强软件和信息服务业统计队伍建设，做好经济运行情况分析。

2010年浙江省软件产业发展概况

2010年，浙江省软件产业坚持科学发展，深入实施"创业富民、创新强省"总战略，抓住国际经济持续复苏和国内经济稳步增长的契机，围绕"大市场、大平台、大产业和大项目"，以产业结构调整和转型升级为主线，以科技创新为动力，以实施大项目、培育龙头企业为抓手，以营造良好发展环境为保障，深入推进信息化与工业化融合，软件产业继续保持了快速、健康、有序的发展态势。总体上看，2010年浙江省软件产业持续快速发展，呈现出"产业规模扩大、效益明显提高、结构不断调整优化"的良好发展态势，总体运行好于预期，实现收入、效益和出口三突破，软件产业发展迈上新台阶，为"十二五"发展奠定了良好的基础。

一、基本情况和特点

据对浙江省1158家重点软件企业的监测统计，2010年浙江省软件产业实现业务收入701.4亿元，同比增长35.7%；实现利润总额166亿元，同比增长77.6%；上交税金总额45.9亿元，同比增长65.5%；软件业务出口92935万美元，同比增长37.9%；从业人员达到15.9万人。

2010年浙江省软件产业发展主要有以下特点。

（一）产业规模扩大，产业地位日益提升

2010年，浙江省软件产业实现软件业务收入701.4亿元，2000至2010年年均增速达29.9%。2010年，浙江省有11家软件企业入围全国软件百强企业，21家企业入选2010年度国家规划布局内重点软件企业，百强企业数和规划布局重点企业数均居全国前列。浙江省软件产业快速发展，已成为浙江省电子信息技术产业结构调整和经济转型升级的一大亮点，已拥有阿里巴巴、网新科技、海康威视、中控、恒生电子、信雅达等一批具有较高知名度的优秀软件企业，产业规模保持全国前列。

（二）软件产业结构不断优化，信息技术服务异军突起，成为重要增长点

在新一代信息技术迅猛发展的带动下，浙江省软件产业的结构不断优化，软件服务化趋势突出，且服务不断走向专业化、精细化，已成为行业增长的主要力量。2010年，浙江省实现信息技术服务收入187.9亿元，同比增长48.2%，高于全行业收入增速；信息技术服务收入占全部收入比重达26.8%，比2001年提高21.8个百分点。软件产品实现收入278.5亿元，占全部收入的39.7%，比2001年下降27.3个百分点。软件产业结构不断优化，从软件产业五大行业构成来看，软件产品收入、系统集成收入、软件技术服务收入、嵌入式系统软件收入和IC设计收入分别占软件产业的39.7%、24.5%、26.8%、6.2%和2.8%。

（三）软件产业盈利水平进一步提升

2010年，浙江省软件产业实现利税212.2亿元，同比增长74.8%，利税突破两百亿大关；实现利润总额166亿元，同比增长77.6%。2010年平均利润率为23.7%，比2009年提高5.6个百分点，比2005年的13.8%提高9.9个百分点，创历史新高。其中，利润超1亿元的企业

数达到27家；利润超10亿元的企业有4家，占全省利润总额的50.9%。

（四）软件出口规模扩大，软件外包服务出口较快增长

2010年，浙江省软件产业实现出口收入92935万美元，同比增长37.9%，软件出口取得新突破，出口额创历史新高。其中，软件外包服务出口增长较快，完成软件外包服务出口28820万美元，同比增长15.9%。软件产品外包、网络与数字增值业务服务外包、电信运营服务外包、人力资源服务外包、金融服务外包均已形成一定规模。

（五）区域结构打破高度集中，宁波、金华和嘉兴等市快速发展

经过近十年的发展，浙江省软件产业由高度集中的区域结构走向协同发展、多头共进的局面。2001年，杭州市的软件业务收入占全省95%以上，而目前杭州比重降至79.1%。宁波、金华和嘉兴等市以各自的软件园或产业园为依托，软件产业快速发展，2010年宁波、嘉兴、绍兴和金华软件收入分别实现104.8亿元、10.3亿元、8.9亿元和8.7亿元，同比增长40.2%、150.7%、157.6%和87.7%，宁波、嘉兴、绍兴和金华四市占全省比重达18.9%，比2001年提高了14.4个百分点。

二、存在的问题

（一）嵌入式软件明显下滑

受通信行业整体转型的影响，浙江省嵌入式软件收入出现了较大幅度的下滑，2010年嵌入式软件收入43.2亿元，其中嵌入式软件出口1.2亿美元；在软件产业中的占比逐年下降，2010年嵌入式软件收入占比下降到6.2%，影响了浙江省软件产业的快速发展。

（二）人才队伍建设有待进一步加强

软件产业是智力密集型产业，人力资源是软件与信息服务业发展的核心要素。目前，浙江省软件高端人才、复合型人才、国际化人才、应用行业专业人才仍然相对短缺，人才结构性矛盾已成为制约全省软件产业发展的瓶颈。据2010年浙江省软件企业统计数据显示，浙江省软件产业从业人员达15.9万人，虽然在从业人员数量上有较大比例的提高，但从业人员中硕士以上学历的高级人才仍显不足。

（三）政策环境有待进一步优化

近年来，浙江省各地尽管制定并实施了一系列扶持软件产业发展的政策措施，但仍然存在一些问题：人才政策相对滞后；各地对国家和省有关鼓励软件产业发展的政策落实情况相对不平衡；当前政府采购信息系统时采取的"低价中标"政策，容易使市场竞争出现无序状态，影响软件产业有序、健康发展。

三、2011年工作重点

（一）做好国家扶持软件和信息服务业发展新政的宣贯工作

一是做好国发4号文的宣传培训工作。2011年1月28日，国务院下发《关于印发进一

步鼓励软件产业和集成电路产业发展若干政策的通知》（国发〔2011〕4 号）。要着手做好政策宣传，做好市县主管部门和有关企业的培训工作，以进一步推动软件和信息服务业的发展。二是制定贯彻实施意见。加强与发改委、财政、税务等部门的协调和沟通，结合浙江实际情况，制定浙江省具体贯彻实施意见，并研究落实税收优惠政策实施细则，把国家优惠政策落到实处。三是继续做好"双软"认定工作。以市县机构改革为契机，完善工作体系，优化业务流程，进一步做好"双软"认定的服务和管理工作。

（二）发布和推动实施《浙江省软件和信息服务业"十二五"发展规划》

一是发布《浙江省软件和信息服务业"十二五"发展规划》，加强对产业发展的引导。二是推动落实《浙江省软件和信息服务业"十二五"发展规划》中的各项任务，包括重点项目的跟进落实。三是组织实施好省信息服务业专项，做好与《浙江省软件和信息服务业"十二五"发展规划》的衔接，优先支持规划发展重点及规划重点项目。

（三）推动工业软件发展，助力"两化"深度融合

工业转型升级是浙江省当前经济发展面临的一项重要任务，推动两化融合是促进工业转型升级的一项重要举措，为此，一是要加强工业软件的研发产业化的支持与引导。二是要推动工业软件在骨干企业、重点行业和产业集群中的应用，开展典型工业软件和行业解决方案的示范应用。三是要加强嵌入式软件与工业产品的融合，提高产品智能化程度，提升装备制造水平。

（四）推动软件和信息服务外包

继续推动金融业等领域的信息服务外包工作，推动政府部门和有条件的大中型企业将自身 IT 业务外包给专业的 IT 公司，以培育软件服务市场。

（五）推动数字内容产业发展

以手机阅读、动漫游戏、网络音视频、数据增值服务等为重点，推动数字内容产业发展，推动数字内容产品开发、软件设计、终端设备制造、应用示范、增值服务到运营的产业链建设。加强数字内容产业基地建设，充分发挥运营商的作用，推进手机信息终端在文化传媒、新闻出版、网络影视中的应用，逐步培育形成数字内容产业群，努力营造浙江发展数字内容产业的氛围。

（六）开展云计算新型业态培育工作

积极响应国家发改委、工业和信息化部《关于做好云计算服务创新发展试点示范工作》的通知精神，抓住杭州作为云计算新型业态的试点示范城市这一机遇，开展浙江省软件和信息服务业新型业态的培育工作，充分发挥骨干企业的作用，抓好云计算关键技术研发、相关标准编制、服务平台搭建、数据中心建设及应用示范等工作。

（七）加强省市互动，共推软件和信息服务产业发展

一是大力支持杭州市创建"软件名城"的工作，争取使杭州市成为全国"软件名城"。二是支持省内各地的软件园区、信息服务外包基地、动漫游戏产业基地、数字内容服务基地、呼叫中心等产业集聚区建设。

（八）搭建合作平台，推动合作交流

一是开展软件和信息服务领域的国内外合作交流，加强区域和国际合作交流，积极开展一些牵线搭桥工作，帮助企业增加合作机会，包括建立外包业务接单渠道。二是推动软件和信息服务业企业与资本市场的嫁接，扶持更多的企业上市。三是加大对浙江省软件产业的宣传推介力度，组织参加展览会、论坛、考察互访等多种形式的合作交流活动，同时继续编制《2010 年度浙江省软件产业发展报告》，以其作为对外宣传的基本材料，扩大影响力，提高知名度。

2010 年安徽省软件产业发展概况

2010 年是"十一五"规划的收官之年，也是我国经济企稳回升的关键一年，安徽省软件企业积极应对危机挑战，坚持创新、突出特色、发挥优势、聚集突破，全行业保持了持续较快发展，顺利完成了"十一五"规划的目标任务，为"十二五"实现新跨越奠定了良好基础。

一、基本情况

2010 年，安徽省实现软件业务收入 51.9 亿元，同比增长 14.5%。全行业实现增加值 24.2 亿元，同比增长 33.4%；完成利税总额 15.1 亿元，同比增长 21.4%。

2010 年，安徽省认定软件企业 66 家，登记软件产品 287 件，累计认定软件企业 338 家，登记软件产品 1654 件。

截至 2010 年年底，安徽省共有 60 家企业获得了计算机信息系统集成资质，其中一级 5 家，二级 7 家，三级 35 家，四级 13 家。系统集成企业与软件企业融合度较高，60 家集成企业中有 45 家通过了软件企业认定。

二、主要特点

（一）产业规模持续快速增长，综合实力不断提升

2010 年，安徽省软件产业规模突破了 50 亿元，十年间增长了 28 倍；软件企业数量增长了 6.7 倍；从业人员增长了 15 倍。"十一五"期间，安徽省软件产业年均增长率达到 30.8%，在全省工业行业中增速保持前列，成为战略性新兴产业中一支重要的成长力量。

（二）骨干企业队伍壮大，对产业支撑带动作用增强

2010 年，安徽省有 22 家软件服务企业的主营收入超过亿元，比 2009 年新增 5 家；超亿元软件企业主营收入之和达 54.1 亿元，占全行业主营收入的 64.5%，比 2009 年上升 5 个百分点。规模最大的软件企业——安徽四创主营收入首次突破了 6 亿元；科大讯飞、继远软件、科大恒星、工大高科、美亚光电、蓝盾光电子 6 家企业被认定为 2010 年度国家规划布局内重点软件企业，是历年来安徽省认定企业数量最多的一年。系统集成企业实力也进一步增强，三联交通和安联科技升为二级，安徽省一、二级资质企业已有 12 家，其中科大恒星、讯飞智元、合肥永信、安徽四创、皖通科技 5 家企业取得系统集成一级资质。皖通科技于 2010 年年初在深交所中小板块成功挂牌上市，成为继安徽四创、科大讯飞之后第三家上市的安徽软件企业。这些重点龙头企业对安徽省软件产业快速发展的支撑和带动作用进一步增强。

（三）企业盈利能力提高，产业发展持续向好

2010 年，全行业实现利税总额 15.1 亿元，同比增长 21.4%。其中，利润总额 11.9 亿元，同比增长 32.1%；行业利润率达到 14.2%，比 2009 年上升 1.4 个百分点。2010 年末全行业资产总计 103.1 亿元亿元，负债总计 43.5 亿元，资产负债率 47.6%。规模以上软件企业亏损

数量持续下降，由 2008 年的 40 家，2009 年的 13 家，下降到 2010 年的 7 家。2010 年亏损企业的亏损额为 652 万元，同比下降 50%。2010 年软件企业研发经费投入 5.7 亿元，同比增长 12.8%；固定资产投资 4.4 亿元，同比增长 72%；从业人员年人均工资 4.2 万元，同比增长 15.8%。这反映出全行业效益景气度较高，企业创造价值能力增强，产业发展形势趋好。

（四）软件业务以软件产品和系统集成为主，行业应用为主导

2010 年，安徽省软件业务收入 51.9 亿元，占软件企业主营业务收入的比重达 61.9%，远高于软件企业认定标准 35% 的要求。其中，软件产品收入 26.2 亿元，同比增长 19.2%，占软件业务比重 50.5%，比 2009 年增加 2.1 个百分点；系统集成收入 20.8 亿元，同比增长 8.8%，占软件业务比重 40.1%，比 2009 年下降 2.1 个百分点；软件产品及系统集成两大收入占软件业务收入的比重达到 90.6%。其他软件业务收入分别完成：信息技术咨询和管理服务收入 3.6 亿元，信息技术增值服务收入 2072 万元，嵌入式系统软件收入 800 万元，设计开发收入 1 亿元。

从软件产品的分类看，安徽省软件产品以应用软件为主，2010 年应用软件实现销售收入 17.8 亿元，占软件产品收入的 67.9%；其次依次为嵌入式应用软件 3.6 亿元，基础软件 2.5 亿元，信息安全软件 9491 万元，支撑软件 4972 万元，软件定制服务 1020 万元，中间件 886 万元。应用软件中行业应用软件比重占 71.5%，通用软件占 28.5%；行业应用软件中工业控制、交通应用和能源软件分别实现软件收入 3.9 亿元、2.0 亿元和 1.0 亿元。行业应用优势领域涉及电力、电信、烟草、智能交通、自动控制、汽车电子、语音识别与合成等。系统集成主要业务中信息系统设计服务收入 2.9 亿元，集成实施服务 17.2 亿元，运行维护服务 7270 万元，分别占集成总收入的 13.8%、82.7% 和 3.5%。

（五）企业自主创新能力增强，部分行业领域具有优势

2010 年，安徽省规模以上软件企业登记软件著作权 430 件，企业知识产权保护意识逐步增强。安徽省软件企业以自主创新为主，形成了一批具有自主知识产权和核心技术的软件产品，科大讯飞的语音合成和识别技术、美亚公司的色选光电控制、四创公司的天气雷达综合处理系统和终端软件、科大恒星在电信和烟草行业的应用软件、三联和科力公司的智能交通、工大高科的矿井安全监控系统和工业铁路运输安全调度系统铁、现代公司的数字视频播控、金星机电和三立公司的工控系统、继远的电力控管、蓝盾公司的环保监控，以及科大立安公司的大空间火灾防控系统等在全国具有一定影响力，具有较强的产业发展后劲。

系统集成企业在部分行业领域彰显实力。为展示信息系统集成行业十年优秀成果，2010 年工业和信息化部评选并表彰了 100 个"计算机信息系统集成典型解决方案"，安徽省科大讯飞的"讯飞智元统一政务信息处理平台"、科大恒星的"全业务服务保障系统解决方案"和"煤矿综合自动化及安全生产信息管理系统解决方案" 3 个解决方案入选，显示出企业在一些系统集成行业应用方面具有较强的技术创新实力与核心竞争力。

（六）产业区域聚集发展效应明显

安徽省软件企业主要集中在合肥、芜湖、马鞍山、铜陵等地，通过认定的软件企业中有 88% 的企业集中在合肥。2010 年，合肥软件企业完成主营业务收入 71.9 亿元，占全省软件总收入的 85.7%。芜湖、铜陵、马鞍山分别完成主营业务收入 6.7 亿元、3.4 亿元和 1.2 亿元，

分别占总收入的 8%、4%和 1.4%。软件企业聚集化趋势有利于产业资源整合，形成区域竞争优势。

（七）人员队伍迅速壮大，人才结构趋于优化

2010 年，安徽省软件企业从业人员达 1.9 万人，比 2009 年增长 16%，是 2005 年的 2.4 倍。其中，软件研发人员占总数的 42.2%，管理人员占 14.3%。从业人员中具有硕士以上学历人员占 10.5%，本科学历人员占 54.5%，高端人才的比重不断上升，人才结构进一步改善。

（八）促进产业发展的政策环境进一步改善

合肥市是国务院批准的全国 20 个服务外包示范城市之一，为鼓励服务外包产业发展，合肥市 2010 年初出台了《合肥市促进服务外包产业发展的实施意见》，从资金、税收等方面加大了对服务外包企业的支持力度。马鞍山市也出台了《关于促进软件动漫及服务外包产业加快发展若干政策（暂行）》，制订了多项强有力的措施，培育和扶持软件动漫及服务外包产业的发展。在一系列优惠政策的激励下，安徽省软件外包服务增长较快，2010 年实现软件外包服务收入 1.9 亿元，同比增长 40%。安徽省政府出台的促进服务外包产业发展的相关政策中对企业申请国际资质认证也给予支持，对软件企业取得开发能力成熟度模型集成（CMMI）认证，将给予不超过认证费 50%、单个项目不超过 50 万元的资金支持。在相关政策的推动下，软件企业申请 CMMI 认证的积极性也不断提升，2010 年安徽省有安徽四创、恒卓科技、芜湖准信、金海电子 4 家企业通过了 CMMI3 级认证，是历年来认证数最多的一年。全省累计通过 CMM/CMMI 认证的软件企业数达 9 家。2010 年，安徽省财政设立的信息产业发展专项基金中支持软件项目 700 万元，对重点软件研发和产业化项目起到了积极的引导和促进作用。

三、存在的主要问题

（一）产业整体规模偏小

安徽省软件产业总收入不到全国的 1%。软件企业数量众多，但普遍规模相对较小，带动性强的龙头软件企业不足，与全国软件百强企业尚有一定差距。

（二）产业结构不尽合理

安徽省骨干软件企业主营收入仍以软件产品和系统集成为主，信息技术服务、嵌入式软件、IC 设计开发等软件业务比重偏低，产业结构亟待调整和优化。

（三）软件出口和国际外包服务业务发展较慢

从事出口业务的软件企业数量较少，仅十家左右，2010 年安徽省软件企业实现出口 997 万美元，仅占软件业务收入的 1.3%，远低于全国软件行业的平均水平。

四、2011 年展望与目标

2011 年年初，国务院出台《进一步鼓励软件产业和集成电路产业发展若干政策的通知》，进一步明确了软件产业和集成电路产业在国民经济发展中的重要作用和战略地位，新政策在

原 18 号文件的基础上，又有所突破，软件产业发展将迎来又一个黄金十年。安徽省也将研究、落实具体的配套措施，为软件企业营造更有利的产业环境，为"十二五"时期稳步增长奠定基础。

2011 年，安徽省软件产业将紧紧围绕国家的产业政策，继续做大软件产业规模，壮大一批重点骨干软件企业，促进具有自主知识产权和核心技术软件的研发和产业化，大力发展信息技术服务业，促进软件业务出口，推进软件产业与传统产业的融合。2011 年，安徽省软件和信息系统集成产业的主营收入预计将达到 100 亿元。

2010 年福建省软件产业发展概况

一、基本情况

2010 年，福建省全行业认真贯彻落实《福建省人民政府关于进一步加快软件产业发展的意见》（闽政文［2009］374 号，以下简称《意见》），软件产业进入了快速发展阶段，政策效应显现，产业发展亮点纷呈，产业规模不断扩大，整体实力进一步增强。2010，福建省软件产业实现软件业务收入 574 亿元，比 2009 年增长 40.5%，规模居全国软件产业第八位。2010 年，新增通过认定的软件企业 90 家，增长 13.7%，累计认定软件企业 746 家。新增通过登记的软件产品 706 个，累计登记 4329 个。新增报备动漫作品 29 部 11057 分钟，获得播出许可证动漫作品 12 部 4385 分钟。新申报计算机信息系统集成资质企业 17 家，福建省共有计算机信息系统集成资质企业 107 家，其中一级 12 家、二级 19 家、三级 65 家、四级 11 家。申报高级项目经理 4 批 14 人，申报项目经理 4 批 43 人；共有 1112 人获得项目经理资质证书，共有 297 人获高级项目经理资质证书。

二、发展特点

（一）政策逐步完善，公共服务能力增强

《意见》的出台推动福建省软件产业进入了全面加快发展的新阶段。2010 年福建省相继出台了《福建省动漫游戏产业发展规划（2010—2012 年）》（闽政办［2010］208）、《福建省软件杰出人才评选表彰暂行办法》（闽政办［2010］96 号）和《福建省软件骨干企业评选办法》（闽政办［2010］164 号）等配套政策。2010 年年初，厦门市获国务院批复，增列为"中国服务外包示范城市"，享受税费减免、员工培训补助等诸多国家优惠政策。国家现代服务业产业化基地和国家影视动漫试验园落户福州软件园。福建省动漫游戏公共技术服务平台等重点项目陆续规划筹建。福建省软件技术公共服务平台、福建省软件评测中心、福建省集成电路设计中心、厦门集成电路公共服务平台等不断跟踪技术和产业发展，及时进行技术改造，完善服务功能。积极推进海峡软件新城、厦门软件园三期、泉州软件园、厦门呼叫中心外包基地、厦门数字媒体公共技术服务平台（二期）、福建省动漫游戏公共服务平台、先进制造业软件公共服务平台、海西软件产品解决方案体验与交易中心的建设。福建省软件公共服务能力、技术支持能力日益增强，平台服务能力日益发挥，逐步实现良性发展。

积极谋划"十二五"发展，组织制订《福建省软件产业"十二五"规划》，提出到 2015 年的增长目标和年均增长速度。

（二）重奖软件杰出人才，举办大赛促进人才交流

制定《福建省软件杰出人才评选表彰暂行办法》，评选出 30 名"福建省软件杰出人才"，并于 2010 年 9 月 9 日，隆重进行表彰。30 名软件企业家、技术骨干被授予"福建省软件杰出人才"荣誉称号，并奖励每人一辆奔驰商务车。如此高规格的人才表彰会在全国罕见，极

大地鼓舞了广大软件从业人员的士气。

为进一步加强两岸软件人才交流合作，培育和发现实用人才，福建省信息化局联合省外经贸厅、教育厅、科技厅及共青团福建省委，携手海峡两岸知名软件企业共同举办福建省第四届计算机软件设计大赛，福州大学、厦门大学等近 50 所学院近 500 支队伍报名，参赛人数超过了 1500 人，创历届比赛新高。其中 5 个作品赴台参加"第 15 届大专校院资讯服务创新竞赛"，与台湾大专院校的优秀作品同台交流，受到台湾业界的高度关注。

（三）骨干企业快速增长，竞争实力进一步提高

按照《意见》提出的"大力培育软件骨干企业"要求和《福建省软件骨干企业评选办法》，经过企业申报，依据企业主营业务收入、主营业务收入增长率和纳税额等指标综合测算，评出了 24 家 2010 年福建省软件骨干企业。24 家省软件骨干企业 2009 年主营业务收入总计达到 136.1 亿元，占全省软件业收入的三分之一。其中，福大自动化、星网锐捷、新大陆、国脉科技、福富软件、东南融通 6 家企业为 2010 年全国软件百强企业；新大陆、国脉科技、三元达、星网锐捷、榕基、美亚柏科、东南融通、网龙等 11 家企业已实现在境内外上市，7 家企业拥有计算机信息系统集成一级资质。

2010 年福建省有 5 家企业年收入超 10 亿元，收入超亿元企业 50 家以上。其中，福大自动化实现总收入 50 亿元以上，成为福建省业内首家突破 50 亿元的企业。易联众、三元达、榕基、东南融通、国脉科技、美亚柏科、福昕软件、博思、锐达等一批骨干企业均取得同比 50%～140%的高增长。

目前，福建省计算机信息系统集成一级资质企业有 12 家，数量居全国第三位。2010 年，有福富、新大陆、榕基、三元达、邮科、厦门东南融通、厦门三五互联、厦门美亚柏科、厦门吉比特和福建南威 10 家企业评为国家规划布局内重点软件企业，比 2009 年新增 4 家，入围企业数再创历史新高，居全国第六位。福建省共有 20 家企业通过 CMM（软件能力成熟度模型）3 级以上认证，其中福富、东南融通、邮科 3 家软件企业通过 CMMI5 认证。

（四）"海西软件"统一形象逐步树立

进一步加强"海西软件"品牌的树立，在福州长乐机场高速公路出口收费处和机场安检处的醒目位置树立了两块大型"海西软件"宣传牌。积极组织软件企业以"海西软件"统一形象参加第十四届北京软博会和第八届大连软交会，福建省福昕、瑞芯、福富、网格 4 家软件企业还获得了软交会"最佳创新影响力企业"、"最佳软件产品"等 5 项大奖。

（五）IC 设计业取得重大突破

在 IC 设计领域，自 2007 年福建省政府出台《关于加快发展集成电路设计业的意见》后，经过三年的精心培育，2010 年，福建省芯片研发取得重大突破。瑞芯和新大陆先后在北京举行芯片研发成果发布会，瑞芯公司发布了 3G 移动互联解决方案，新大陆发布了拥有完全自主知识产权全球首颗二维码解码芯片，厦门优讯推出我国第一款具有完全自主知识产权的三网融合光通讯用户端收发一体芯片。2010 年，福建省 IC 设计业实现收入 25 亿元，同比增长 88%。其中，瑞芯公司数字视音频芯片进入国际高端电子消费品牌市场，全年销售额比 2009 年增长 1 倍以上；元顺微电子公司全年销售额 1.5 亿元，比 2009 年增长近 3 倍；优讯公司光通信芯片全年增长 1 倍以上；贝莱特公司、海芯科技、福大海矽等全年总收入均实现成倍增

长。由海外留学人员创办的厦门矽恩微电子 2010 年荣获"中国半导体创新产品和技术"奖，并被评为"十大最具发展潜力中国 IC 设计公司"。意行半导体、智恒微电子等公司 2010 年陆续成立，它们在微波射频和传感器芯片等方面均达到国内领先、国际先进水平。国脉集团从美国引进的以"车联网"为目标的新一代信息技术高层次创新团队（福建慧翰）已开始运作，并制订了 5 年争取实现百亿销售额的目标。

（六）动漫产业快速发展

2010 年，先后组织福建省内 23 家企业共 70 余人参加了杭州国际动漫节，40 多家企业共 100 多人参加了厦门文博会，布展的"海西动漫馆"和"海西动漫衍生品展示区"均成为展会的亮点。在厦门文博会上获得"最佳展会展示银奖"和"优秀组织奖"，招商签约动漫项目达 23 个，签约额达 6.2892 亿元人民币。此外，福建省动漫企业还参加了北京文博会、软博会、上海数字互动娱乐展览会、广东国际影视动漫版博会、深圳文博会、厦门动漫节等国内知名展会，有效宣传了福建动漫产业的优秀企业和优质品牌。

2010 年，中国移动、中国电信手机动漫基地、中国动漫集团、深圳华强文化科技集团、台湾远东科技、蓝帽子、北京卡酷卫视和卡酷旗舰连锁店等动漫创意知名公司相继落户福建，厦门游家网络已将北京、广州等地的业务整合至厦门本部。组织成立了福建省动漫游戏衍生品产业联盟、福建省动漫游戏新媒体产业联盟和中国动漫作品版权服务平台，全行业年收入达 39.5 亿元，同比增长 43.6%，其中网龙、天盟数码、吉比特和游佳网络 4 家企业收入超过 1 亿元（新增 2 家）。福建省共 29 部 11057 分钟动画片通过国家广电总局制作备案许可（比 2009 年增加 11 部），21 部 7970 分钟动画片获得国家广电总局颁发播出许可证（居全国第 7 位），新增上线游戏 46 款（居全国前十位），目前福建省动漫游戏相关企业达到 160 多家，从业人员超过 1.5 万人。

2010 年，福建省动漫游戏作品质量不断提高，网龙公司《梦幻迪士尼》与掌上世界《霸业 OL》双双三连冠年度游戏"金翎奖"；天狼星动漫《手机小子—金牛座》获第 7 届金龙奖中最佳手机动漫奖；网龙公司《英雄无敌在线》、《开心》同获"2009 年度十大新锐网游"，《天元》获"十大最受期待网游"；吉比特公司《问道》获"2009 年度十大最受欢迎的网络游戏"；神画时代《逗逗虎》获第二届中国国际版博会"十大最具产业价值影视动画作品形象奖"；金豹动漫的 JONJON 囝囝珠宝系列获迎世博纪念品全球华人设计大赛最佳创意金奖；厦门青鸟动画《星星狐》、风云动画《城市空间》等 13 部动画作品分别获得上海电视节、厦门国际动漫节"金海豚奖"、广州"金龙奖"等相关奖项；《三七小福星》等 4 部动画片获国家广电总局 2009 年国产优秀动画片精品奖，《星星狐的体验》等 6 部动画片入选广电总局 2010 年优秀国产动画片。

2010 年 9 月 8 日，福建省信息化局和英国贸易投资总署共同主办的"中英动漫游戏产业合作研讨会"在厦门成功举行，福建省动漫游戏行业协会与西南英格兰贸易投资局签订了推动成立福建－英国西南英格兰地区动漫合作联盟，开展技术、产品和人才交流的合作意向。为进一步推动闽台动漫产业深度合作，11 月 8 日福建省信息化局与台湾动漫创作协会共同主办了闽台动漫产业合作发展座谈会，有近 20 家动漫企业和院校与台湾动漫界进行了多种形式的交流与合作。

（七）多渠道拓展软件服务外包

2010年，成功组织福建省内30多家企业参加第四届中国（香港）国际服务贸易洽谈会，举办福建服务外包专题论坛。两地企业围绕信息技术服务外包、信息服务供应链、联合设立创投基金等进行了深度交流。在2010年的中国国际投资贸易洽谈会上，福建省软件国际合作联盟和香港软件服务外包联盟合作成立了福建—香港软件服务外包联盟，帮助福建省软件外包企业借助香港窗口实现"走出去"的发展战略，共同推进闽港服务外包的双赢合作。日本最大的IT服务机构野村综研也在此期间来闽考察，在物联网合作、对日外包业务承接上与福建省软件企业互动，大力拓展了福建省信息服务外包空间；日本GKT、亚才、SALPS、FULL SPEED等株式会社与福建省软件企业达成合作协议。全球500强企业日本京瓷株式会社与福建省福富软件达成3G无线网络优化合作框架协议；福州锐达数码科技有限公司与日本GKT株式会社签订IQ Board软件日文化及对日服务外包合作协议。

为了更好地对接海峡东岸的软件业，厦门软件园以面向全球的"闽南语呼叫中心"为突破口，利用地域优势，主动争取更多的席位数。台湾大哥大客服呼叫中心、文典客户服务呼叫中心等已入驻厦门软件园。

为促进福建省软件服务外包企业的抱团发展，组建成立"福建省软件外包产业联盟"，重点建设"一个中心、两个平台"，即软件外包项目发包管理中心，软件外包标准化过程管理平台和软件外包人才培养平台，联盟已吸引近30家企业加入，并获得来自微软公司首批总额5000万元的软件外包业务。

国家商务部、中国国际电子商务中心在福建省筹建中国国际信息技术（福建）产业园，该园总占地面积约2300亩，建筑面积约90万平方米，总投资28亿元，规划设计了国家级数据备份中心、信息技术培训中心、APEC电子商务交流中心、国际服务外包企业总部等产业功能区，建成后将成为"以数字化为基础、以云计算为保障、以第三方数据备份中心为核心"的服务外包产业园区，并成为华东地区最大的信息技术服务外包基地。

（八）软件企业上市取得新突破

2010年，福建星网锐捷、福建三元达、榕基软件、厦门三五互联、厦门易联众和厦门科华恒盛6家企业在深圳创业板、中小企业板成功上市，新大陆电脑再融资申请也获得证监会通过，于2010年7月完成非公开发行。2010年，合计募集资金44.4亿元，是福建软件企业从资本市场融资最多的一年，超过历年的总数，为企业做大做强奠定了坚实的资金基础。

（九）附表

表1　福建省2010年列入全国百强软件企业名单

企 业 名 称	百强中位次
福州福大自动化科技有限公司	21
福建星网锐捷通讯股份有限公司	41
福建新大陆电脑股份有限公司	50
国脉科技股份有限公司	63
福建富士通信息软件有限公司	79
东南融通（中国）系统工程有限公司	81

表2 福建省 2010 年度列入国家规划布局内重点软件企业名单

企 业 名 称
福建富士通信息软件有限公司
福建新大陆电脑股份有限公司
福建榕基软件股份有限公司
福建三元达通讯股份有限公司
福建邮科通信技术有限公司
东南融通（中国）系统工程有限公司
厦门吉比特网络技术股份有限公司
厦门市美亚柏科信息股份有限公司
厦门三五互联科技股份有限公司
福建南威软件工程发展有限公司

表3 2010 年福建省软件骨干企业名单

序　号	企 业 名 称
1	福州福大自动化科技有限公司
2	福建星网锐捷通讯股份有限公司
3	福建新大陆电脑股份有限公司
4	福建富士通信息软件有限公司
5	东南融通（中国）系统工程有限公司
6	厦门市吉比特网络技术有限公司
7	福建三元达通讯股份有限公司
8	厦门市美亚柏科信息股份有限公司
9	福建顶点软件股份有限公司
10	福建亿榕信息技术有限公司
11	福建南威软件工程发展有限公司
12	福建网龙计算机有限公司（天晴公司）
13	福建榕基软件股份有限公司
14	国脉科技股份有限公司
15	福州瑞芯微电子有限公司
16	福建邮科通信技术有限公司
17	福建福诺移动通信技术有限公司
18	福建省凯特科技有限公司
19	网格（福建）智能科技有限公司
20	厦门雅迅网络股份有限公司
21	易联众信息技术股份有限公司
22	福建伊时代信息科技股份有限公司
23	福建国通信息科技有限公司
24	厦门用友烟草软件有限责任公司

表4　2010年福建名牌软件产品名单

产 品 名 称	公 司 名 称
东南融通、图形牌本外币一体化支付清算平台	东南融通（中国）系统工程有限公司
易联众牌医保医院金融一卡通平台	易联众信息技术股份有限公司
apex＋图形牌客户关系管理系统（证券 CRM 应用套件）	福建顶点软件股份有限公司
亿榕信息+YIRONG info+图形牌协同办公系统	福建亿榕信息技术有限公司
LANDI+图形牌 EFT-POS 应用管理软件	福建联迪商用设备有限公司
榕基+图形牌 iTASK 任务管理系统	福建榕基软件股份有限公司
榕基+图形牌 RMS 风险管理系统	福建榕基软件股份有限公司
锐捷网络＋图形牌网络骨干产品管理软件	福建星网锐捷网络有限公司

三、存在的问题

（1）国家新的软件产业扶持政策（国发4号文）相关的实施细则还未出台，给贯彻落实好政策及出台省内配套措施带来困难。

（2）各地区发展不均衡，扶持力度有待加大。福建省软件发展主要集中于福州、厦门两市，其他设区市亟待加大推进发展软件产业的力度，出台贯彻落实国家和福建省扶持软件产业政策的相关配套措施。

（3）产业人才短缺状况仍较突出。企业普遍反映随着业务拓展，高端领军和中层骨干人才严重短缺，软件信息类毕业生就业困难和软件企业缺乏适用人员的矛盾仍然存在。

（4）融资信贷渠道缺乏。中小软件企业普遍反映由于其产品的特殊性，无法提供相应的固定资产进行抵押，在融资信贷实际操作过程中仍存在很大困难。

四、2011 年工作

2011 年我们要用更开阔的视野加快转变方式，进一步解放思想，转变观念，树立"超常规"发展的意识，紧紧围绕海西发展战略，深入贯彻落实《国务院关于进一步鼓励软件产业和集成电路产业发展的若干政策》（国发〔2011〕4 号）和《福建省人民政府关于进一步加快软件产业发展的意见》（闽政文〔2009〕374 号），在巩固现有发展成绩的基础上，提升企业自主创新水平，鼓励有条件的软件企业上市、重组和并购，加快规模化和国际化进程，提升福建省软件产业整体经济实力，做大做强"海西软件"。重点做好以下工作：

一是进一步提升人才高地构筑层次。举办产业高端视野沙龙，不定期邀请国内外著名企业家、知名专家与福建省开展交流对接；与北大光华管理学院等知名高校合作，开展企业管理提升培训；创新人才引进培育模式，吸引优秀人才来闽创业发展。

二是进一步提升重大项目建设水平。发挥园区载体功能，吸引重点项目集聚，积极推进园区和公共服务平台建设，提升软件技术公共服务能力；实施软件重大专项，带动相关产业链实现跨越式增长。

三是进一步提升重点领域竞争实力。积极发展集成电路设计业，重点建设福州、厦门、泉州三大集成电路设计产业化基地；加快发展信息技术服务外包，通过"走出去、请进来"，多方拓展服务外包渠道；巩固提升动漫游戏产业，整合上下游资源，加快构建具有海西特色的动漫游戏产业链和产业集群；大力培育软件产业新兴领域，力争抢占新兴产业发展的制高点。

四是进一步提升"海西软件"整体形象。以"海西软件"统一形象组团参加各种展会；发挥联盟作用，实现抱团发展；加强与台湾软件、动漫等领域的合作；进一步落实福建省软件产业的配套政策，优化创业、创新环境，增强产业服务能力，扶持企业快速成长。

2010 年江西省软件产业发展概况

软件和信息服务业是经济社会发展的基础性、先导性、战略性产业，具有知识技术人才密集和高成长性、高附加值、高带动性等特点，对于促进两化融合、优化产业结构、转变发展方式具有重要的支撑和推动作用。

一、基本情况

（一）软件产业规模

2010 年，江西省软件服务业实现软件业务收入 40.7 亿元，同比增长 11.5%，在全国排名第 21 位。"十一五"期间，江西省软件业保持稳步增长（见图1）。软件业务出口 2367 万美元，增长 3 倍。软件外包服务收入 4472 万元，同比增长 120.8%。在产业规模保持较快增长的同时，经济效益也有明显提高，实现利润 4 亿元，同比增长 45%，完成税收 1.6 亿元，同比增长 37.3%。

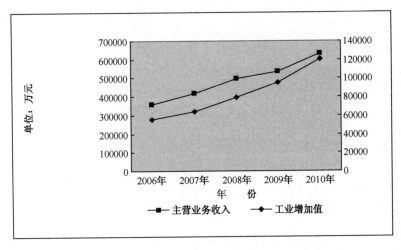

图1 "十一五"期间江西省软件业稳步增长示意图

（二）软件企业

随着江西省软件产业规模的不断壮大，涌现出了一大批优秀软件企业。2010 年，江西省认定软件企业 29 家，累计认定并通过年审的软件企业 176 家。民营及股份制经济在江西省软件产业中占主要成分，占全省软件企业总数的 86.7%。

以行业应用软件、系统集成为主导，培育形成了一批能够承担国家 863 计划、国家火炬计划、国家"核高基"重大专项的优秀企业。在香港创业板上市 2 家，通过 CMM、CMMI 评估认证的企业达 6 家，其中通过 CMM3 级以上的企业有 3 家。

骨干企业的拉动作用明显，销售收入 5 亿元以上企业 3 家，1 亿元以上 5 亿元以下企业 12 家，1000 万元以上 1 亿元以下企业 43 家。销售收入超过 1000 万元的企业数约占全省软件企业总数的近 60%，销售收入占到全省主营业务收入的 98%。

（三）软件产品

2010 年登记软件产品 70 件，累计登记软件产品 460 件。形成了系统软件、支撑软件、应用软件、嵌入式软件、系统集成制造、软件信息服务、动漫游戏七大领域，具有自主知识产权的产品占到了 90%。其中，中间件系列产品、信息安全产品、企业管理软件、电子政务软件、通信软件、高速公路管理系统、二代身份证识别终端系统、数字监控系统、电子完税系统、电力调度控制中心系统、智能公话系统、教学仿真智能平台等处于国内领先水平。这些自行研发的软件产品，几乎全部集中在应用软件领域，以行业应用为主体。其中部分产品，如路通公司的"铁路工程概（预）算管理系统"、行知公司的"校园先锋"系列软件、利德丰公司的"车牌通"、金鼎公司的"金鼎 Web 版"等软件，分别在铁路、教育、公路系统和企业管理方面有较大的影响，有的处于行业领先地位，具备了一定的市场竞争能力，并取得了良好的经济效益。

（四）动漫游戏产业

目前，江西省有 6 家动漫企业获得国家认定，其中，江西泰豪动漫有限公司还获得全国重点动漫企业认定。萍乡市凯天网络有限责任公司、江西泛美动画影视传媒有限公司也是江西省比较有影响的动漫企业，都具有自主开发、设计、生产二维、三维动画片的能力，但公司的主营业务主要还是从事动漫业人才培训和为外来动漫产品"来料加工"。泰豪动漫学院是经江西省人民政府批准、教育部备案的全日制普通高等院校，由江西省人民政府与清华大学"省校合作"的重点单位泰豪集团创办，是江西省动漫与数字娱乐产业人才培养基地。目前，江西省正在筹建 3 家动漫基地，分别是位于南昌县小蓝工业园区的南昌国际动漫产业园、位于萍乡市上栗县的江西省动漫产业基地、位于红角洲的江西泛美动画实训基地。据江西省文化厅产业处有关负责人介绍，根据各动漫企业及动漫产业衍生产品经营公司的生产计划和接单情况，预计 2011 年和 2012 年江西动漫产量将达 3.6 万～5 万分钟，媒体播出的时长可达 3 万～4.5 万分钟以上，预计动漫作品及衍生产品收入将超过 10 亿元，并力争达 15 亿元以上。

（五）软件产业基地

按照高水平规划、高质量建设和高标准配套的原则，全力抓好"一区五园"建设，即以南昌高新技术开发区为龙头，建设金庐软件园、先锋国际软件园、中兴软件园、用友软件园、慧谷创意产业园。高新区软件企业 100 多家，国际知名企业微软、IBM、贝塔斯曼欧唯特集团、日立集团、美国翱腾、美国昊威，以及国内企业台湾英华达、用友、中兴、南大苏富特、太平人寿、华安财险等纷纷在高新区设立分公司和研发基地，为产业发展起到了显著的推动作用。浙大科技园、南昌大学科技园、江西留学人员创业园等产业园区各具特色，优势互补，成为江西省软件产业基地的重要补充力量。2008 年 1 月，南昌国家高新技术产业开发区被国家商务部、信息产业部、科技部认定为中国服务外包示范区。2009 年，南昌、北京和上海等 20 个城市一起被国务院评为"中国服务外包示范城市"。这对于增强江西省软件产业基地承载能力和辐射效应，提高江西省软件产业核心竞争力具有重要意义。

二、主要特点

经过多年努力，江西省软件和信息服务业已经形成一定的产业基础。

（1）特色产业基地初具规模。2007年，南昌高新区被商务部、原信息产业部和科技部联合认定为"中国服务外包示范区"；2009年，南昌市被国务院批准为中国服务外包示范城市。以南昌市为中心，以金庐软件园、浙大科技园、南大科技园等园区为支撑，集聚了江西省90%以上的软件企业，在国内外已具备较大影响和一定的竞争优势。

（2）产业总量快速扩张。江西省软件与信息服务业主营业务收入由2001年的4.4亿元提升至2010年的63.4亿元，年均增长20%以上。2009年，江西省新增服务外包企业131家，接包合同执行金额达到4.3亿美元，同比分别增长7.7倍、26.3倍。

（3）人才培养体系基本完善。形成了以高等院校信息工程学院、软件学院及软件职业技术学院为主，民间培训机构和社会团体、企业认证培训等为辅的软件及信息技术服务人才培训体系，全省共有相关教育培训机构37家，其中省级软件学院7所、国家示范性软件职业技术学院1所、信息工程和管理学院20所，拥有3个国家级计算机类特色专业，每年培养软件和信息服务相关专业的大学毕业生5万名。

（4）企业集群不断壮大。以行业应用软件、系统集成为主导，培育形成了一批能够承担国家863计划、国家火炬计划、国家"核高基"重大专项的优秀企业。目前，全省拥有软件企业近400家，中国软件出口工程企业4家，获得系统集成资质的企业43家，其中获得一级资质的企业5家，通过CMM、CMMI认证企业6家，收入超亿元软件企业12家，国家规划布局内重点软件企业3家，在香港创业板上市2家，思创、先锋、泰豪3家公司连续多年跻身全国百强行列。

三、存在的问题

（一）高端人才缺乏

人才是软件和信息服务业发展的第一要素。2009年，江西省从事软件和信息服务业人员硕士以上学历占总从业人员数的比重为5%，低于全国平均水平3个百分点，而同期安徽省硕士以上占总数的10.1%；2010年，江西省硕士以上学历比重仅为6%。

（二）研发投入不足

2009年，江西省软件服务业投入研发资金2.41亿元，占软件业务收入的比重为6%；同期安徽省的研发资金为5亿元，占软件业务收入的比重为11%。2010年，江西省软件服务业投入研发资金2.49亿元，占软件业务收入仍为6%，没有增长，以致2009年登记的软件产品数量比2008年减少6%。

四、2011年展望与目标

产能目标： 努力促进新增1家软件企业上市，力争新增2家年销售收入超亿元的大型软件与信息服务企业。

产业链目标： 调整当前系统集成软件占全省软件业务收入的50%的产业结构，逐步形成行业应用软件、中间件、嵌入式软件、软件服务外包、数字内容加工处理与服务并重的产业发展格局。

产业布局目标：合理规划、科学布局，加强软件园区建设，形成产业集聚。以南昌市为核心区域，将南昌高新区建设成集移动传媒、呼叫中心、物联网、云计算、电视购物及电子商务、软件研发、服务外包、人才培训一体的软件与信息服务产业基地；将南昌市红谷滩新区慧谷创意产业园打造成为以创意产业为特色，集软件研发、服务外包、金融服务、人才培训、文化创意一体的软件园。推进南昌经济技术开发区、北大科技园、清华科技园的信息技术示范基地建设，鼓励有产业基础的设区市建设特色软件与信息服务业园区。

五、下一步工作

软件与信息服务业作为战略性新兴产业的主力军，既是战略性新兴产业的发展重点，又是战略性新兴产业的重要技术支撑。

（一）发展思路

紧紧围绕全省科学发展、进位赶超、绿色崛起的重大战略，抓住鄱阳湖生态经济区上升为国家战略的历史机遇，把握制造业持续高速增长、工业与信息化加快深度融合所提供的巨大市场，培育物联网、三网融合、云计算等应用新增长点，加快自主软件产品和应用解决方案的系统研发，壮大骨干企业，增强软件产业自主创新能力和核心竞争力，突出发展以南昌市为中心（区域）的软件与信息服务业，加速软件技术产品化、软件与信息服务业国际化进程，确立软件和信息服务业在江西省国民经济中的基础性、战略性、支柱性产业地位。

（二）发展措施

（1）建立软件和信息服务业专项资金。多数软件和信息服务业项目投资不大，没有必要比照传统工业重大项目，给予数百万、上千万的支持资金。建议从战略性新兴产业专项资金中提取 5%，专项推动软件和信息服务业发展。使用方式不局限于固定资产投资的贴息和补助，主要从 4 个方面加大支持力度：一是支持企业能力提升，对企业研发、国际资质认证、高端人才引进和培训给予经费补贴；二是建设完善公共服务和技术支撑平台；三是对优秀产品（信息化解决方案）实行奖励；四是支持部分经过市场检验的通用软件产业化。

（2）成立领导机构。提请江西省政府成立软件与信息服务业领导小组，由省领导任组长，以省工信委、省商务厅、省国资委、南昌市政府等为成员单位，办公室设在江西省工业和信息化委员会，以便于形成合力，协调解决重大问题。近期领导小组的主要职能是：研究制订有力政策，加快培育软件和信息服务产业的企业；搭建平台，加强企业与有信息化改造需求的省直厅局和企业集团、有服务外包需要的央企、金融信贷机构及各类风投和创投三个对接。

（3）为企业提供更多服务。一是扩展市场空间，加快江西省信息化步伐，鼓励各单位信息化改造工程在同等条件下向省内软件和信息服务企业倾斜，尽快改变当前江西省软件及服务外包市场份额省内、省外企业三七开的现状。二是加大宣传，表彰、奖励、向社会发布和推广一批优秀行业解决方案。三是强化中介机构，将现江西省软件协会更名为软件和信息服务业协会，加强与企业的联系，适时开通江西软件与服务外包门户网站。

2010 年山东省软件产业发展概况

一、基本情况

2010 年，山东省软件业务收入 908 亿元，同比增长 49%，比"十五"末收入增长近 4 倍；利润总额 94.2 亿元，同比增长 32.4%；利税合计 144.9 亿元，同比增长 27.39%。软件出口 6.4 亿美元，同比增长 45.3%，其中，外包服务出口 1.8 亿美元，同比增长 109%。目前，山东省软件产业统计内规模以上企业 1470 余家，从业人员 18 万余人，上市企业 11 家，省级软件工程技术中心 45 家，软件产业园区 13 个，服务外包示范基地 19 个，累计认定软件企业 908 家，登记软件产品 3723 个。9 家企业进入 2010 年全国软件业务收入百强，10 家企业入围 2010 年国家规划布局内重点软件企业，27 家软件企业收入过亿元，24 家企业出口超过 100 万美元，40 余家企业通过 CMM/CMMI 等国际资质认证，192 家企业取得计算机信息系统集成企业资质，总体水平位居全国前列。

（一）开展的重点工作和成效

1. 建设软件名城，实现区域带动

2009 年 11 月，工信部正式批准济南市为创建中国软件名城试点城市。同年 12 月，工信部、山东省政府和济南市政府正式签署合作备忘录。经过一年多的努力，初步建立了部省市三方合作推进机制，先后出台了《关于创建中国软件名城的意见》等政策，人才、资金、市场资源得到有效聚集。

中国软件名城创建试点工作的开展，在深层次激发了济南发展软件的源动力，进一步提升了软件在济南城市经济结构调整、区域经济发展中的支撑作用。2010 年，济南软件业实现业务收入 610 亿元，同比增长 40.2%，拉动全行业增长 28.8 个百分点，增加值占全市 GDP 比重达到 5.9%，成为全市支柱性产业。济南软件平均每人每年产出约 50 万元，每平方米每年产出约 2 万元，单位面积收入为制造业的 3.5 倍，承载度高、附加值大的优势在济南"拓展城市发展空间、打造现代产业体系"过程中发挥着重要作用。中创中间件、浪潮 ERP 分别列入"核高基"科技重大专项，与华天 CAD 一起成为国产基础软件和工业软件最具影响力的优势产品，软件已经成为泉城济南的又一名片。

2. 强化载体建设，实现聚集发展

先后认定 13 家软件产业园区、19 个服务外包示范基地和 3 个动漫产业基地，已建成园区面积 500 多万平方米，投入使用软件开发、测试、存储、动漫渲染、动作捕捉等各类技术平台、环境 13 个，累计为全省软件企业提供了超过 1 万次的服务。针对软件外包企业对国外用户实时数据交换与信息安全的需求，与中国电信济南分公司联合实施了国际数字直航的建设工作，目前已进入试运行阶段。在齐鲁软件园建立了国际数字直航推广实验室，为济南软件企业提供国际数字直航专线测试。东方道迩、日立华胜和优创软件等企业的测试结果显示，到欧美及日韩的速度均有大幅提升。

做好国内首家"中日 IT 桥梁工程师交流示范基地"的服务保障工作，并于 2010 年 5 月

27 日联合山东省商务厅等单位，在日本东京设立了日本工作站，三名日籍顾问常驻工作站，作为山东省 IT 业对日合作交流的窗口。2010 年 9 月，第二批来自日韩的 10 位 IT 桥梁工程师成功签约山东省 6 家软件和信息服务企业。目前，基地已经吸引国外高层次 IT 人才约 50 人，专业领域涵盖了软件开发、工业设计和动漫游戏等方面。

3. 建设云计算平台，提升产业支撑能力

2010 年 8 月 6 日，成立山东省云计算中心，以作为山东省发展先进可靠、自主可控云计算产业的重要载体和创新试点。8 月 19 日，中心与浪潮集团正式签署战略合作协议，共同打造最大的区域性云计算中心，并联合中国科学院、中国工程院、清华大学等力量开展关键性、前瞻性技术开发。中心同时与中创软件达成意向，在云平台环境下开展核高基重大专项的研发，并将在平台上部署基于国产中间件开发的各项软件和服务的集成应用。

顺利启动山东省软件和信息服务云计算平台一期工程。先期重点整合、升级齐鲁软件园、东营软件园、山东省科学院等软、硬件资源，原有与新增资源合计超过 5000 万元，拥有 3 万亿次的计算能力和各类主流软件资源，能够面向全省提供软件公共开发测试工具、平台和信息化服务。云计算体验中心（总面积约 1000 平方米）也将于 2011 年 4 月份投入使用。

4. 实施大公司战略，培育"新特优"企业

认定了第三批软件工程技术中心，山东省信息产业发展专项资金对运行效果突出的中心给予一定数量的资金奖励。目前山东省共拥有 45 家省级软件工程技术中心，业务领域涵盖中间件、ERP 软件、CAD，以及政务、电力、港航、矿山、石油等，成为创新的重要力量。2010 年，中心共实现软件收入 80.4 亿元，累计新增设研发分支机构 8 处，增加改善开发场所 6.7 万平方米，引进各类创新人才 110 余人，申请专利和软件著作权 563 项，主持或参与制定标准 40 余项，新产品贡献率超过 50%。积极推荐企业申报 2010 年国家规划布局内重点软件企业，经努力，10 家企业顺利入围，数量创历史新高，比 2009 年增加一倍。

5. 保障重大项目实施，提升自主创新能力

中创软件"国产中间件参考实现及平台"等 4 个 2009 年国家"核高基"重大专项项目国拨资金已经到位，协调落实了中创软件配套资金 1002 万元。山东省在中小型软件企业中推广使用中创中间件套件产品进行开发，采用政府补助、中创让利、企业承担的"三家抬"做法，共享核高基成果。浪潮中国储备粮行业信息化应用示范工程取得阶段性成果，实现了基于国产基础软件的行业集成应用解决方案。重点支持华天三维 CAD/CAM 系统 Sinovation（简称 SV）的研发推广，成功发布 2 个版本，基于全新内核、拥有自主知识产权的新一代高端三维 CAD 系统将于 2011 年 6 月推出，部分功能将达到国际主流软件水平。目前，SV 产品实现全国范围内装机 2510 套，成功应用于潍柴、江淮、奇瑞等知名企业，在打破国外软件封锁和市场垄断方面发挥了重要作用。云计算平台建设及云管理软件（包括虚拟化软件、资源监控管理软件、运营软件）的研发工作进展顺利。

6. 做好调研摸底，营造良好环境

对山东省软件和信息服务业企业、技术、产品、服务等进行了全面摸底。组织召开了信息服务业重点单位座谈会、计算机信息系统资质重点企业座谈会，对重点软件园区、企业、工程技术中心、软件项目进行了总结调度。调研形成《关于山东省软件产业发展概况汇报》。编制《山东省软件和信息服务业"十二五"发展规划》，并完成与发改委等部门的会签。就信

息服务业统计工作与省统计局进行了深入协调沟通，联合下发了《关于做好信息服务业统计核算工作的通知》（鲁统字［2010］57 号）。

各项工作的顺利实施，为山东省软件产业提供了更加良好的环境，产业发展进一步提速，规模实力显著提升。

（二）重点企业和成长性企业的情况

浪潮、山东中创软件工程股份有限公司位居"中国自主品牌软件产品十强"之列，其中浪潮高居榜首。入围企业数连续 4 年位居全国之首。中创中间件产品被评为"中国软件 20 年最具应用价值的软件产品"，中创"Loong"平台作为核高基专项"国产中间件参考实现及产品"的核心成果已顺利发布；浪潮 ERP 被评为软件首家"中国名牌"。山东山大华天软件有限公司基于全新内核的新一代高端三维 CAD 将于 2011 年 6 月推出。以中创中间件、浪潮 ERP 和华天三维 CAD 软件为代表的基础软件、工业软件在国内具有较高的市场竞争力。

积成电子股份有限公司电力自动控制系统、山东神思电子技术有限公司终端识别系统、中孚科技信息安全加密产品和项目，先后在国家重点支持重大项目中中标，市场占有率居国内同行业前列。烟台华东电子已成为世界第四大港航业专业软件供应商。

山东新北洋信息技术股份有限公司、鲁能惠通、泰华网络、农友、渔翁、惠光等公司在应用软件开发、信息系统集成方面形成了区域优势；北洋的高速公路管理系统在国内具有很高的市场占有率，其二维条码嵌入式识别软件、高速扫描仪扫描软件已迈入产业化；农友的农村管理系列软件已在全国 26 个省市 300 多个地区推广使用；鲁能慧通在数字电厂、口岸、物流等软件开发方面实力雄厚；渔翁、科瑞、亚科、鼎华、奔腾等公司在系统集成方面拥有较强的技术力量和丰富经验。

2010 年度国家规划布局内重点软件企业名单中，山东省积成电子股份有限公司、山东万博科技股份有限公司、山东中创软件工程股份有限公司、浪潮集团山东通用软件有限公司、NEC 软件（济南）有限公司、软控股份有限公司、青岛东软载波科技股份有限公司、青岛海信网络科技股份有限公司、山东新北洋信息技术股份有限公司、烟台创迹软件有限公司 10 家企业入围。

二、存在的问题

（1）政府支持和产业引导力度有待加强，在技术开发、风险投融资、海外市场开拓、知识产权保护的资金投入和公共服务体系建设方面存在差距。

（2）软件人才结构性矛盾突出，高层次的技术人才、复合型人才缺乏，软件人才培养模式与企业市场实际需求之间还存在偏差。

（3）核心技术缺乏，国民经济和社会信息化建设所需的核心软件绝大部分依靠进口，软件在三次产业中的应用略显单一，与改造提升传统产业和国民经济信息化的需要不相符。

三、下一步重点工作

（一）重点区域

（1）加快济南中国软件名城建设工作，进一步完善政策环境和服务体系，推进济南市和青岛市率先发展，进入国内一流软件和信息服务业城市行列。

（2）以现有省级软件产业园区、信息服务业园区为载体，培育具有本地特色的产业集群，重点推进烟台、威海、潍坊等新兴聚集区加快发展。

（二）重点产品和技术服务

1. 基础支撑类软件

支持嵌入式操作系统、中间件、面向服务的基础平台、软件开发平台、构件库等，加快推进开源软件的开发和应用，提升国产基础软件产品的可靠性和成熟度，提高系统集成应用能力。以实施"核高基"国家科技重大专项为契机，支持国产中间件软件应用示范。

2. 云计算关键技术与应用实施

支持海量存储系统、虚拟化软件、资源监控管理、云安全、云服务、数据中心、平台建设等领域的技术研发与应用，形成协同配套、相互支撑的技术创新链和产业链，并形成一定的社会化应用，培育先进可靠、自主可控的云计算产业。

3. 工业软件研发推广与体验中心建设

支持具有自主知识产权的计算机辅助设计（CAD）、辅助制造（CAM）、企业资源计划（ERP）、辅助生产计划（CAPP）、产品数据管理（PDM）等软件，从产品研发、设计、生产、流通等方面实现智能化管理。建设工业软件体验中心和服务平台，形成协同配套的工业软件整体解决方案，为中小型工业企业提供设计开发和管理服务。

4. 大型行业应用解决方案

重点为政府、金融、通信、交通、能源、制造等行业提供集成应用解决方案。积极发展电子政务、电子商务、电子医疗和农村信息化、城市及社区信息化、企业信息化、制造业信息化、远程教育等领域的应用软件，提高国产应用软件的技术水平和集成服务能力。

5. 嵌入式软件

面向工业装备、移动通信、汽车电子、医疗电子、数字家电、信息安全等重点领域，积极开展符合开放标准的嵌入式软件开发平台、嵌入式操作系统和嵌入式软件的研发推广，提高产业化程度、替代进口能力和产品出口能力。

6. 信息内容和信息技术服务

开发内容制作系统（虚拟现实、三维重构等），发展国产动漫、游戏、数字影音、数据加工处理等信息内容服务产业。支持基于互联网、移动互联网、物联网环境下的数据中心、数据处理、数据挖掘等业务发展。壮大信息技术外包（ITO）、业务流程外包（BPO）、知识流程外包（KPO）业务，积极承揽高端服务外包，重点发展研发设计、工程设计、软件开发及维护、财务管理、客户服务等。

（三）重点工作

1. 营造更加适合产业发展的政策保障体系

做好国发［2011］4号文件的贯彻落实工作，重点在财税政策、投融资、人才引进与培养、知识产权保护等方面研究出台更加有利于产业发展的政策措施。以省政府名义适时召开加快软件产业发展工作大会，加快推进软件产业地方立法工作，营造促进产业发展的良好环境。

2. 高标准做好名城支撑体系建设工作，争取早日正式授牌

（1）加快软件和信息服务外包国际数字直航通道试点建设完善工作，进一步满足济南软件外包企业对国外用户海量信息传输、在线沟通交流、数据交换的实时性与信息安全的需求。

（2）尽快启动全国产工业软件综合支撑平台暨工业软件体验中心建设工作，形成协同配套的工业软件整体解决方案。同时做好相关名城评估总结等准备工作，争取工信部对济南市给予正式授牌，同时启动济南市西区开发的中国软件名城二期工程。

3. 加快软件和信息服务云计算平台建设和关键技术研发，培育新的产业增长点

山东省云计算产业已经取得一定成绩，具备了加快发展、集群发展的基础。下一阶段将重点支持以下两个方面的工作：

（1）海量存储系统、虚拟化软件、资源监控管理、云安全、云服务等技术研发，形成协同配套、相互支撑的技术创新链和产业链。

（2）支持云计算平台建设，建成云计算体验中心和拥有完整的主流开发平台和测试环境的软件开发云，完善电子商务云、电子政务云功能，实现 200TB 的存储能力和 20 万亿次的计算能力，重点为工业领域和行业应用、软件和信息技术开发测试、中小企业信息化建设、电子政务提供云服务，形成一定规模的社会化应用，成为国内示范。

4. 保障重点项目顺利实施，提升产业核心竞争力和带动力

（1）尽快启动国产中间件软件应用示范项目，采取政府补贴、中创让利、企业承担的方式，选择 50 家具有一定规模的软件开发企业进行推广，利用 2 年时间，由中创软件以低于成本的价格提供中间件产品和各类技术服务，提升软件企业创新实力和承担千万级、亿元级信息化项目的实施能力。

（2）支持具有自主知识产权的高端工业软件研发推广项目，包括 CAD/CAM/ERP/MES 等国产工业软件、嵌入式软件系统等，提高国产化水平和替代进口能力。

（3）支持重点行业应用解决方案，重点支持智能电网、工业生产、物联网、公共事业、教育培训、数字城市等行业软件及应用解决方案研发，进一步提高系统功能成熟度、先进性和完整性，通过召开现场会、供需会等方式在全省行业内进行对接推广，为两化融合、改善民生、节能降耗提供优秀的软件技术和产品。

（4）保障核高基重大专项顺利实施，按国家规定给予配套，为浪潮通软 2009 年核高基重大专项提供配套资金 1240 万元。

四、2011 年发展目标

2011 年，山东省软件产业收入预计将达到 1200 亿元，增幅 30%以上，软件出口额将超过 10 亿美元，从业人员将达到 20 万人左右，总体水平排名国内前列，软件产业将成为山东省重点支柱产业。

2010 年河南省软件产业发展概况

2010 年，河南省软件产业在国家有关产业政策的有力推动下，在河南省委省政府相关扶持政策的引导下，保持持续快速发展，产业规模继续扩大，信息服务业快速增长。

一、基本情况

（一）主要指标完成情况

2010 年，河南省软件产业软件业务收入 1071676 万元，同比增长 22%。软件产品实现收入 429564 万元，同比增长 24.3%，占软件业务收入总额的 40.1%；软件技术服务收入为 127986 万元，同比增长 5.9%，占软件业务收入总额的 11.9%，其中信息技术咨询服务收入 90949 万元，同比增长 65.4%，软件外包服务收入 1973 万元；系统集成收入 472817 万元，同比增长 15.8%，占软件业务收入总额的 44.1%；嵌入式软件收入 22027 万元，占软件业务收入总额的 2.1%。全行业实现利润 201110 万元，同比增长 19.5%。上缴税金 72034 万元，同比增长 21%。从业人员达到 22737 人，同比增长 8.3%。

在全球金融危机的背景下，河南省软件和信息服务业规模仍保持增长态势，总收入保持了 20%的较高同比增长率。此外，新增"双软认定"企业 57 家，累计达到 406 家；新增软件产品 269 项，延续产品 43 项，累计达到 1348 项。

（二）软件业务收入结构不断调整

软件技术服务收入和嵌入式系统软件收入增长最为迅猛，其中技术服务收入所占比重进一步攀升。软件技术服务收入为 127986 万元，同比增长 5.9%，占软件业务收入总额的 11.9%。嵌入式软件收入 22027 万元，占软件业务收入总额的 2.1%。

（三）系统集成收入仍是产业发展的重头

系统集成收入 472817 万元，同比增长 15.8%，占软件业务收入总额的 44.1%。

二、存在的问题

（一）人才队伍有待进一步加强

院校培养人才目标同企业所需专业人才的矛盾，造成部分人力资源的闲置和浪费，企业培养人才的成本不断攀升，人才优势无法充分体现。河南省软件产业较年轻，专业人员相对缺乏，部分企业出现了留人难的问题。

（二）软件企业普遍规模较小，研发能力较弱

随着经济全球化的进一步推进，中国软件业将面临更加广阔的国际市场，以及前所未有的走出去的发展机会。近期，河南省的软件对外出口量一直很少，没有大的突破，要想使河

南省的软件企业做大做强，必须"走出去"，获得在国际市场上发展的机会。

（三）软件园区建设不规范，缺乏总体规划

目前，从河南省软件园区来看，缺少大企业、大项目的支撑，积聚能力不强，需要统一规划、合理布局，扩大招商引资力度，全面提高园区建设水平。

三、下一步工作

软件产业是国民经济和社会信息化的基础性、战略性产业，也是信息产业的核心和灵魂。加快软件产业的发展，是实现以信息化带动工业化、以工业化促进信息化、走新型工业化道路的重要内容和途径。近年来，在国家鼓励软件产业发展政策的引导下，河南省软件产业进入了快速发展时期，形成了一定的产业规模，具备了一定的技术、人才优势。但从总体上看，河南省软件产业存在投入不足、产业规模偏小、缺乏龙头企业、技术创新能力不强、软件人才缺乏等问题。因此，全省上下要切实提高对软件产业发展重要性的认识，采取有力措施，加大扶持力度，把软件产业放在优先发展的位置上，并切实解决发展中的问题，努力创造有利于加快软件产业发展的良好环境。

（一）突出扶持重点，建设引领产业发展的核心企业群体

集中资源扶持大企业、新型企业和快速成长的企业，重点支持领军企业和骨干企业。采取产业联盟等形式解决软件企业发展中遇到的一些问题，并推进河南省相关软件企业的技术进步和产业发展，建立技术成果、产学研信息、知识产权等资源共享机制；搭建行业与企业之间、企业与政府之间、企业与社会及其他机构之间的沟通平台；加强产业联合，共同开拓市场；促进产学研密切合作，推动产业链完善发展，提升河南省信息产业的整体竞争力。

鼓励企业承接和参与国家科技重大专项。对承担国家科技重大专项和河南省重大科技项目的软件和信息服务业企业，落实地方配套资金。鼓励体制、机制创新，支持开展以企业为主体的自主创新活动，在云计算、物联网、基础软件、智能电网等重点和新兴产业领域加大研发投入力度，实施技术标准战略，支持技术联盟发展。

继续加强银企合作，促进企业兼并重组。加强市、区县联动，积极推进有重大发展潜力的项目。

（二）加大政府投入，改善投融资环境

在政府设立的产业引导资金中，保证有一定比例的资金用于软件和信息服务业，为重大研发和产业化项目，以及促进企业兼并重组、建立投融资体系、培育新型业态、扩大市场应用、建设公共服务平台等提供资金支持。

（三）坚持依法行政，抓好行业管理

严格贯彻落实国家新政策精神，做好前期的宣传工作，完善"双软"认定工作。继续做好"核高基"和电子发展基金相关项目的管理工作。

（四）加强人才引进和培养，强化人才优势

在全球范围内引进产业发展急需的高端人才，尤其是新兴产业领军人才和世界级技术专家。完善对高级管理人才和技术人才的引进和奖励政策，加大奖励力度，将重点信息服务业企业纳入人才奖励范围。做好软件和信息服务业引进人才和接收急需专业毕业生的有关工作，保障重点企业的人才需求。

2010 年湖北省软件产业发展概况

2010 年，湖北省紧紧抓住信息技术持续创新，经济持续发展，两化融合不断深入，城镇化进一步提速等带来的发展机遇，以武汉市为依托，以企业为主体，以为全省重点行业提供优质软件和信息服务为导向，以推进产业做大做强为目标，认真开展工作，使湖北省软件产业得到了快速发展。

一、基本情况

（一）产业规模继续扩大

湖北省 2010 年实现软件业务收入 168.5 亿元，同比增长 21.59%，占全省信息产业规模的 11.01%。实现利税 36.6 亿元，同比增长 18.1%。软件业务收入在 1000 万元以上的企业 233家，其中 5000 万元以上的企业 77 家，1 亿元以上的企业 39 家。

2010 年新认定软件企业 127 家，累计认定软件企业 745 家；新登计软件产品 423 个，累计登计软件产品 1967 个。湖北省获得计算机信息系统集成资质单位 137 家，其中一级 4 家，二级 27 家，三级 95 家，四级 11 家。2010 年获资质认证企业中，有 2 家升级到二级资质，1家升级到三级资质，17 家新申报三级资质，1 家新申报四级资质。全行业从业人员近 6 万人。

（二）产业发展空间得到拓展

湖北省通过开展一系列工作，使软件产业发展空间得到拓展，引导资源向产业聚集。一是开展两化融合试点示范，通过发布湖北省优秀软件产品目录，投入专项资金 1400 万元，引导湖北省企业参与示范工程建设，进一步帮助企业拓展市场。二是积极推动政府采购工程向当地企业及产品倾斜，在湖北省电子政务建设中，大多为湖北当地企业，本省数据库产品及相关解决方案得到全面推广应用。三是基本形成了支持产业发展的联动机制，湖北省发改委、科技厅、商务厅、文化厅等部门共向软件服务业投入引导资金近亿元；武汉市也积极通过加强园区和公共服务体系建设，实施人才引进工程。

（三）行业管理工作得到加强

在湖北各市、州机构改革中，各市、州经信委（工信委）增设了推进软件服务业发展的职能，成立了相应机构。湖北省经信委协调统计部门，召开了全省软件产业统计工作会议，规范了产业统计和运行工作。"双软"认定工作程序进一步规范，建立了公示制度，实行限时办理。湖北省经信委还联合湖北省招投标管理局，组织专家及协会制定出台了《湖北省软件开发服务项目招标投标实施办法》，规范软件市场，提升软件价值。

（四）标准验证推广工作逐步展开

湖北省经信委高度重视软件服务业标准工作，组织 10 家重点企业和院校参与了信息技术服务国家标准的制订及修改、完善工作。作为首批信息技术服务国家标准验证推广试点省份，湖北省组织专家制订了标准推广方案，2010 年已投入 40 万元经费用于保障标准推广，2011 年标准推广经费 65 万元已列入省级财政预算。各参加标准验证推广的单位正按工信部的要求开展标准验证推广工作。

二、主要特点

（一）增速高位趋缓，产业步入发展新阶段

受 2009 年高速增长的同期基数的影响，湖北省 2010 年 1—12 月软件业务收入同比增速呈现一定幅度波动，下半年增速有所放缓（见图 1）。但从实际收入数量来看，累计收入是逐月稳步增长，每月变化较为均衡，说明产业发展成果得到巩固，进入稳步成长阶段。

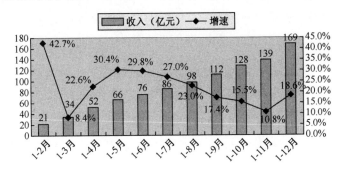

图 1　湖北省 2010 年 1—12 月软件业务收入增长情况

（二）软件产品和信息系统集成服务仍是湖北软件业务收入主流

湖北省 2010 年软件产品收入 74.2 亿元，信息系统集成服务收入 59.8 亿元，两项合计占软件业务总收入的 79.5%（见图 2），这两项业务收入依然是湖北省软件业务收入的主要构成部分。软件产品收入同比增长 16.17%，信息系统集成服务收入同比增长 36.94%，是影响软件业务收入整体增速的主要因素。

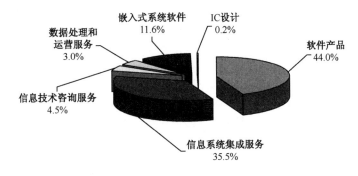

图 2　湖北省 2010 年软件业务收入构成情况

（三）软件业聚集程度高，武汉一头独大

湖北省软件业聚集程度相当高，而布局有失均衡。武汉市一头独大，2010 武汉市完成软件业务收入 165.6 亿元，占全省软件业务收入的 98.3%，主导了湖北省整个软件业的发展（见图 3）。

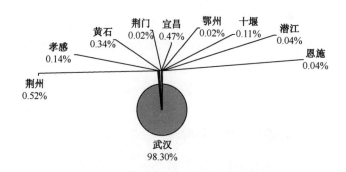

图 3　湖北省 2010 年软件业市州分布

在湖北省经信委的推动下,武汉以外各市州正日益重视软件和信息服务业的发展。2010年,荆州、襄樊、孝感、宜昌等地加大投入,设立了软件服务业园区,积极开展招商引资工作,结合当地资源禀赋和支柱产业,发展特色软件服务业。软件业地区发展不均衡现象将逐步得到改善。

三、存在的问题

湖北省软件和信息服务业尽管取得了一定成绩,但与国内其他先进地区相比,还存在较大差距,主要表现在:产业整体规模偏小,2010 年的软件业务收入仅占全国的 1.23%;龙头企业数量少,全国百强软件企业仅 1 家,企业参与国内外竞争的实力不强。

影响湖北省软件产业发展的因素包括 4 个方面:一是社会各界对软件和信息服务业战略地位的认识不够深入,还存在"重制造、轻服务"的倾向,各级政府对产业发展投入少,引导和带动作用未充分发挥;二是湖北省拥有的科教文化优势未能有效转化为产业优势,人才和科研成果呈外流趋势;三是产业支撑环境仍需进一步完善,产业载体和公共服务体系建设尚待加强,企业投融资瓶颈依然突出;四是企业升级步伐较慢,技术创新能力和商业模式创新能力有待进一步增强。

四、2011 年展望与目标

2011 年,是"十二五"开局之年,国家处于调整经济结构、转变发展方式和构建社会主义和谐社会的关键时期,同时也是软件服务业融合创新、转型拓展的重要机遇期。在新的历史时期,湖北省软件和信息服务业肩负双重的历史使命,一方面,产业自身要加快发展、做大做强,争取成为湖北省国民经济发展的新亮点;另一方面,要在全省经济社会发展中发挥更大作用,特别是为调结构、转方式提供支撑服务。

(一)工作思路

认真贯彻中共中央十七届五中全会和湖北省省委九届九次全会精神,抓住经济结构调整和发展方式转变的机遇,围绕服务湖北省"两型社会"建设和"两圈一带"发展战略,通过优化发展环境,完善公共服务体系,拓展产业空间,改善人才结构,提升自主创新水平,加强招商引资,实现湖北省软件和信息服务业的跨越式发展,充分发挥其对经济和社会发展的支撑作用。

(二)目标任务

2011 年湖北省软件和信息服务企业数量将达到 850 家;软件业务收入将达到 200 亿元,

比 2010 年增长 22%。软件和信息服务业在实现自身又好又快发展的同时，与汽车、钢铁、石化、纺织、电子信息、食品等支柱产业的融合发展格局将初步形成，对全省经济结构调整和发展方式转变的支撑能力和推动作用将明显增强。

五、下一步工作

（一）制定和落实《湖北省软件和信息服务业"十二五"规划》

进一步征求政府相关部门和行业有关专家、企业家的意见和建议，完善《湖北省软件和信息服务业"十二五"规划》，抓紧组织实施，指导推进产业发展。

（二）完善软件和信息服务业发展环境

宣传贯彻国家即将出台的鼓励软件产业和集成电路产业发展的新政策，推动出台湖北省相关配套政策和落实措施，制订进一步促进湖北省软件和信息服务业发展的指导意见，营造软件和信息服务业发展环境，集中政府资源，引导社会力量，优先发展软件和信息服务业。

（三）促进软件和信息服务业与汽车、钢铁、石化、纺织、电子信息、食品六大支柱产业的融合发展

调研六大支柱产业相关企业，特别是中小型企业在研发设计、过程控制、企业管理、物流配送、市场营销、节能减排等方面的信息化和软件服务需求，形成企业信息化需求报告；收集发布湖北省软件和信息服务业优秀软件企业、软件产品和行业解决方案目录；召开技术交流会、需求对接会，引导和组织软件和信息服务企业与六大支柱产业相关企业开展多种形式的交流和合作，围绕这些企业的信息化和软件服务需求提供定制化产品和服务，为湖北省产业结构调整和发展方式转变服务。

（四）营造健康、有序的市场环境

组织开展国家信息技术服务标准验证与应用试点工作，发布施行《湖北省软件开发服务项目招标投标实施办法》，规范服务行为，提升服务质量，促进湖北省信息技术服务业健康发展。

（五）加强产业发展载体和平台建设

进一步优化武汉光谷软件园的环境和条件，鼓励有条件的地方建设省级软件产业基地、专业特色园区，拓展软件和信息服务业发展空间。同时，完善软件和信息服务业公共服务体系，支持各类公共平台发展，鼓励跨区域的平台资源共享。

（六）加强行业统计和运行分析，跟踪协调服务大企业

完善软件产业统计制度，加强软件产业统计工作。组织开展软件和信息服务业自主创新前 20 名、增长速度前 20 名、业务收入前 20 名企业排名发布活动，跟踪做好协调服务，支持企业做大做强，培育一批管理机制好、创新能力强、规模效益好的骨干龙头企业，打造以骨干龙头企业为核心的产业集群。

（七）大力引进国内外知名软件和信息服务企业

指导和支持相关地市引进国内外知名的软件和信息服务企业，带动和促进本地软件和信息服务企业的发展。紧密跟踪世界 500 强中的软件和信息服务企业、"国家规划布局内重点软件企业"、"软件业务收入排名前 100 名企业"，重点鼓励现在湖北设有分支机构的企业尽快在湖北省成立独立法人的软件和信息服务企业；吸引湖北籍或从湖北出去的企业家回湖北创办软件和信息服务企业。

（八）促进战略性新兴产业发展

组织开展云计算、物联网、SaaS、电子商务等方面的技术交流和应用推广工作，培育发展软件服务业新模式、新业态。

2010 年湖南省软件产业发展概况

一、基本情况

（一）产业规模扩大，聚集效应明显

近年来，湖南省委、省政府提出把大力发展新兴产业作为振兴湖南省经济、转变发展方式的重要战略举措，湖南省软件和信息服务业呈现积极发展态势。2010 年，湖南省软件产业继续保持平稳较快增长，全年实现软件业务收入 164.6 亿元，增长 18.8％。从全省区域布局上看，长株潭地区集聚了全省 90％以上的软件企业。

（二）企业总量扩大，实力逐渐增强

截至 2010 年年底，湖北省从事软件开发、销售和服务的软件企业预计突破 800 家，销售收入过亿元的企业数量突破 30 家。全年新认定软件企业 98 家，累计通过认定的软件企业 696 家（见图 1）；累计获得系统集成项目经理资格人数达到 919 人，获得高级项目经理资格人数达到 221 人。2 家企业入围中国软件业务收入前百家企业，3 家企业入围国家规划布局内重点软件企业。截至 2010 年年底，湖北省有 6 家软件企业上市，通过 CMM/CMMI3 级以上认证的企业有 7 家。获得工业和信息化部计算机信息系统资质证书的企业有 130 家，其中一级资质 4 家，二级资质 15 家，三级资质 88 家，四级资质 23 家。

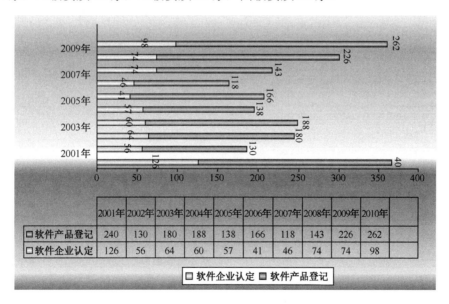

	2001年	2002年	2003年	2004年	2005年	2006年	2007年	2008年	2009年	2010年
□软件产品登记	240	130	180	188	138	166	118	143	226	262
□软件企业认定	126	56	64	60	57	41	46	74	74	98

□软件企业认定　■软件产品登记

图 1　湖北省软件企业认定和软件产品登记情况

（三）软件产品领域得到拓展，特色突出

2010 年登记软件产品 262 项，累计登记软件产品 1780 件，主要以应用软件为主，涉及

工业控制、轨道交通、能源计量、电子商务、金融税控、游戏动漫、信息安全等诸多领域。其中，南车时代电气的机车控制系列产品占据着国内市场 80%的份额，安全监控系统方面占据国内市场 75%的份额。威胜集团的能源智能计量系统国内市场占有率超过 20%。长城信息金融设备制造占有 30%的国内市场，并成功进入国际市场。长沙华能自控集团中小型水利发电厂综合自动化系统市场占有率位居全国第一，并出口印度、尼日利亚等 19 个国家。衡阳镭目的"钢水液面"、"漏钢预报系统"等工控软件已应用在"包钢"等国内大型钢铁企业，并出口到韩国、印度等 10 多个国家。中科电气主导产品电磁搅拌装置国内市场占有率保持在 50%～70%，基本替代了国外产品。

（四）服务外包产业健康成长

服务外包产业自 2000 年开始起步，目前发展势头较好。2008 年年初，长沙市获批成为全国第 13 个服务外包基地城市，长沙国家软件产业基地成为中国服务外包基地城市（长沙）示范园区，为湖南省软件外包产业的发展带来新的契机。截至 2010 年年底，长沙共有从事服务外包的企业 150 余家，其中从事离岸服务外包的企业近 30 家，服务市场主要为日本、韩国、香港、美国、英国等国家和地区，营业总额近 1 亿美元。企业接包能力迅速提升，已有 62家企业通过相关的国际资质认证。建立了以戴尔、中软国际、青苹果数据中心等为核心的软件出口外包联盟。

（五）融合互动，拓展产业发展新空间

一是信息技术与文化创意产业创新紧密结合，拓展动漫创意产业新领域。目前，湖南省有近 60 家动漫游戏企业，其中有 10 家动漫企业获得国家文化部首批全国动漫企业认定，占全国总数的十分之一，拥有动漫生产、网络游戏、手机游戏等多种类型，动漫游戏衍生产品种类过万。二是与制造业融合发展的软件产业已成为重要支柱。在过亿元的软件企业中，融合型的企业在数量上占 70%以上，经济规模约占 90%，在工业控制、智能交通、智能电力、金融税控等领域形成厚积薄发的集群发展优势。三是充分利用湖南医疗资源优势，打造健康IT 产业。在前期引进戴尔、东软、凯歌信息等医药卫生行业领先的信息化服务提供商的基础上，打造主要面向医院、医疗保险、医药企业、医药物流、医疗共享平台、医疗卫生IT 服务等医药卫生行业的信息化产业集群。

（六）园区服务升级，集聚效应日益显现

长沙软件园为了汇聚资源，为企业提供共性技术、人才培训、知识产权和标准、公共品牌推广等方面的支撑服务，园区不断加大公共服务平台的建设。目前已建立了完备的公共技术服务体系，形成了"五库九平台"，吸引了湖南省 70%的软件及服务外包企业。软件产品涵盖金融、税控、教育、通信、社保等多个领域，在国内市场具有一定影响力和市场占有率。麒麟操作系统、STARBUS 中间件产品等高技术含量软件系统在基础软件领域达到国际先进水平。中国电子信息产业集团与湖南省政府、长沙软件园共投资 30 亿元启动建设的中电软件园项目进展顺利。园区还整合了长沙 30 多家 IT 培训机构，形成了 IT 人才培训联盟，为企业提供高中低端各种不同层次的人才。

（七）信息服务业服务经济发展的能力不断提升

在电子商务服务业领域，一是通过国家移动电子商务试点示范工程建设，打造了一个全国一流、面向民生的手机支付服务平台，推进移动公交一卡通、便民小额支付、移动公用事业交费、农村移动电子商务四大应用。湖南移动电子商务手机注册用户规模已从120万发展到320万，月活跃用户从30万发展到100万。二是分别从深圳、杭州成功地引进了ECVV、益阳搜空等电子商务服务企业，本地涌现出振湘医药等一批专业电子商务服务企业，第三方电子商务为广大中小型企业走向市场提供了重要平台。金融信息服务业不仅是金融信息化的重要支撑，而且也是电子商务服务业发展的基础条件。物流信息服务业有力地支撑了现代物流业的发展，湘邮科技已成为邮政物流和烟草物流信息服务的龙头企业。

二、2011年发展目标

根据对湖南软件产业发展趋势的分析，湖南省软件产业将在2011年继续保持稳定增长，并力争在总体规模和产业结构上有所突破，预计2011年湖南省软件业务收入将达到200亿元，增长25%。

2010 年广东省软件产业发展概况

一、基本情况及特点

2010 年广东软件和信息服务业整体运行态势良好，软件业务收入保持较快增长，产业规模不断扩大，利润和税金总额有较大提升。软件业务出口继续增长，软件外包服务快速发展。珠三角地区软件和信息服务业整体增势良好，增速明显提升。

（一）软件业总体发展迅速，利税有较大增长

2010 年，广东省软件业累计完成业务收入 2445.0 亿元，较 2009 年增长 23.5%，占全国软件业务总收入的 18%，居全国第一位。其中，软件产品累计完成收入 1031.3 亿元，同比增长 19.5%；信息系统集成、信息技术咨询、数据处理和运营三项服务收入合计 869.4 亿元，同比增长 51.1%；嵌入式系统软件收入累计完成收入 509.9 亿元，同比下降 8.3%；IC 设计累计完成收入 34.3 亿元。

软件产业利润与税金总额有较大增长，利润总额达 473.2 亿元，同比增长 42.4%；税金总额 192.0 亿元，同比增长 37.7%。

2010 年，广东省新认定软件企业 533 家，累计认定软件企业 5153 家；新登记软件产品 3370 个，累计登记软件产品 21449 个；获得计算机信息系统集成企业资质的单位 615 家，其中一级 39 家、二级 109 家、三级 397 家、四级 70 家，分别占全国的 16.2%、18.0%、18.3% 和 12.5%；软件企业从业人员 51.5 万人，同比增长 22.2%；从业人员工资总额为 443.3 亿元，同比增长 50.2%；人均月薪 7357.9 元，同比增长 20.8%。

（二）软件业务出口增速平稳，软件外包服务快速增长

2010 年，广东省实现软件业务出口 131.1 亿美元，同比增长 24.4%，居全国首位。其中，软件外包服务出口实现收入 5.1 亿美元，同比增长 35.9%；嵌入式系统软件出口收入实现 62.0 亿美元，同比下降了 15.1%。

（三）珠三角地区整体增长良好，广深珠带动效应明显

2010 年，珠三角地区累计完成软件业务收入 2442.0 亿元，同比增长 23.6%，占广东省全行业的 99.8%。其中，广州软件业务收入 753.1 亿元，同比增长 29.3%；深圳软件业务收入 1510.6 亿元，同比增长 19.3%；珠海软件业务收入 101.6 亿元，同比增长 25.4%。佛山软件业务收入 26.6 亿元，同比增长 7.3%；东莞软件业务收入 16.7 亿元，同比增长 86.0%；惠州软件业务收入 25.6 亿元，同比增长达到了 344.2%；中山软件业务收入 5.4 亿元，同比增长 8.3%；江门软件业务收入 1.7 亿元，同比增长 57.3%；肇庆软件业务收入 0.2 亿元，同比增长 60.4%。

2010 年第二季度，广东省部分地市出现负增长，但在珠三角区域产业一体化等一系列强有力政策的带动下，广佛肇、深莞惠、珠中江三大经济圈产业协同发展、相互促进，下半年整体增速不断攀升，增速超过 20%。

二、存在的问题

（一）政策落实出现衔接问题

2011 年年初国务院出台《进一步鼓励软件产业和集成电路产业发展的若干政策》（国发〔2011〕4 号），将继续向符合条件的企业提供政策优惠扶持，但目前国家有关部委还未制定、印发实施细则，前后颁布的两套鼓励软件产业和集成电路产业发展的政策出现衔接问题，导致 2011 年可以享受财税政策的企业面临无法退税的问题，这将在一定程度上影响广东省软件和集成电路设计企业 2011 年的营业收入和利润。

（二）新型业态产业链有待形成

当前，广东省移动互联网、云计算、物联网等高端新型电子信息战略性新兴产业已开始起步发展，但还未形成良好的产业生态链，未发展出统一的行业规范和标准，而且缺乏龙头骨干企业和重大工程项目的带动，这将影响广东省软件和信息服务业新兴产业的集群化发展和市场化推广，2011 年预计将难以形成较大的产业规模。

（三）产业政策有待完善和加强

广东省软件和信息服务产业处于全国领先地位，但近两年来不仅北京、江苏、上海等发达地区出台强有力的政策推动产业集聚，如发布了《北京市促进软件和信息服务业发展指导意见》、《上海推进软件和信息服务业高新技术产业化行动方案（2009—2012）年》等，而且四川、重庆等地区也纷纷制定相应的鼓励政策，吸引各地软件和信息服务业龙头企业总部进驻或分公司落户当地。广东省华为、中兴 2009 年在省外部分的业务收入合计达到 223.4 亿元，占其总体收入的 21.7%；2010 年的省外部分业务收入经初步核算更是达到了 380.8 亿元，占其总体收入的 31.5%。这充分说明了广东省提供的政策环境仍有改善空间，需进一步加强政策引导，以吸引国际、国内更多优秀的企业集聚，从而巩固广东省的龙头地位。

三、2011 年展望与目标

当前，随着全球经济的复苏，软件和信息服务业形势逐步向好，并且在我国软件和集成电路重大产业政策的强有力带动下，预计广东省 2011 年软件业务收入将增长 20% 以上，产业规模将超过 2900 亿元，约占全国的 1/5。

（一）整体产业发展态势良好

在全球产业形势逐步向好的大环境下，软件和信息服务产业也加快了复苏，具体表现在云计算和物联网的落地、移动设备出货量大增带动移动应用和软件交付模式向服务化转变，将给我国和广东省的软件出口和服务外包带来拓展机遇。同时，作为广东省实现产业转型升级的战略性新兴产业，软件和信息服务业将成为各地着力布局发展的重点产业领域，并且在各行业信息化过程中发挥越来越重要的支撑作用，产业发展空间巨大，前景广阔。

（二）政策带动力进一步增强

2011 年 2 月，国务院出台《进一步鼓励软件产业和集成电路产业发展的若干政策》（国发[2011]4 号），较 2000 年出台的《鼓励软件产业和集成电路产业发展若干政策》（国发[2000]18 号）提出了更大、更优的扶持措施，除继续实施增值税优惠外，还增加了营业税优惠、培育软件和信息服务外包内需市场，以及大力发展国际服务外包业务等新举措，这将有利于广东省信息系统运维和集成电路设计等优势领域的发展，促进广东省软件和信息服务外包企业加快拓展国际市场步伐，提升广东省软件产业的核心竞争力。

同时，2011 年 3 月，广东省广州、深圳被工业和信息化部列入中国软件名城创建城市，广州、深圳软件业务收入占全省总产值的 92%，两市软件名城的创建，将有利于进一步整合部省市及园区力量，集聚各方面政策、财政、人才等资源，形成推动合力，共同打造广东省软件产业品牌，扩大产业影响力，带动区域产业整体快速提升。

此外，在广东省高端新型电子信息产业、民企招商、省现代信息服务业等重大事项带动下，广东省产业集聚和资源集中效应将更加显现，物联网、云计算、下一代互联网和网络增值服务等新型业态将有较大发展，产业将加速向价值链高端延伸，同时，软件服务和应用外包将形成合作联盟，有力提升广东省软件外包产业的国际竞争力。

（三）新技术带动产品服务模式变革

云服务、移动互联网等新技术、新模式的出现将在一定程度上推动软件交互模式向基于互联网的模式转变。智能化、平台化及融合化等技术将提升产业的整体效能，促进软件和信息服务产业整合和聚集，广东省广州、深圳、珠海三大国家级软件产业园区产业集聚效应将进一步增强。此外，在广东省两化融合战略的促进下，软件和信息服务业和其他产业之间将加快融合和渗透，逐步形成相互推进的发展格局。

四、下一步工作

下一步将围绕"加快转型升级，建设幸福广东"的核心任务，促进广东省软件和信息服务业的发展，支持广东省产业转型升级。

一是大力培育发展龙头企业，实施软件和集成电路设计产品 100 强的培育计划，开展软件和现代信息服务业骨干企业认证工作。将软件和现代信息服务业骨干企业纳入广东省促进战略信息产业发展专项资金的支持范围。

二是大力促进广州、深圳软件名城建设。以软件名城创建为契机，大力发挥龙头带动作用，加快推进产业集聚，提高珠三角软件和集成电路设计产业发展规模和水平。

三是突出发展云计算。制定和实施云计算发展指导意见，统筹基础设施建设，加快东莞松山湖、佛山南海云计算中心与广州、深圳超级计算中心的互动，形成云计算服务产业联盟，面向产业集群、专业中小型企业推广云计算应用服务。

四是实施两化融合企业牵手工程。围绕软件和信息服务业战略性新兴产业领域，着力打造集成电路设计和嵌入式软件、工业行业软件、移动互联网增值服务、云计算四大产业链，加强链条间的协作和互动，形成以领军企业和主导产品为核心的产业集群。

五是落实好国家相关服务政策。联合广东省有关部门制订具体实施细则，做好相关服务，将国务院关于进一步鼓励软件产业和集成电路产业发展若干政策认真落到实处。

六是加强行业指导管理。做好软件产业统计，积极研究建立广东省现代信息服务业统计制度，落实好工信部有关软件行业统计工作，推进软件正版化，通过软件的正版化带动国产软件的健康发展，抓好软件和系统集成资质的认定。

2010年重庆市软件产业发展概况

全球经济形势逐步回暖，为重庆市软件产业发展提供了良好的产业发展环境。同时，随着重庆市软件环境日益成熟，聚集作用和规模效应逐步体现，在产业扶持政策的激励下，2010年重庆市软件和信息服务业增长势头强劲，达到了预定目标。

一、产业规模十年增长 100 多倍，产业地位日益提升

十年来，重庆市软件产业实现了跨越式发展，从 2001 年收入不到 1 亿元增长到 2010 年软件业务收入 133 亿元，产业规模增长了近 100 多倍。2010 年，重庆市信息产业总收入突破了 1300 亿元，成为重庆市工业经济的支柱产业，其中软件产业在信息产业中的比重越来越大，成为重庆市高速发展的重要支撑，对整个工业经济的渗透作用和带动作用巨大。

二、产业结构快速升级，信息服务业成为重要增长点

在信息技术迅猛发展的带动下，软件产业的结构不断调整，软件服务化趋势突出，且服务不断走向专业化、精细化，特别是咨询、设计等高端信息服务外包，呼叫中心、数据录入等业务流程外包，以及数据中心等信息基础设施外包等业务形态大量涌现，已成为行业增长的主要力量。

到 2010 年年底，重庆市软件和信息服务业软件业务收入为 133 亿元，占整个软件和信息服务业总收入的 40%。

在软件业务收入构成中，软件产品收入为 32 亿元，占软件业务收入的 24%；信息系统集成服务收入为 48 亿元，占软件业务收入的 36%；嵌入式系统软件收入为 34 亿元，占软件业务收入的 26%，这三项之和占软件业务收入比重为 86%。另外，信息技术咨询服务收入为 10.7 亿元，占软件业务收入的 8%；数据处理和运营服务收入为 5.3 亿元，占软件业务收入的 4%；IC 设计收入为 3 亿元，占软件业务收入的 2%（见图 1）。

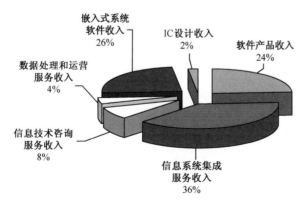

图 1　软件业务收入构成

在信息服务外包业务收入中，营销/销售、客户关系管理、人力资源管理、研发设计、数据处理、呼叫中心、人才培养等是重庆市信息服务外包企业主要从事的领域，收入分别为86亿元、17亿元、12亿元、45亿元、21亿元、18亿元、20亿元，占整个信息服务外包业务收入的比重分别为37%、7%、5%、20%、9%、8%、9%。

其中，离岸业务收入25亿元（约4亿美元），约占整个软件和信息服务业总收入的7%；软件和信息服务出口为7亿元，占整个软件和信息服务业总收入的2%。

从市场区域分布来看，重庆市软件和信息服务业以在岸业务为主，全市软件和信息服务在岸业务收入占全行业总收入的93%。在岸外包业务主要来自重庆本地市场，占总业务量的62%；来自其他地区的业务量之和占总业务量的38%，其中，来自中西部地区（除重庆）、华东地区、华北地区、华南地区和东北地区的业务量分别占总业务量的11%、10%、8%、7%和2%。

2010年离岸业务收入为25亿元，以对日外包为主，占离岸业务收入的56%，美国、南美、非洲及中东等国家和地区也是主要发包地，其业务量分别占总收入的17%、9%、8%和6%。重庆离岸业务收入中，有很大一部分业务来源于跨国公司、国内企业国际服务外包的转包业务，直接承接国外客户的一包业务比重还较低。

重庆市软件和信息服务业企业服务行业主要集中在制造业、电信、能源、政府、金融等，来源于这些行业的业务收入分别占软件和信息服务业总收入的35.2%、20.5%、13.1%、10.2%和9.6%。

三、骨干企业发展迅速，招商引资成效显著

随着重庆市软件和信息服务业规模的持续扩大，企业实力不断增强，经营能力逐步提升，市场竞争力稳步提高。目前，重庆市已经涌现出中冶赛迪、南华中天、博恩科技、亚德科技、金算盘软件、中讯亚太、金山科技等具有核心竞争力的优秀企业。2010年，营业收入超过1亿元的软件和信息服务业企业有30家，超过5000万元的企业有50家。其中，中冶赛迪在中国软件百强企业列第十四位，美音信息、广典传媒、好音达在我国BPO企业中名列前茅，在业界已具备一定的影响力。随着企业发展的逐步规范化，一大批软件和信息服务业企业陆续通过各种资质认证，企业整体实力不断提升，发展潜力巨大。截至2010年年底，重庆市通过认定的软件企业370家，软件产品登记1057个；5家企业申报国家规划布局内重点软件企业；通过国家计算机信息系统集成资质认证的企业有156家，其中一级资质认证5家，二级资质认证16家；通过CMMI认证的企业有22家；通过ISO27001／BS7799认证的企业有10家。

重庆市软件和信息服务业发展的良好环境吸引了大批知名企业入驻，惠普、NTT DATA、霍尼韦尔、微软、富士通、甲骨文、NIIT、海皇集团、贝宝等国际大公司，以及中兴、华为、金蝶、东软、中软国际、阿里巴巴等国内知名企业纷纷入驻重庆，设立研发中心、地区经营总部，开展软件开发、研发设计、呼叫中心、人才培养等业务，这些国内外知名企业与重庆本地外包企业建立了良好的合作关系，企业的强强联合促使重庆市软件和信息服务业的聚集效应日益增强。

四、软件人才培养体系逐步完善，人才供给充足

重庆市软件和信息服务业从业人员队伍日益壮大，人员结构日趋合理，为重庆市软件和

信息服务业超常规、跨越式发展提供了重要保障，截至 2010 年年底，重庆市软件和信息服务业从业人员已达到 8 万余人。

重庆市软件和信息服务业人才培养培训体系逐步完善。重庆市现有 57 所高等院校、356 所中等职业学校、71 所市属以上科研机构，为软件和信息服务业提供了充足的人才储备。2010 年，重庆市依托惠普、NTT DATA 等跨国公司进行人才培训，启动实施了"IT5000 公益培训计划"、"中高级人才百人深造计划"、"对日外包特需人才引进培养计划"等一系列人才引进培养活动，同时推进高校课程"3+1"改革，推进产学合作"1+1"、"N+1"、"1+N"等"学校+企业"的人才培养模式等，为软件和信息服务业的发展提供多层次人才。

2010年四川省软件产业发展概况

一、基本情况

2000年国务院出台《鼓励软件产业和集成电路产业发展的若干政策》以来，四川省软件产业高速发展。2010年，软件产业实现软件业务收入636亿元，同比增长39.4%，完成增加值346亿元，较2009年同期增长46.9%。

目前，四川省工商登记的从事软件研发、生产、销售及服务的企业共超过1万家，从业人员超过15万人。

截至2010年年底，四川省通过认证的软件企业有924家，已登记软件产品3228个，软件著作权登记2298件，系统集成资质企业132家（一级6家，二级30家，三级70家，四级26家）。迈普等三户企业先后进入全国软件百强行列；银海软件等11户企业先后列入"国家规划布局内重点软件企业"。

二、主要特点

（一）布局逐步优化，集聚效应出现

凸显出以成都为中心，成德绵共同发展的格局，以园区建设为重点，形成集聚效应：以国家软件产业基地（成都）、国家集成电路设计成都产业化基地、国家信息安全成果产业化基地（四川）、国家数字娱乐产业示范基地和武侯科技工业园、青城山软件产业基地、绵阳科技园、绵阳软件园为载体，成都高新区、武侯科技园、绵阳科技城、德阳为主要聚集区的四川软件与信息服务业产业带初步形成。成都市是工信部首批"中国软件名城"试点城市。

（二）产业发展环境大幅度改善

（1）政策环境：四川省先后出台了《中共四川省委四川省人民政府关于加快电子信息产业发展的决定》（川委发〔2000〕49号）、《中共四川省委办公厅四川省人民政府办公厅关于印发<四川省加快电子信息产业发展的若干政策意见>的通知》（川委办〔2000〕89号）、《<关于印发四川省高新技术产业及园区发展实施方案>的通知》（川府发〔2007〕22号）等文件。

（2）基础设施环境：四川省干线出省光缆数量22条，传输总带宽达到3200Gbps，城域网出口带宽超过100Gbps。成都目前所具备的通信基础设施的可装机容量、负载能力和信息集散程度等，在国内5个大区级通信枢纽中具有优势地位。随着国际通信出入口局、"无线城市"、互联网区域交换中心、高性能计算中心、国家级数据存储灾备中心等一批重点项目和工程取得了阶段性成果，提升了四川省通信枢纽承载能力和信息集散层位，进一步强化了软件服务外包等信息服务业的基础优势。

（3）服务及技术环境：加大了政府投入，通过"十一五"建设，成都高新区载体建设加快，已完成软件孵化园和天府软件园一、二、三期及配套功能区，建设了武侯科技工业园、

青城山软件产业基地、绵阳科技园、绵阳软件园，建设了公共技术平台，包括集成电路、数字媒体、服务外包、信息安全子平台。

（4）融资环境：拥有盈创动力投融资平台，4 家公司 IPO 成功上市。

（三）软件和信息服务业主要特色领域形成

形成了软件和服务外包服务、信息安全、嵌入式软件、动漫与数字娱乐、行业应用软件、IC 设计六大产业集群。

（四）软件产业结构发生变化，新兴服务领域蓬勃发展

国内、外著名企业纷纷在四川省建立高水平研发中心，软件研发投入与比重大幅度上升；以基于互联网、移动互联网、物联网等网络服务和软件外包为代表的信息服务业快速发展；信息化重要性日益体现，信息化日益深入社会发展的各个领域，呈现出信息化与工业化融合的趋势。随着信息化建设速度的加快，信息化应用更加广泛，一批分销和系统集成企业向咨询、研发和服务两端延伸，成为高素质的信息技术服务企业；以软件即服务（SaaS）为代表的云计算模式逐步兴起；包括数字内容企业、网上认证支付企业、信息平台服务企业的服务企业不断涌现；数字内容产业快速发展，动漫游戏产业蓬勃兴起。

（五）与传统制造业结合日益紧密

传统 IT 制造业企业正在经历逐渐"软化"的转型。从长虹脱胎的长虹网络、国虹数码、长虹佳华，九洲的卫星系统、数字产品，金网通数字电视网络与终端产品，软件的发展已成为其核心竞争力之一。而东电自控则成为传统制造业与软件紧密结合的代表。软件和信息服务技术成为提升传统制造业的重要手段和两化融合的催化剂。

（六）科技力量雄厚人力资源丰富

四川省有普通高等院校 92 所，其中 5 所列入全国"211 工程"建设；普通本（专）科在校学生 103.6 万人，研究生 7.1 万人。四川省有中国工程物理研究院、中科院成都分院等中央在川科研机构 188 个，拥有在川国家级重点实验室 11 个、省部级重点实验室 51 个、国家级工程技术中心 13 家、国家级企业技术开发中心 27 家、省级工程技术中心 80 家。四川省有各级各类科研开发机构数百家，各类专业技术人员一百多万人，有两院院士 60 名。IT 专业学生超过 10 万人，每年毕业大学生 10 万人以上；拥有华迪、国信安、北大青鸟、朗沃、金海洋、电子科大科园、科力特、游戏学院、数字娱乐软件学院等多家社会培训机构，每年培训 IT 人才约 2 万人。

三、存在的问题

（1）与我国软件和信息服务业第一集团的广东、江苏、北京差距明显，在第二集团（上海、辽宁、山东、四川、福建、浙江、陕西）中处于中游地位，优势不突出。

（2）产业集中度不高，企业小而散。据抽样统计，在已认证软件企业中，人员规模在 50 人以下的企业占 65.8%，1000 人以上的企业仅占 0.3%。销售收入超过 1000 万元的企业占 19%，上亿元的企业仅占 3%。

（3）缺乏龙头企业，业务连结与配套性差。企业各自为战，缺乏合理的分工与协作。

（4）人才结构不合理，不仅技术人才存在数量和层次问题，同时，经营、管理、营销、金融、法律等复合型人才缺乏。

（5）资金渠道缺乏，融资平台少，上市公司少，中小型企业融资困难。

（6）产业发展不平衡，地区差异过大。目前，四川省软件和信息服务业主要集中在成都市，主营业务收入的88.6%在成都市，位居第二、三位的绵阳市、德阳市仅占2.7%和1.4%。

四、2011年展望与目标

2011年是"十二五"开局的第一年，四川省将紧紧围绕《国务院关于印发进一步鼓励软件产业和集成电路产业发展若干政策的通知》（国发〔2011〕4号），在工信部软件产业"十二五"规划的统领下，积极创建"国家软件名城"。全面贯彻落实科学发展观，抓住电子信息产业向西部转移的机遇，以国家大力培育战略性新兴产业为契机，把握软件服务化、全球化、网络化、融合化、平台化的发展趋势，围绕创新、应用和融合三条主线，增强创新能力、促进集聚发展、改善人才结构、优化发展环境，围绕构建现代产业体系，以融合创新、融合发展为动力，推动四川省软件和信息服务业创新化、高端化、服务化和国际化发展，促进经济发展方式转变和结构调整，为两化融合和经济社会发展提供有力支撑。

（一）发展目标

1．产业平稳快速增长

预计2011年，四川省软件和信息服业将实现软件业务收入810亿元，同比增长29.4%，增加值460亿元，同比增长28.5%，占区域GDP的比重进一步提升，软件和信息服务业在全国的领先地位得以巩固和提升，成为区域经济的重要增长极。

2．产业支撑功能显著增强

对传统产业改造升级的支撑功能显著增强。软件和信息服务增加值占电子信息产业的比重将超过50%；信息安全和行业应用解决方案等领域的竞争优势得到进一步巩固，在中间件、工业软件和嵌入式软件等领域取得重大突破。软件和信息服务业在社会信息化中的支撑作用进一步加强。

3．产业核心竞争力大幅提升

软件和信息服务业自主创新体系基本完善，基于"云计算"、"三网融合"、"物联网"、移动商务的应用和信息服务逐步推广，政策环境及人才体系全面优化。建成一批名城、名园、名企，建成1家软件和信息服务业务收入超千亿元的产业园区、1~2家超百亿元的产业园区、3家以上超10亿元的产业园区。打造一批具有较强影响力的软件产品和信息服务品牌，培育1家业务收入超100亿元，10家产值超过10亿元的软件和信息服务企业。

4．产业区域一体化布局基本形成

构建成一德一绵一乐软件和信息服务产业带；以成都为中心，凸显成都承接外部产业转移高地地位，加大国家软件基地的集聚能力和软件名城的影响力；发挥绵阳科技城的示范效应，大力发展以数字视听产品为代表的嵌入式软件与行业应用软件，促进信息化与工业化融合；在德阳、攀枝花工业制造基地积极发展以数字控制和企业信息化为代表的工业软件，积极推进以信息化改造传统产业，打造两化融合示范城市；在乐山、绵阳打造内容与增值服务

基地；加强成都、广元、乐山的人才培养基地建设，促进信息技术在制造业中的应用，努力建成中西部领先、服务全国、具有一定国际影响力的软件和信息服务业集聚地。

五、下一步工作

（一）面向市场，依托企业，着力巩固两大优势产业，壮大三大潜力产业，提升三大软件产业核心技术，培育五大新型产业

1．整合资源，巩固信息安全、信息技术服务两大优势产业

1）信息安全

加快四川省拥有自主知识产权的信息安全产品开发、生产和推广应用，大力发展网络系统保密用密码机、安全路由器、网络及信息安全管理产品、物理安全及防电磁辐射产品，以及密码、认证和身份鉴别类产品。围绕云计算技术、物联网、移动互联等发展冗余、存储、灾备软件、入侵检测软件、防火墙软件、终端安全接入软件、网络安全管理软件、信息传输加密软件、网络信息检测软件、移动支付安全软件与信息技术服务等。

2）信息技术服务业（含 ITO、BPO）

加快信息技术服务工具研发和服务产品化进程。大力发展信息技术咨询、信息系统运维等服务，促进信息系统集成服务向产业链前后端延伸，推动系统集成、测试、数据处理等业务向高端化发展。重点发展服务于政务、金融、通信、交通、制造、出版、物流、教育、房产等行业的信息技术运维、呼叫中心、互联网数据中心、数据处理、容灾备份等业务。依托化工、钢铁、机械、家电、流通等优势传统产业，应用"云计算"技术，构建电子商务服务平台，大力发展第三方在线支付服务，努力打造国际电子商务中心。积极承接国际（离岸）服务外包、扩大高端服务产品出口，以软件外包为突破口，发展 ITO、BPO，努力做大做强服务外包。

2．优化环境，壮大 IC 设计、网络增值服务、动漫与网络游戏三大潜力产业

1）IC 设计

积极发展 IC 设计，发挥通信、视频消费电子、智能家电、信息安全、功率半导体、IP核、形式验证等领域的 IC 设计基础，尽快壮大四川省的 IC 设计产业；建立并完善集成电路设计公共技术平台，实现全定制的集成电路设计、数字集成电路设计、模拟集成电路设计、数模混合集成电路设计等 IC 设计；其电子整机测试平台能实现上、下游一体化支持，缩短集成电路设计企业的研发周期，助推企业迅速成长。

2）网络增值服务业

结合网络升级，大力拓展网络增值服务，为公众提供文化教育、休闲娱乐等多样化信息服务。发展基于新一代移动通信网络的可视电话、手机视频、移动办公、移动商务等移动通信增值服务；建设有线电视网络信息服务平台，积极推动三网融合相关业务创新，大力发展移动多媒体广播电视、网络电视（IPTV）、手机电视、双向数字电视，以及以互动电视为平台的娱乐和商务服务等融合性新业务。面向下一代网络、移动互联网、物联网等开发新型增值服务，拓展服务范围。

3）动漫与网络游戏业

研发动漫制作软件，建立动漫素材库和作品展示平台，提高原创能力，培育动漫创作、动漫传播、动漫衍生品研发制造知名企业，拓展网络、手机等新型传播渠道。建立影视动画公共技术服务平台，促进影视动画衍生品和软、硬件设备的研发。支持网络游戏原创企业加强核心技术开发，打造具有自主知识产权的网络游戏精品，扩大网络游戏产品和服务出口。构建国家级电子竞技中心，开发网络游戏周边产业，形成完整的网络游戏产业体系。推动建立动漫网游产业联盟，整合产业资源，促进版权交易，支持动漫制作软件和网络游戏产品的联合开发与整合营销，促进动漫与网络游戏产业联动发展。

3. 突破重点，提升嵌入式软件、工业软件、基础软件三大软件产业发展水平

1）嵌入式软件

鼓励嵌入式软件企业和整机制造企业加强合作，在移动通信、电子消费、无线电监测、电子医疗、电子物流、LED等优势领域研发具有自主知识产权的嵌入式软件，提高对终端设备的配套能力。重点开发电动汽车、航空电子、数控装置、智能测量仪表、工业机器人、机电一体化机械设备等领域的嵌入式软件。加快嵌入式软件在移动互联网、下一代通信网、"三网融合"的智能终端和"物联网"行业等领域的产业化应用。

2）工业软件

鼓励软件企业积极研发具有行业特色的工业软件，促进工业企业实现研发设计及装备制造数字化、生产过程自动化和管理信息化，着力突破三维设计、企业级产品数据管理等高端工业软件技术，促进传统产业优化升级。大力开发金融、医疗、通信、电力、交通和物流等行业的整体应用解决方案，加强节能减排领域的软件研发和应用推广。大力发展面向电子政务、电子商务，以及农村信息化、城市及社区信息化的应用解决方案。积极开发基于"物联网"的行业应用软件。

3）基础软件

大力发展云计算中间件、网络中间件、信息集成中间件、商业智能中间件等业务中间件，重点加强面向服务架构（SOA）和业务流程管理的中间件，推动中间件向操作系统和数据库两端延伸，提升基础软件发展水平，形成面向行业应用的软件产品体系。发展协同管理办公软件和网络化的中文集成办公软件。着眼网络整体安全，开发信息安全防御、监测、加密、认证、审计等关键产品和服务，发展容灾备份、数字认证、安全风险及运维管理、网络访问管理等技术。优化发展环境，聚集一批国内外领先的基础软件研发企业。支持基础软件企业、应用软件企业加强与整机企业的合作。

4. 把握先机，培育数字媒体内容、数字设计和文化创意、信息资源增值服务、物联网、云计算五大新型信息服务产业

1）数字媒体内容业

打造数字化影视娱乐传播平台，建设影视娱乐信息库，引进先进数字播放设备，研发影视娱乐制作三维（3D）化、数字化技术，推动四川省数字影视娱乐业发展。大力发展网络电视、网络音乐、数字影视和数字出版等业务，全面普及推广"数字家庭"。推动数字出版与互联网终端、手持终端相结合。加快发展具有四川省地域特色的科普百科、医疗卫生、文化休闲、农商物流等主题网站和数字内容产品，推动发展在线视频、虚拟社区（SNS）、微博等新型互动网站，营造和谐、文明的网络文化。

2）数字设计与文化创意业

以两化融合为契机，加强数字设计与工业软件在产业改造升级方面的合作，重点发展基于数字化的工业设计、建筑设计、产品外形外观及包装设计、工业模型与模具设计，以及广

告和平面设计等数字设计服务业。推动数字设计产业从单一产品设计提升为品牌整体形象设计，形成可提供整体设计解决方案的服务能力。以文化创意产业基地为载体，集聚文化创意企业，大力发展数字化视觉艺术、音乐创作等产业，加强软件、多媒体、网络技术在新闻出版、咨询策划、时尚消费、娱乐休闲等领域的应用，发展优秀创意产品，提升创意产品的质量和水平。

3）信息资源增值服务

积极推进电子政务，建立政务信息资源社会化增值开发机制，支持企业建设和运营便民信息服务平台，推进政务信息服务进家庭，为公众的工作、学习和日常生活提供数字化增值服务。

推进信息服务进村入户，大力发展面向农产品流通、科学种养、生物灾害防治，以及农村医疗卫生、文化教育、法制建设等领域的信息服务，扶持农村远程教育、远程医疗等新业务的发展。

建设空间地理信息服务产业基地，建设向社会公众提供网上应用服务的空间地理公共信息数据库。重点发展卫星导航、电子地图、空间地理定位等信息服务。加快开发海量地理信息快速获取、集成管理、网络共享等关键技术，促进空间地理服务与互联网、手持终端、嵌入式软件的紧密结合，积极推进空间地理信息资源的增值开发和商业化应用。

4）物联网

重点突破物联网、射频识别（RFID）和无线传感器网络软件及系统集成关键技术，以及物联网标准、交换接口等共性技术，推动物联网技术规模化应用。以产业园区为载体，大力发展物联网服务运营产业，培育物联网软件和技术服务业，建立四川物联网产业体系。发展物联网公共技术服务，着力打造国家级工程技术研究中心、重点实验室、标准检测机构等物联网高端创新平台。加快发展电力、交通、水利、物流、环保、家居、医疗、安防等领域的机器对机器物联网业务，构建物联网技术支撑体系、业务平台和管理平台，创建适应普遍接入的物联网运营环境。

5）云计算

积极发展基础设施即服务（IaaS）、平台即服务（PaaS）、软件即服务（SaaS）等云计算服务，部署建设云计算中心和"公共云"基础服务设施，为社会经济发展提供高端网络计算服务。加快云计算技术在金融、在线支付、电子商务等领域的应用，发展面向制造业的云计算服务。利用云计算技术和运作模式，探索推动电子资源整合。建设超级计算中心，提高地区计算服务能力和水平。

（二）优化产业发展环境，健全产业政策体系

认真贯彻落实《国务院关于印发进一步鼓励软件产业和集成电路产业发展若干政策的通知》（国发［2011］4号）及相关配套政策，鼓励各地因地制宜出台相应的招商引资、技术改造、人才引进等方面的产业激励政策和措施。

（三）制订和实施产业化应用促进计划

研究制订本地软件和信息服务的应用促进计划。大力支持传统行业企业与本地信息服务业企业联合进行技术改造。

（四）加强市场监管，加大知识产权保护力度

规范软件和信息服务交易市场及信息资源市场，坚决打击各种侵犯知识产权的行为，鼓励企业进行核心专利技术的开发和利用。

（五）强化行业管理

加强行业统计和运行监测分析，优化产业管理，逐步建立和完善软件和信息服务业统计和评估体系，以为制订和实施产业政策提供科学依据。支持发展相关行业协会和中介组织，建立和完善信息咨询、技术交流、监理和人才培训等行业服务体系，开展产业宣传、产业统计、产业研究等服务，提升行业支撑能力。

（六）完善人才保障机制

建立健全多层次的人才培养体系，优化高等院校相关学科和课程设置；加强产学研用结合的实训基地建设，支持校企联合开展定制式人才培养；鼓励企业加大职工培训力度，积极引进国内外高端人才；完善吸引人才、用好人才和留住人才的政策措施；引导和支持企业运用期权、股权等激励方式稳定高层次人才；进一步增强四川省对高层次和高技能人才的吸引力。

2010 年贵州省软件产业发展概况

一、基本情况

2010 年，贵州省加强了软件业的统计工作，在基数较低的情况下，软件业实现较快增长，软件企业数明显增加，企业发展较快，区域布局初步形成以贵阳和遵义为聚集的两极发展格局。

2010 年，贵州省实现软件业务收入 360348 万元，同比增长 50.7%。其中，软件产品收入 181244 万元，同比增长 65.4%；信息系统集成服务收入 155488 万元，同比增长 36.1%；信息技术咨询服务收入 23616 万元，同比增长 88%。

"十一五"以来，贵州省软件服务业紧紧依托贵州省传统产业和社会信息化带来的巨大市场需求，以年均高于 40% 的速度增长，为提升和改造传统产业、促进两化融合发挥了积极的作用。

（一）产业规模情况

据初步统计，贵州省现有软件服务业企业超过 200 家，通过软件认定的企业有 149 家。有系统集成资质的企业有 35 家，其中，二集资质 2 家，三级资质 20 家，四级资质 13 家。获得信息系统工程监理资质的企业有 9 家。软件服务业中，主营业务收入超过 5000 万元的企业有 8 家，超过 2 亿元的企业有 1 家。

（二）技术创新情况

近年来，贵州省软件企业通过加大研发投入、引进人才等措施，自主创新能力不断增强，业务领域不断扩展，初步形成了以软件开发、系统集成、互联网移动通信增值服务、信息工程监理、IT 咨询为主的多个业务领域。软件产品涵盖了电子政务、行业信息化、嵌入式系统等各个领域，累计认定软件产品 387 个，在铝加工、中央空调及电机节能、水利防洪减灾、血液管理信息化、装备制造业信息化、电信增值服务等方面，涌现出一批具有较强创新能力、国内领先的软件企业。

（三）园区建设情况

目前，贵州省建有贵阳市软件园和贵阳市数字内容产业园两个园区。贵阳市软件园成立于 2001 年，投入基础设施建设资金 1.2 亿元，园区总建筑面积 3 万平方米，入驻企业 42 家，聚集了 10 多位博士、近 100 位硕士等高级人才。主要以软件开发、系统集成、电信增值服务为主，占全省软件服务业收入的 46.8%。贵阳市数字内容产业园入驻企业 27 家，其中动漫（游戏）企业有 20 家。

总体来看，尽管贵州省软件服务业已经形成了一定的产业基础，具备加快发展的条件。但是，贵州省软件服务业规模小、缺乏核心竞争力，散、小、弱的现状还未真正改变，软件服务业发展依然任重道远。

二、主要特点

（一）产业增长速度较快

2010 年，贵州省软件业务收入同比增长 50.7%，是 2006 年的 5.3 倍。

（二）贵阳、遵义两极发展的格局逐步形成

遵义是贵州省第二大中心城市，位于两个经济区的交接地带，背靠成渝经济区，面向黔中经济带，有强大的军工企业，在技术、人才、装备制造等方面具有优势基础。遵义市具备良好的软件和信息服务业发展条件，2010 年 12 月，贵州省经济和信息化委员会与贵州省科技厅联合行文批复成立遵义市软件园；2011 年 3 月，遵义市人民政府、贵州省科技厅和贵州省经济和信息化委员会三家联合行文《关于成立遵义市软件园工作协调领导小组的通知》，共同推动遵义市软件园建设。

（三）加强公共技术体系建设

贵州省积极推进省级公共技术服务支撑体系建设，支持 061 基地航天检测站组建贵州省软件评测中心，既能充分发挥军工检测在技术、人才、设备等方面的优势条件，又能为贵州省软件产业发展提供技术支持和软件产品检测服务，减少重复投资。

（四）以软件应用促发展

通过重点行业对软件产品的应用，推动产业发展是我们的基本思路。在广泛征求企业意见的基础上，组织召开了"首届贵州省软件企业与装备制造企业供需对接会"，搭建软件企业与装备制造企业沟通和交流的平台。

三、存在的问题

①行业收入规模较小，产业地位有待提高。2010 年，贵州省软件业务收入 36 亿元，占贵州省 2010 年工业总产值的比重不到 1%。

②贵州省软件服务业对原 18 号文的执行力度不够，企业发展仍然面临人才匮乏、资金紧张、投融资体系不健全、政策环境有待改善等诸多困难与问题，需要加紧解决，国发〔2011〕4 号文是贵州省发展软件产业新的机遇，需要抓紧贯彻落实。

③贵州省全社会对软件产业发展的认知度不高、重视程度不够。改变落后的思想观念、技术和用户使用习惯的壁垒，是一个长期而艰苦的过程。

四、2011 年目标与下一步工作

2011 年是"十二五"规划开局之年，在 2010 年的基础上，力争使软件业务收入增长达 40%以上。2011 年重点做好以下几方面的工作。

（1）做好《国务院关于进一步鼓励软件产业和集成电路产业发展若干政策的实施意见》（国发〔2011〕4 号）即的宣贯学习，广泛征求意见，拟订并建议贵州省政府尽快出台贵州省贯彻落实国发〔2011〕4 号文及《贵州省信息化条例》的配套政策措施，积极营造贵州省软件服务业发展良好的政策环境。

①起草《贵州省鼓励软件服务业发展实施意见》初稿。

②组织召开贵州省软件服务业"贯彻落实 4 号文工作座谈会"，邀请省内相关部门和省内专家、IT 商会、重点企业代表参加，通过对 4 号文的深入学习，探讨解决贵州软件服务业发展的问题。

③完成《贵州省软件服务业发展研究》软课题，就国际及国内软件服务业发展概况；贵州省软件服务业发展现状，发展形式分析；贵州省软件服务业发展思路与发展目标、发展措施及政策建议等进行研究。

（2）落实栗战书书记"动漫、服务外包、物联网要大抓，抢占一席之地。这些项目属于清洁型、高科技，不受交通制约，非常适合贵州省"的指示精神，以项目建设年为契机，抓好软件服务业（动漫）项目协调和跟踪服务，做好项目资金扶持相关工作，发挥好财政资金的引导和带动作用。

（3）落实贵州省委、省政府以贵阳市为中心，以遵义市、安顺市为两翼的发展战略，以及软件服务业以中心城市聚集的特点和贵阳市、遵义市具备软件服务业发展的基础和条件，推动贵阳市把软件服务业作为国民经济新兴产业进行扶持和打造，支持贵阳市优化园区资源配置，加快麦架-沙文高新技术产业开发区建设，促进贵阳市软件（动漫）产业集聚发展。推动遵义市软件园尽快挂牌，制订和完善配套政策措施，促进产业向园区聚集；支持遵义市建立数据库备份中心和呼叫中心，使遵义市成为继贵阳之后贵州省软件服务业发展的又一高地。

（4）抓好重点项目建设前期工作。一是争取工信部电子发展基金对贵州省项目的支持。二是抓好省工业和信息化专项资金软件、动漫类项目的落实和实施。重点支持软件、动漫产业公共体系建设；整合省计算机信息系统集成网、贵阳市 IT 商情网、微软云计算平台资源，打造贵州省软件服务业对外门户网站，扩大宣传，为全行业企业提供服务；支持软件评测中心公共技术支撑平台建设，在现有基础上补充和完善检测设备，制订相关工作流程和管理制度，出台收费实施细则，为地方软件产品发展服务；建立软件服务行业数据采集及决策分析系统，建立全行业经济运行分析工作体系和监测系统，满足行业指导和管理的需要；支持行业应用、行业系统解决方案、信息系统集成项目、工业控制及节能减排监测及控制等软件。

（5）积极探索软件服务业融资新模式，推动企业上市融资。2010 年，贵阳朗玛信息公司被国家发改委、工信部等部门认定为国家规划布局内重点软件企业。2011 年，该公司加强与科研院所的合作，整合相关资源，在贵阳市高新区建立软件开发基地，并启动上市融资工作。贵州省经济和信息化委员会将积极配合，为企业上市提供帮助，搞好协调服务，加快推进企业上市步伐。

（6）充分发挥软件行业协会、IT 商会等机构的作用，使协会切实履行起服务企业、行业自律、维护权益和沟通协调的职能与职责，为贵州省软件服务业的发展搞好服务。

2010年云南省软件产业发展概况

2010年，随着应对国际金融危机的政策效应不断显现和全球经济逐步回暖，云南省电子信息软件业整体经济运行情况比2009年同期明显好转，统计规模内软件业企业102家。软件业务收入快速增长，经济效益明显提高，产业结构持续调整，全年经济运行总体呈现企稳向好趋势。

一、基本情况

（一）软件业务收入快速增长，经济效益明显提高

2010年新增达标统计单位11户，全年实现软件业务收入42.03亿元，同比增长61.59%；实现利润2.57亿元，上升44.38%；上缴税金1.63亿元，比2009年同期增长42.98%（见图1）。

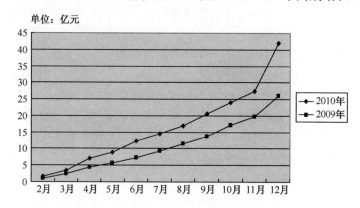

单位：亿元

图1　2009—2010年云南省电子信息软件业业务收入对照图

（二）信息系统集成服务收入增势显著

信息系统集成服务收入占软件业务收入的76%，全年实现系统集成收入32亿元，比2009年同期增长72.23%，是软件业务收入中增速最大的一块。

（三）软件产品收入持续上升

软件产品收入占软件业务收入的20%，全年实现软件产品收入8.22亿元，同比上升33%。

（四）信息技术咨询服务等其他四类收入基数较小，增长较快

软件业务收入按业务类型分为软件产品收入、信息系统集成服务收入、信息技术咨询服务收入、数据处理和运营服务收入、嵌入式系统软件收入和IC设计收入六大类。全年实现软件技术服务收入1.81亿元，比2009年的收入1.25亿元上升44.8%，软件技术服务等收入在整个软件业务收入中的比重不足10%。

二、发展特点

（一）软件业保持良好发展势头

通过国家认定的软件企业 124 家，国家规划布局内重点软件企业 1 家，国家软件百强企业 3 家，计算机系统集成单位 75 家（其中，一级资质 2 家、二级资质 10 家、三级资质 20 家、四级资质 43 家），7 家电子信息企业建立了省级企业技术中心。云南省通过登记的软件产品达 457 件，其中，进行了软件著作权登记的软件产品有 153 件。登记的软件产品主要涉及的行业为金融、教育、电站、政府部门、烟草、交通、公安、医疗卫生等。

3 家企业入选 2010（第九届）中国软件业务收入百强企业，排名分别为南天股份第 56 位、云通服第 78 位、昆船物流第 84 位。改制后的云通服公司，全面开展系统集成、网络维护、软件开发、语音增值、声讯服务和 IT 产品销售等各种业务，2010 年实现销售收入 10 亿元。昆明船舶公司用具有自主知识产权的物流管理软件取代了国外软件，使其自动化物流设备系统进入大型枢纽机场空港物流领域，业务收入达 5.92 亿元，同比增长 20.57%。南天信息股份公司的软件业务也实现了同期增长。

（二）在两化融合和社会领域信息化成效显著

推进工业化与信息化融合，应用信息技术改造企业生产工艺和管理取得积极进展，设计研发、资源管理、市场监控等计算机控制系统、决策信息系统在大型企业广泛应用。煤矿数字化远程监控系统建设步伐加快，曲靖、昭通及云南煤化集团完成了矿井瓦斯的动态监控。多晶硅、主动式有机发光显示器、新型碲锌镉探测材料等实现了产业化。

推进社会领域信息化，构建了省、州（市）、县及部分乡镇纵向联通的全省电子政务网。建成了信息公开网站 10742 个，政务信息资源库 55 个。"十一五"期间，着力加快数字通、互联网和 3G 网络建设。在昆明设立了全国首家区域国际通信出口局，建成了以昆明为中心，集光缆通信、数字微波、卫星通信于一体的干线传输网络。云南省光纤长度达到 27 万多千米，移动电话用户累计超过 2100 万户，建成 TD 网络基站 1743 个、CDMA 基站 1176 个，行政村互联网覆盖率达到 100%。

（三）服务对象、范围较为局限，与东部发达地区差距明显

作为一个西部边疆的多民族省份，云南省的电子信息软件业起步较晚、规模较小，由于对信息技术发展趋势把握不准、缺乏长远发展规划等原因，导致软件和信息服务业在云南省的经济总量中所占份量还很少，有规模和影响的企业不多，90%以上属于 50 人以下的小企业；产品品种多而分散、产品批量生产和经营的能力差，缺乏市场竞争力。虽然近年来软件和信息服务业有了较快发展，并成为新的发展热点，但与发达地区的差距也日趋明显。

信息服务依然集中在基础设施管理、应用开发和支持领域；行业用户主要分布于电信、政府、国有大企业、国家和省级大型重点建设项目。云南省软件和信息服务业目前几乎集中在昆明市，全省 90%以上的软件和信息服务企业、80%的软件和信息服务业收入集中在昆明市几个软件园和国有信息服务运营商。云南软件园、高新技术园区已成为我国西南地区知名度较高、有一定品牌优势的软件和信息服务园区。

三、2011 年展望

（一）桥头堡发展战略为电子信息产业发展带来良好契机

2009 年 7 月，胡锦涛总书记在云南考察工作时作出了"把云南建设成为我国向西南开放的重要桥头堡"的重要指示。云南省省委八届八次全会也提出了"建设绿色经济强省、民族文化强省和中国面向西南开放的桥头堡"的战略目标，目前正处于工业化有力支撑桥头堡建设的重要时期。

桥头堡建设必将加快云南经济社会发展，必将拓展云南沿边开放层次，必将提升云南工业化水平，同时也为电子信息产业发展带来良好契机。新型工业化是桥头堡建设的重要内容，可以充分利用国内外的资源、能源和市场，建设一批国家级的承接东部地区产业转移基地和面向东南亚、南亚的工业出口加工基地，带动电子信息产业的发展。

（二）国内外软件和信息服务业向云南转移速度明显加快

随着经济全球化、产业结构调整和梯次转移步伐的不断加快，以软件和信息服务为代表的现代服务业已经成为全球第二轮转移浪潮的主角和新的经济增长点。软件和信息服务产业正从成本较高的发达国家向发展中国家转移，其业务领域也逐渐宽泛。目前，全球软件和信息服务较为成熟的市场主要集中在美国、西欧和日本，且增长趋于平稳。中国、印度等发展中国家正处于信息化快速提升阶段，市场需求旺盛。随着全球经济和全球 IT 支出的逐渐回暖，直接拉动全球软件和信息服务产业的企稳回升，且回升幅度有望高于全球经济总体发展水平。

近几年，随着制造业的国际化大规模转移，国外软件和信息服务业向新兴市场国家转移成为重要趋势，信息产业服务项目外包是项目外包中的热点，全球仅软件外包市场每年就有1300 亿美元的规模，印度是最大的软件外包承接国。软件外包业务主要集中在电话客户服务（呼叫中心）、金融保险、人力资源、IT 服务等行业。国内北京、上海、大连、杭州、济南、深圳、西安、成都、重庆、长沙等城市都瞄准了云南软件外包市场，对云南省软件和信息服务业企业的发展构成严峻挑战。

（三）"电子政务"、"数字城市"等工程带来新的发展机遇

"十二五"期间，电子政务一、二、三期工程建设竣工与四期工程的投入运行；"效能政府"与"四项制度"和"政务信息公开"项目的应用；全省农村党员干部现代远程教育网的建成；"村村通"与"数字乡村"信息化项目的投入运行；全省"网上信访"和"网上监察审计"系统的应用；云南省"中、小企业共享服务信息平台"项目的建设；全省教育系统中、小学"班班通"工程的实施；云南电信"云南信息港"和昆明市政府"昆明信息港"的改扩建和深化应用；三大电信移动通信运营商、数字广播电视集团和云南报业传媒集团新服务项目的推出等，为云南信息服务业的发展带来新的生机。

中国—东盟服务贸易协定的实施，烟草行业的技改，传媒行业的整合，科技主管相关部门对科技创新研究与应用的支持力度，移动通信营运商对 3G 应用的普及和市场推进，昆明新机场的建成和投入运行及其带动的"三产业"、物流、旅游信息化管理需求，昆明新城建设、轻轨建设带来的数字城市建设等，将产生巨大的软件市场，给软件业的发展带来商机。医疗服务、物流服务及相关重点工程（昆明国际生物医药发展中心、社会医疗保障信息化软件开

发、东南亚物流信息系统应用等），将产生巨大的软件需求市场。

（四）"资源紧缺"加快了工业化与信息化融合的步伐

推动工业化与信息化融合是走新型工业化道路的必然要求，云南省工业发展正面临越来越严峻的资源、能源和环境压力，实现科学发展的任务繁重而艰巨。面对新形势、新要求，必须切实加强信息技术的应用，以突破核心关键技术为中心，以构建信息基础设施为依托，深度开发生产、流通和其他领域的信息资源，大幅度提高信息化对经济发展的贡献率，降低自然资源消耗，最大限度地发挥信息化在知识生产、应用、传播和积累方面的优势，加快发展技术进步、附加值高的工业。

（五）新兴科技加速渗透传统产业，促使产业转移层次提高

信息技术等新兴科技广泛渗透于传统产业，不同产业或产业内部的不同行业相互交叉、渗透、融合，不断催生出新的融合产业或新型产业形态，实体经济比重上升，产业融合进一步加速，国际产业转移的层次也在不断提高。跨国公司开始了新一轮全球产业布局调整，资金技术密集型产业、高端服务业向新兴市场国家转移的趋势也渐趋明显。当前，新一轮的全球生产要素优化重组和产业转移加快，以信息技术为代表的高新技术产业生产制造环节大规模向优势地区转移，国际贸易和国际投资快速增长。

（六）注重科技创新，促进电子信息产业结构优化

从总体上看，云南省电子信息产业自主创新能力仍然较弱，与发达省份相比还有相当距离，多数产业处于国际产业价值链下游。"十二五"期间，云南省将更加注重技术创新，推动产业结构升级，加快发展新一代信息技术、节能环保、新能源、高端装备制造、新材料等战略性新兴产业，并带来一大批产业升级投资项目的开工，促进电子信息产业结构进一步优化。

四、2011 年发展目标及重点工作

2011 年是"十二五"起步之年，抓好各项工作的落实，对实现"十二五"良好开局、奠定今后的工作基础具有十分重要的意义。

（一）工作目标

充分利用"桥头堡"、"泛亚经济合作"、两化融合、"三网合一"等机遇，及时做好战略布局，充分发挥各园区软件和信息服务企业的集聚作用，推动软件和信息服务业的集约式发展。大力培育各种软件和信息服务业态的形成，加快产业融合转型。着力提高软件和信息服务企业的自主创新与自主研发能力，提高软件和信息服务的市场竞争力和占有率。至 2011 年年末，云南省电子信息软件业将实现主营业务收入 65 亿元，利润 3.5 亿元，上缴税金 2 亿元。

（二）重点工作

一是加强经济运行协调，确保电子信息产业平稳、快速发展。加强电子信息企业年度、月份经济运行分析，做好重点产品生产、销售、价格和库存等微观指标的监测分析，密切关

注经济运行中出现的新变化，及时发现苗头性和倾向性问题，提高预测预警和应急保障能力，开展统计培训，抓好规模下企业的监测分析和促进成长达标工作，努力提高工业经济运行的质量。

二是把握发展新态势，促进产业转型升级。目前，软件应用环境、服务交付模式、商业模式都在变化，SaaS、云计算、移动互联网内容服务、3G 手机软件等新的服务业态和新的服务模式不断涌现，软件服务化趋势加快了产业转型。因此，需要不断跟踪研究，准确理解软件和信息服务业新的内涵，把握软件和信息服务业发展的新态势，抓住软件和信息服务业发展的新机遇，以融合促创新，以转型谋提升。构建优良的软件产业发展环境，实现软件研发基地、研究机构（所）、软件企业创新能力的提升。

三是扩大产业项目投资，加速培育新的增长点。加强基础工作，强化产业引导，创优投资环境，推动银企合作，解决投资难题。继续实施工业重点项目，着力抓好昆船机场物流装备、昆机数控机床基地建设，加强项目的协调服务，着力解决重点项目审批、落地和融资等问题。建立项目推介机制，推动园区、大企业与省内金融机构的战略合作，吸引民间资本入滇兴业，争取引进更多央企入滇合作发展，争取更多资金投向传统产业转型升级、战略性新兴产业发展。

四是推动企业技术进步，提升产业核心竞争能力。以创新品种、提升质量、创建品牌、增强核心竞争力为着力点，组织实施企业技术改造、技术创新和产品质量提升三大工程；围绕传统产业的转型升级，实施 100 项重点技术改造项目；围绕先进装备制造、光电子及信息产业、新能源、新材料、节能环保等新兴产业的发展，实施 100 项重点技术创新项目；围绕构建平台、提升质量，建设 20 个省级企业技术中心，培育 20 个技术创新示范企业，开展 20 项质量技术攻关。

五是推进两化深度融合，提高信息产业经济总量。大力扶持金融电子、现代物流装备、光电子及电子材料、软件和信息服务业加快发展。抓好一批企业经营管理网络化、研发数字化、生产装备智能化、生产过程自动化改造与应用的企业信息化建设项目。重点推进昆明市、曲靖西城、玉溪研和、大理创新 3 个工业园区，昆钢、云天化、北方夜视等 20 个企业两化融合试点示范工作。进一步推进 3G 网络、三网融合、物联网、无线及数字城市、农村无线覆盖、宽带网进村等信息化基础设施建设。进一步深化"96128"政务查询专线建设，提升服务能力，完善服务功能，打造服务品牌。推进人口、法人、空间地理、宏观经济等基础信息库建设。抓好政府信息系统安全检查，推进全省信息安全基础设施项目建设。加强无线电监督管理，提高无线电安全保障能力和频谱资源利用水平，加快建立服务云南经济社会发展的无线电频谱资源支撑体系。加快培育优势企业，推进军民融合发展。

六是培养专用人才，提供产业智力支撑。指导并充分发挥云南高校和社会培训机构的作用和优势，营造培养人才、引进人才、使用人才的良好环境。把人才队伍建设作为发展软件和信息服务业工作的重中之重。实行培养、引进和使用并举的方针，加强制度创新，完善人才激励机制，通过学历专业教育、职业教育、继续教育和社会化认证培训等多种方式，加快建设软件产业的高素质人才队伍。把软件和信息服务技术人员培训纳入云南省智力引进计划，在智力引进项目中，每年安排一定比例的软件人员参加培训。由政府、软件企业和培训机构共同组建省市级软件人才教育培训基地，培养软件实用人才。建立健全信息人才教育与培训体系，培养多层次的信息技术人才和管理人才。吸引国内外相关教育机构来云南投资办学，建立具有国际水平的信息人才教育与培训基地。

七是结合自身实际，确定重点发展领域。结合云南省实际，在兼顾软件产品和新兴服务业态发展的同时，大力发展基础软件、信息安全软件、工业软件、嵌入式软件、行业应用解决方案、系统集成和支持服务、软件服务外包、各类创新型服务、数字内容加工处理与服务、嵌入式软件设计服务等，重点发展金融电子化应用软件、医疗卫生应用软件、东南亚和中东小语种应用软件、电子政务应用软件、支撑两化融合和"三网合一"的应用系列软件、面向"桥头堡"和"泛亚经济合作"配套的应用系统软件、区域物联网应用系统软件。

2010 年甘肃省软件产业发展概况

2010 年，甘肃省软件服务业在省委、省政府的正确领导下，认真贯彻落实国家、部省出台的一系列支持甘肃工业和信息化发展的政策措施，积极应对和克服金融危机带来的不利影响，抢抓发展机遇，加快结构调整和发展方式转变，大力实施"工业强省"战略和区域发展战略，突出项目支撑，注重自主创新，加强行业指导，加大扶持力度，强化示范带动，推进两化融合，甘肃省软件服务业保持了平稳较快增长的态势，经济效益显著提高。

一、基本情况

2010 年，甘肃省行业统计内 82 家软件企业（含系统集成企业）实现软件业务收入 18.3 亿元，同比增长 19%；利税总额 3.46 亿元，同比增长 3.3%；从业人员 5215 人，同比增长 5.23%；资产总额 23.13 亿元，同比增长 20.72%。其中，主营业务收入超过千万元的企业达到 54 家，超过亿元的企业有 5 家。软件服务业收入占到全省电子信息产业总收入的 49.84%。经认定的软件企业有 50 家，计算机信息系统集成企业有 47 家，计算机信息系统工程监理的企业有 6 家。

二、主要特点

（一）产业规模进一步扩大

2010 年，甘肃省纳入统计的 82 家软件企业（含系统集成企业）实现主营业务收入、利税总额、从业人员，分别较"十五"末增长 168.6%、235.92% 和 100.35%。软件产业占电子信息产业的比重达到 49.84%，大多数经济指标增幅均高于全国平均水平。产业结构有所改善，实现设计开发收入 2592 万元，增长同比 159.2%；信息技术增值服务收入 1.07 亿元，同比增长 114%；软件产品收入 5.3 亿元，同比增长 29.6%；软件外包服务收入 2592 万元，同比增长 720%。

（二）一批骨干企业发展壮大

甘肃省软件服务业中收入超过千万元的企业达到 54 家，超过亿元的企业有 5 家，较"十五"末的 18 家、2 家，实现了量和质的飞跃。甘肃紫光公司、甘肃万维公司等重点企业发展迅速，甘肃万维公司全年实现软件业务收入 2.01 亿元，同比增长 44.6%，开发的"旅游助手"等系列软件被中国电信集团在全国范围推广；甘肃紫光公司把握国家加大交通运输设施投入的有利时机，在系统集成建设、运营维护服务、软硬件研发、市场拓展等方面大力提升，取得了好的经济和社会效益，全年实现软件业务收入 2.37 亿元，同比增长 18.5%，成为引领软件服务业发展的排头兵。

（三）自主创新能力大幅提升

到 2010 年年底，有 5 家企业建立了省级企业技术中心和重点实验室，1 家业创建了国家级企业（工程）技术中心，投入研发经费 1.8 亿元，开发省级以上新技术、新产品 40 余项。甘肃普天信息新科技有限公司"110、119、122 三台合一接处警系统"方案和兰州科庆仪器仪表有限责任公司"长庆白二联合站工业自动化控制系统"方案被评为 2010 年度 100 个"全国计算机信息系统集成典型解决方案"，获得第 14 届中国国际软件博览会金奖 1 项。甘肃省 93% 以上的软件企业通过了 GB/T19000-ISO9000 系列质量保证体系认证，甘肃万维信息技术有限责任公司、兰州南特数码科技股份有限公司通过了 CMMI3 级认证评估。

（四）产业聚集度进一步提高

2010 年，甘肃省经认定的软件企业 98% 集中在兰州市，收入占到软件服务业总收入的 99% 以上，排列前 10 名的软件企业收入占到总收入的 49.46%，产业集聚效应明显。

（五）人才结构有所完善

积极实施人才强企战略，抓好人才队伍建设，优化用人模式，人才发展、成长的环境进一步改善。以高等院校计算机应用、软件等专业设置为主，社会培训机构和企业培训为补充的人才培育体系初步构成。软件服务业研发人员 2096 人，占从业人员总数的 40.19%；大学本科以上学历人员 3739 人，占从业人员总数的 71.70%，其中硕士以上学历人员 318 人，占从业人员总数的 6.10%。

（六）软件信息技术应用快速增长

2010 年，随着电子信息产业发展步伐的加快，电子政务、电子商务、行业信息化等拉动了软件服务业的快速增长，软件服务业在改造提升传统产业，推进"两化"深度融合发展方面起到了重要的促进作用。信息技术增值服务和设计开发收入大幅提升，软件企业实现设计开发收入 2592 万元，同比增长 159.2%；信息技术增值服务收入 1.07 亿元，同比增长 114%。

三、存在的问题

经过近年来的发展，甘肃省软件产业收入从不足 1 亿元的规模，增长到现在的 18.3 亿元，实现了从无到有、从小到大的快速发展。但是，在全国的大形势、大背景下，甘肃省软件产业发展还存在诸多亟待解决的问题。

（一）软件产业规模小

与发达地区相比，甘肃省软件服务业占全省 GDP 的比重不足 1%；软件产业整体规模较小，企业数量较少。拥有自主品牌、具有较强竞争力的龙头骨干企业较少，目前收入超过亿元的企业主要集中在电信、交通等专业领域，缺乏对整个软件产业的牵引和带动。

（二）创新能力较弱

大多数企业虽注重新产品、新技术的研发，但受资金、人才等因素的制约，企业创新能力不足，缺乏具有自主知识产权的关键技术和核心技术，市场竞争力弱，高端产品研发没有大的突破，产品定位多处于产业链下游的应用软件。2010 年甘肃省软件著作权仅有 197 件，应用软件年收入占全省软件产业收入的 70% 以上，缺乏有竞争力的品牌。

（三）人才制约严重

经过几年的培养，人才总数有所增加，流失现象初步遏制，但受地域、经济发展水平等的影响，高端人才、技术核心人才缺乏的问题仍十分突出，造成企业发展缺乏智力保障。

（四）企业资金紧缺与融资抵押困难

由于软件企业数量少、规模小，融资能力弱，新产品开发投入不足，企业创新缺乏资金支持，发展后劲不足。

四、2011 年展望与目标

2011 年，甘肃省软件服务业将认真贯彻落实国家、部、省信息产业发展方针政策，按照甘肃省省委、省政府"工业强省"和区域发展战略的总体要求，围绕全国和全省信息产业"十二五"发展规划，以两化融合为主线，以加快产业发展为目标，以体制创新和技术创新为动力，以项目建设为重点，以园区基地建设为抓手，优化产业结构和产品结构，注重自主创新，加快园区基地建设，加强行业监管，突出政策扶持，抓大扶小，引新入园，引强入甘，进一步壮大产业规模，努力实现软件服务业跨越式发展。全年软件服务业力争实现收入同比增长 20%。

五、下一步工作

（一）进一步抢抓发展机遇，整合资源，培育重点

认真贯彻落实《国务院办公厅关于进一步支持甘肃经济社会发展的若干意见》（国办发〔2010〕29 号）、《国务院关于中西部地区承接产业转移的指导意见》、《国务院关于进一步鼓励软件产业和集成电路产业发展的若干政策》（国发〔2011〕4 号）、《工业和信息化部关于进一步支持甘肃工业和信息化发展的意见》（工信部规〔2011〕28 号），以及《甘肃省人民政府关于加快软件服务业发展的意见》等近年来出台的一系列政策措施，研究制订和完善软件产业发展的财政、土地、税收、政府采购等方面的配套措施，建立健全甘肃省软件产业发展的政策保障体系，切实抓好国家、部、省有关促进软件产业发展各项扶持政策的落实。围绕国家实施电子信息产业振兴规划和推进两化融合发展契机，紧紧抓住国务院发展软件产业和集成电路产业的历史机遇，结合关中-天水经济区发展规划的实施，发挥比较优势，找准承接切入点，加快推进企业重组调整，培育一批具有行业特色、产业优势、规模效应和品牌的龙头骨干企业。适时召开甘肃省软件服务业现场推进会、在甘通信企业产业转移承接座谈会。

（二）进一步优化发展环境，推进产业集聚发展

加强与工信部相关司局、省有关部门的衔接汇报，明确产业发展重点，积极争取将发展重点、重点项目纳入国家整体发展规划和甘肃省经济社会总体规划中，落实《甘肃省信息产业"十二五"发展规划》。按照甘肃省省委、省政府区域发展战略要求，充分考虑甘肃省软件服务业发展现状和特色，加大扶持协调力度，加快基地园区建设，完善配套设施，引导企业入园发展，加快兰州软件园建设，大力推进兰州物联网产业园、兰州光电产业园、天水和敦煌软件及动漫产业园等园区的启动建设。以兰州、天水、敦煌 3 个城市软件园区建设为重心

点，推动全省东、中、西区域软件服务业的发展，促进产业集聚发展。

（三）进一步加强项目管理，健全完善配套措施

按照"抓大扶小，引新入园，引强入甘"的总体思路，多渠道争取资金支持，加大项目扶持力度，以项目建设促进产业发展。以在建项目为依托，加强项目跟踪管理，推进重点项目建设。以新建项目为重点，起草制定《甘肃省信息产业发展专项资金管理办法》、《甘肃省信息产业项目管理实施办法》，进一步规范项目的申报管理，加强与工信部、省直有关部门的沟通和协调，积极争取国家资金，管好用好 3600 万元省级信息产业发展专项资金，加大各级政府对电子信息产业发展的投资支持力度，推动全省信息产业企业规模化和集群化发展。

（四）进一步强化行业管理，促进产业快速发展

着力加强产业指导，提高服务水平。加强对行业协会的监管指导，修订完善《信息系统集成、软件企业和软件产品认定管理办法》，搞好协会改选换届工作，做好集成资质、"双软"认定工作，全年力争新增 10 家以上信息系统系统集成企业、监理企业、软件企业；进一步加强基础性工作，建立企业数据库、项目库，健全完善行业统计和运行监测分析工作，加强分析研究和预测、预警，做好信息发布。充分发挥地方配套资金导向作用，引导企业加大研发投入，提升企业自主创新能力，促使软件服务业企业向系统集成、服务外包发展，重点扶持一批龙头骨干企业做大做强；围绕两化融合重点环节，引导企业积极开拓信息产业内需市场，重点发展工业软件和行业应用解决方案。

（五）进一步提升软件业水平，深入推进两化融合

按照区域抓示范、行业抓重点、园区抓集聚、企业抓提升、物流抓平台的思路，重点围绕信息化促进传统产业改造升级和培育新型产业，结合新一代信息技术开发和应用的发展趋势，突出支持公共服务平台、工业产品研发设计、生产过程控制等环节信息技术的应用和生产性服务业发展。推进省内软件企业加大在钢铁、有色、冶金、石油、化工、医药、电子信息等重点行业的研究开发力度，引导软件企业大力发展工业软件、嵌入式软件、行业应用解决方案等，促进软件企业积极渗透两化融合，带动软件产业转型升级。

（六）进一步加强人才培养，增强产业发展后劲

建立多层次的人才培养机制、多渠道的人才引进机制和灵活的用人机制，加强电子信息技术人才的培养和引进，建立信息产业人才库，为产业持续、快速、健康发展提供人才支撑。研究制定加大人才引进、人才培养、人才储备政策措施，积极扶持高等院校、科研院所科技人员和海外留学人员以自有技术成果创办软件服务业企业，对新办企业的优秀创业项目予以资金补助。引导高校根据软件服务业发展需要，增设软件服务业相关专业学科。支持甘肃省软件服务业企业与各类高校、培训机构建立软件服务业人才基地，开展人才定制培训。

2010 年宁夏回族自治区软件产业发展概况

2010 年，宁夏回族自治区软件产业在国务院各项鼓励政策、自治区各项政策的支持下，发展迅速，进步明显，基本能满足区内及周地区各项信息化建设任务。

一、基本情况

通过汇总宁夏回族自治区 40 家年软件业务超过 100 万元的软件企业，2010 年，宁夏回族自治区实现软件业务收入合计 43856.21 万元。其中，软件产品收入 20654.05 万元，信息系统集成服务收入 16965.53 万元，信息技术咨询服务收入 4056.19 万元，数据处理和运营服务收入 2180.44 万元。软件服务外包收入 255.79 万元，软件业务出口 15.75 万美元，营业利润 15035.39 万元，应缴所得税 264.8 万元，应缴增值税 1200.14 万元，生产税净额 1246.28 万元，税收总额达到 2711.22，享受优惠政策已退税额 69.1 万元。全区软件企业研发经费直接投入 1888.79 万元，年末从业人数 1610 人，从业人员工资总额 4104.95 万元，软件著作权数 56 件。

二、主要特点

（一）软件产品所占比例较高

软件产品业务量保持较高比例，软件产品的业务收入占软件业务收入的 47.1%。获取著作权数量达到 56 件，其中登记软件产品 36 件，是自 2001 年以来数量最多的一年。登记软件产品包括煤炭行业管理系统、人口与计划生育综合管理系统、电子政务系统、税务管理系统、居民医疗与社会保险管理系统、建筑工程管理系统、木业管理系统、供热管理系统、畜牧业管理系统、金融保险管理系统、物资管理系统、人口管理系统、义务教育管理系统、游戏软件等。

（二）宁夏软件园产业集中效益明显

宁夏软件园 15 家企业软件业务达到 20975.43 万元，占全区总软件业务量的 47.83%。软件出口业务全部来自软件园。宁夏软件园全年软件著作权数量达到 41 件，占全区的 73.21%。

（三）营业利润比较好

宁夏软件企业营业利润总额达到 15035.39 万元，利润率达到 34.28%。

（四）增加值率比较高

全区软件业务增加值达到 17368.77 万元，增加值率达到 39.6%。

（五）研发投入比较高

全区软件业务直接研发经费达到 1888.79 万元，劳动者报酬 7423.38 万元，二者合计达到 9312.17 万元，占到总业收入的 20.87%。

三、存在的问题

（一）缺少软件龙头企业

全区软件业务收入达到 3000～5000 万元的企业只有有 7 家，收入达 1000～3000 万元的企业只有 13 家，其余企业软件业务收入全在 1000 万元以下，没有一家企业软件业务收入突破亿元，缺少龙头软件企业。

（二）集成电路设计开发仍然未能突破

软件业务收入中的设计开发收入为零，说明宁夏回族自治区软件企业没有集成电路设计开发的业务拓展。集成电路设计开发具有复制困难的优势，版权受益比较明显，而宁夏回族自治区软件企业很难获得这方面的技术。

（三）软件业务水平比较低

软件业务出口量能说明软件技术水平在国际市场的竞争力。宁夏回族自治区软件业务出口仅为 15.21 美元，说明宁夏回族自治区软件技术水平距离国际水平还比较远。

（四）享受优惠政策退税金额比较少

全区软件企业各种税收总额达到 2711.22 万元，而享受优惠政策已退税额仅 69.1 万元。

（五）高层次人才比较匮乏

全区软件从业人员中，硕士以上学历人员仅 47 人，占 2.92%；高级项目经理仅 15 人，占从业人数的 0.93%；项目经理仅 127 名，占从业人数的 7.89%。

四、2011 年展望和目标

2011 年，争取软件业务收入增长 14%，高于宁夏回族自治区工业产值增长目标。争取宁夏新软件园完成主体结构建设。争取实现项目经理和高级项目经理人数增长 20%。争取工信部给予宁夏回族自治区软件服务业更大财力和人力支持。

五、下一步工作

（一）制定科学的管理规范，做好各项认证管理工作

一是成立专家委员会，推行专家评选机制，发挥专家的作用。二是配合工信部、国税总局等部委的相关文件，出台说明细则，让企业准确解读各项政策，及时享受各项鼓励和优惠政策。

（二）做好东产西移、南资北上的承接准备工作

随着我国经济结构调整，发展方式的转变，西部大开发的深入，东部地区部分产业开始向西部转移，南方地区积累的资金向北方流动。这带来机遇，也带来挑战。西部地区和北方

各省都在争取产业承接和资金引进，宁夏也要争取。产业的转移，必然伴有相关软件服务业的转移；资金的流动，必然有资金投入软件服务业。因此，宁夏回族自治区要配合全区的战略部署，做好软件服务业承接准备工作。

（三）借助两化融合项目，促进软件服务业发展

近几年，国家大力推进两化融合。这不仅是工业信息化的机遇，更是软件服务业发展的机遇。信息化的项目必然需要软件服务企业来完成。通过优秀的项目建设，提升软件企业的服务水平和综合实力，促进宁夏软件服务业的发展。

（四）引导企业应对产业发展模式新变革

信息技术产业竞争形式从企业竞争演进到产业链竞争、产业组织竞争、商业模式竞争。产业链竞争是基于终端、网络、软件、内容、服务的产业链重构和能力整合，已成为抢占产业发展主导权的关键。跨国公司纷纷围绕产业链整合提出了各自的发展新战略，通过将产品经营提升为产业链经营，培育自己的核心竞争力，控制产业链中的关键环节，抢占产业竞争制高点。以产业联盟、标准联盟和应用联盟等构成的新产业组织，在标准制定、产业发展、市场开拓等发面发挥着越来越重要的作用。信息产业商业模式已经开始从 IT 制造向 IT 服务转型。宁夏回族自治区的软件服务业管理部门应学习和紧跟发展模式的新趋势。

（五）引导企业做好融合创新工作

以技术二次开发和深度应用为特征的融合创新是当今信息技术和产业演进的趋势，如两化融合。融合不仅拓展价值链，而且催生新的增值点，更衍生多种生产和生活服务业态。生产服务让生产更加便捷、高效、节能、环保、安全。生活服务让生活更加个性、舒适、方便。随着经济结构调整的加快，这些服务将成为新的增长点。宁夏回族自治区将围绕新的服务内容，引导企业开辟新的服务市场。

（六）配合做好宁夏新软件园建设的任务

宁夏新软件园是宁夏回族自治区软件服务业的产业园、孵化园，2010 年已经开始建设。下一步，将提高园区软件条件，为入驻企业提供认证、咨询、评估、验资、注册、税务、担保、法律等服务；提供人才培训和招聘、技术转移等交流平台；而且提供网络接入、主机托管、工具软件检索、软件测试等技术支持。争取打造知名园区品牌，吸引国内外软件企业入驻园区。

（七）加快宁夏软件学院论证工作

会同宁夏回族自治区教育厅、科技厅、银川经济技术开发区、宁夏大学、北方民族大学等有关部门和院校，筹建宁夏软件学院校舍，派遣软件技术教师进修，聘请国内外软件专家来宁工作，重点引进软件系统设计、软件测试、信息安全、网络技术、数据库、人工智能等方面的高端人才。努力营造留得住、用得好的人才环境。为引进人才及配偶、子女提供户口、就业、入学等优惠政策。鼓励有实力的软件企业建立技能培训学校。支持软件工作人员参与国际交流与合作。形成多层次的人才梯队，根本解决宁夏回族自治区软件服务业人才匮乏问题。

2010 年大连市软件产业发展概况

2010 年，大连市认真落实国家相关部委的战略决策，紧紧抓住两化融合的契机，继续深化自主创新的主题，积极提升城市的产业综合成熟度。在自主创新、人才、信誉体系建设、市场和软件园区建设等各个方面都得到了长足发展，全市软件和信息服务业保持持续平稳增长的发展态势。

一、基本情况

从收入情况看，全年实现软件业务收入 428 亿元，比 2009 年增长 62%。实现出口 16.4 亿美元，比 2009 年增长 75%；从业人员 8 万多人，企业已过千家，其中外资企业 300 多家。近 60 家世界 500 强企业和著名跨国公司在大连市设立了信息服务中心。大连市聚集了东软、华信、海辉、中软等国内重点企业，百人以上规模的企业 100 多家，千人以上规模的企业有 12 家。从业务结构上看，大连软件和信息服务业市场结构为国内市场占 76%，出口占 24%，其业务领域重点包含了金融、电信、保险、电力、通信、工业等行业的应用软件开发与技术支持，电子产品、汽车、工业自动控制等嵌入式系统开发，企业管理、公共事业领域的信息化应用，互联网、电子商务、电子政务应用，数据处理、客户交互服务、后台办公等业务流程外包，工业及 IC 设计等。

（一）销售收入构成与分析

2010 年，大连市软件和信息服务业销售收入平稳增长，软件业务收入 428 亿元。其中，软件产品收入占 36%，系统集成服务收入占 12%，信息技术咨询服务收入占 19%，数据处理和运营服务收入占 19%，嵌入式系统软件收入占 12%，IC 设计收入占 2%。

（二）软件出口构成与分析

2010 年，大连市软件出口仍然保持高速增长的态势，出口销售收入达到 16.4 亿美元。其中，软件服务外包出口占 61%，同比下降 5 个百分点；嵌入式系统出口占 9%，同比上升 4 个百分点。

（三）企业构成与分析

截至 2010 年年底，大连市从事软件和信息服务业的企业已超过千家，比 2009 年增长 12%。新认定软件企业 33 家，比 2009 年增加了 2 家，累计认定软件企业 439 家，3 家企业通过国家规划布局重点软件企业认定。新认定软件和服务外包企业 65 家，累计认定 180 家；新认定信息技术职业教育培训机构 4 家，累计认定 13 家；新认定园区企业 7 家；新认证计算机信息系统集成企业 5 家。新登记软件产品 450 个，累计登记软件产品 2676 个。

（四）人力资源构成与分析

2010 年，大连市软件和信息服务业从业人员规模继续增大，从业人员达 8 万多人。软件开发人员占 56.6%；而管理人员只占 5%，比 2009 年下降了 1 个百分点。从人员的学历结构看，研究生以上学历的人才比例有所增大，占人员总数的 7.5%；本科生占 80%，比 2009 年增长了 15%；其他为大中专及以下人员。

二、主要特点

（一）推动产业升级，加快软件产业国际化的进程

大连软件和信息服务业起步于对日服务外包，经过多年的发展，企业不断提高外包业务能力，业务逐步由简单的数据处理、编程、测试向金融后台、人力服务与培训、行业解决方案等高端服务拓展，市场逐步拓宽到欧美国家。2010 年，大连市对日软件出口额位居全国前列；IBM（中国）、简柏特（大连）入选 2010 年十大在华全球服务供应商；东软、华信、海辉入选 2010 年中国服务外包十大领军企业，并且自 2006 年以来连续五年蝉联中国软件企业出口排行榜前三位；在本土成长起来的海辉软件在美国纳斯达克成功上市。大连已成为国内软件产业国际化程度最高的产业集聚区之一。

（二）鼓励自主创新，推动两化融合及新一代信息技术应用

在抓产业升级的同时，着力培育企业自主创新能力，形成国际化与自主创新并举互动的机制。2010 年 4 月，大连市成为"三网融合"试点城市，围绕"三网融合"、"新一代移动通信"等信息技术开展的创新活动取得显著成效，天维科技开发的具有国内领先水平的数字高清终端播放系统成功进入中国网络电视台；环宇移动开发的高可信网络业务管控系统投入使用；华畅通信成为国内外移动通信领域核心软件的重要供应商；现代高技术完成了现代轨道交通自动售票系统的研制；中科天健通过物联网技术实现了国内第一个服务外包保税试验区监管系统的搭建；四达高技术公司数控嵌入式系统成功在我国大飞机生产线上应用；瑞恩软件公司轴承锻造技术与管理系统能够为轴承生产企业节约近 20% 的成本，该技术填补了国内空白。

（三）加速园区建设，打造产业集群，壮大产业规模

继续加大建设旅顺南路软件产业带，目前大连市 80% 的软件和信息服务业企业都集中在这条长 30 千米、面积 153 平方千米的软件产业带上。其中，大连软件园已累计建了 200 万平方米的写字楼、教学设施和生活配套设施，入园企业数量超过 500 家，已成为国内软件和服务外包出口额最大、外资比例最高的软件园区。大连腾飞软件园一期、二期均已投入使用，目前入驻企业已超过 50 家。大连天地软件园也已投入使用。同时，2010 年启动了大连华信软件园、亿达信息谷等"十大园区"建设。旅顺南路软件产业带的各产业园区将围绕航天工程、船舶电子、汽车电子、通信服务等领域形成企业集聚园区，加速大连软件自主创新进程和对传统产业的改造提升。

启动大连甘井子区生态科技创新城建设，其核心起步区和北方生态慧谷已开工建设，该项目充分借鉴国际、国内软件园和产业园的成功开发经验，有效整合土地、资本和各类资源，着重加强技术服务，力求建设一个专业化的技术支撑平台。该区域以软件研发、服务外包、

动漫创意、信息技术服务等作为主导产业，为软件企业在技术、研发、生产、管理等方面提供支持与帮助。

（四）抓好人才工作，提高产业核心竞争力

人才是产业振兴和发展的关键，大连在发展软件和信息服务业的同时注重人才的培养。一是立足于自己培养。大连市各高校软件学院每年为产业发展输送人才 1 万多人，为产业的持续发展提供了有利的保障；2008 年创建了国内第一所大连软件高级经理人学院，两年来培养了 100 多名高端人才，为企业的持续发展提供了有力的源泉；大力鼓励社会办学、公司内部业务培训，支持企业与高校合作开展"订单式"培养，有力地解决了企业用人难的问题。二是大力引进中高级人才。为解决人才瓶颈问题，出台了一系列优惠政策，对在大连市软件企业工作的中高端人才实施人才奖励基金，实施软件人才租房保障工程；连续多年到东北、北京、上海、东京、旧金山、首尔等国内外城市组织人才巡回招聘活动，近 3 年每年引进各类人才近万人。

（五）发挥协会作用，推进行业标准化工作

行业标准化工作取得新成绩，大连软件行业协会组织编制的"IT 行业职业技能通用要求"（DB21/T1793-2010）通过省级审核，成为辽宁省地方标准。

三、存在的问题

企业运营成本增加；融资难问题没有得到缓解；中小型企业参与国内外市场竞争的能力较弱；新产品研发投入不足，自主创新能力还须加强；中高级人才缺乏问题没有解决，结构性问题还须逐步调整。

四、2011 年展望与目标

（一）鼓励创新，加强对工业软件、行业应用软件的研发扶持力度

围绕城市交通、港航物流、工业管理等行业组建产业联盟和研发应用推广中心，推动软件企业与传统企业的对接，设立试点示范工程，充分发挥企业的技术储备能力，采取政府组织、企业联合、资源互补的方式，尽快研发上述领域的产品并实现产业化能力。

（二）积极开拓国内外市场，大力发展信息技术服务业

不断完善信息服务产业链，推动离岸外包市场稳步发展，支持企业开展中高端业务。鼓励外包企业承接国内市场业务，重点围绕金融、电信、教育、医疗、政府公共事务等领域开展信息技术服务。

（三）拓展新兴技术领域，抓好大项目引进和扶持工作

发展面向新一代通信技术、三网融合、云计算、新一代搜索引擎、云计算环境下的信息安全技术等新兴产业，做好移动互联网领域的招商引资和项目扶持工作，抓好重点项目的跟踪和服务。

（四）搭建两化融合对接平台，促进应用推广

针对现有产品和技术优势，面向机械、船舶、电子制造、物流等行业领域建立企业联盟，设立产品和技术研发与应用推广中心，开展软件企业与工业企业的对接活动，提高国产工业软件应用效果，提升国产工业软件整体实力。

（五）发挥协会作用，做好国家授权的各项认证管理工作

领导和协调好行业协会，按照工业和信息化部的工作要求，进一步优化程序、遵循标准、保证质量，认真做好"双软"认定、系统集成资质认证等行业管理工作。发挥行业协会的桥梁作用，为企业提供有针对性的服务。

2010 年青岛市软件产业发展概况

2010 年，青岛市认真贯彻落实国家关于发展软件产业的政策措施，在工信部的指导和支持下，突出软件园区建设、骨干企业培育、新产品研发、产业应用对接和人才培训五项重点工作，加大投入力度，加快工作推进，推动了青岛市软件产业的快速发展。

一、基本情况

2010 年，青岛市软件产业继续保持了快速发展的良好态势，发展速度不断加快，产业规模迅速扩张，涌现了一批骨干软件企业和优秀软件产品，以园区为主要载体的集聚发展格局已经形成，具备了加快发展的良好基础。

2010 年，青岛市软件业务收入 218 亿元，同比增长 93%；软件业务出口 2.6 亿美元，同比增长 15.9%。截至 2010 年年底，累计认定的软件企业有 328 家，累计登记软件产品 1152 个。软件业务收入超过 100 亿元的企业有 1 家，超过 10 亿元的企业有 2 家，超过亿元的企业有 7 家，超过千万元的企业有 41 家。海尔集团公司、海信集团有限公司分列 2010 中国软件企业 100 强第 4 位、第 35 位。

二、主要特点

（一）软件产业规模迅速扩大

2010 年青岛市软件业务收入 218 亿元，同比增长 93%；软件业务出口 2.6 亿美元，同比增长 15.9%。

（二）集聚发展格局初步形成

以软件园区为主要载体的集聚发展格局初步形成，园区内软件企业业务收入占青岛市的 80%。其中，市南软件园已入驻企业 201 家，崂山软件园入驻企业 80 家，中联 U 谷 2.5 创意园，榉林山服务外包基地、青岛工业设计产业园、前哨科技园发展势头良好。

（三）骨干企业支撑作用明显

青岛市年业务收入超过千万元的 47 家软件企业业务收入占全市的 98%，平均增速达到 41%。海尔集团公司、海信集团有限公司分列 2010 中国软件企业 100 强第 4 位、第 35 位。青岛高校软控股份有限公司、青岛海信网络科技股份有限公司、青岛东软载波科技股份有限公司被列入国家规划布局内的重点软件企业。

（四）自主创新能力不断增强

2010 年，青岛市新登记软件产品 138 个，截至 2010 年年底，全市已登记的软件产品 1152 个，橡胶轮胎生产管控一体化系统软件、智能交通系统和产品、电力载波系统、农村信息化软件均在国内市场上占据了显著的份额。青岛市共有 8 家企业通过 CMMI（开发能力成熟度模型集成）2 级或 3 级认证，49 家企业获得各级计算机信息系统集成资质。在第十四届北京国际软件博览会上，青岛市 5 个软件产品获软博会金奖、2 个软件产品获软博会创新奖。

（五）人才培训体系日益完善

目前，青岛已有 15 所院校设置了软件相关专业，专科、本科、研究生等在校生规模超过 3 万人。引进建立了摩托罗拉 IT 学院、微软 IT 学院、1.5 学历软件人才实训基地、IBM 外包实训基地、青岛 NIIT 国际软件工程师培训基地、青岛翰子昂软件培训学校和北大青鸟青岛中新培训中心等培训机构，年培训软件实用人才 3000 人。

三、主要工作

（一）加强载体建设

投资额 28 亿元、建筑面积 47 万平方米的青岛国际创新园（东元软件园）和投资 4370 万美元、占地 58.48 亩的启立（青岛）软件园已开工建设。利用老厂房改建的青岛工业设计产业园已经入驻企业 39 家，榉林山服务外包基地、中联 U 谷 2.5 创意园已经投入使用。

（二）促进技术创新

据不完全统计，2010 年，青岛市投资额在 200 万元以上的 58 个软件产业研发项目，总投资额 60490 万元，占全市软件业务收入的比重达到 2.77%。其中，嵌入式软件研发投入 4515 万元，占 7.5%；工业软件和行业应用软件研发投入 10539 万元，占 17.4%；基础软件研发投入 1600 万元，占 2.6%；新兴业态软件研发投入 39186 万元，占 64.8%。

（三）大力引进项目

中国国际服务外包（青岛）生态产业园、启立国际生态智慧城、中盈蓝海服务外包产业园、城阳服务外包示范园等软件园区投资项目已经开始制定建设规划。上述软件园区建设项目总投资 210 多亿元，预计新增园区面积约 300 万平方米。北京水晶石数字科技有限公司、万达信息股份有限公司、陕西中盈蓝海创新技术股份有限公司等知名企业成功落户青岛。

（四）推进产业应用

举办了第一、二届青岛市软件企业与工业企业对接会，为促进软件产品的产业应用开辟了新的途径。两届对接会共征集工业企业信息化建设项目需求信息 200 多项，软件企业产品和服务供给信息 150 项，共有 150 家软件企业和工业企业参加了对接会，达成合作意向 62 项。组织 20 家软件企业参加了第十届北京国际软件博览会，达成合作意向 30 多项。

（五）做好"双软"认定

组织开展"双软"认定工作，全年新认定软件企业 35 家，新登记软件产品 138 个，壮大了青岛市软件产业规模。认真做好系统集成资质认定等工作。组织召开了青岛市软件产业统计工作会议，充分发挥各区市和协会的作用，进一步完善了青岛市软件产业的统计体系。

（六）加强产权保护

认真组织开展打击侵犯知识产权和制售假冒伪劣商品专项行动。成立了工作小组，制定了《打击侵犯知识产权和制售假冒伪劣商品专项行动的工作方案》，重点做好青岛市计算机生产企业预装正版软件和青岛市政府部门软件正版化的工作。

四、面临问题

（一）产业规模偏小

目前青岛市软件产业规模偏小，软件企业间没有形成相互配套的协作体系，没有形成相互促进的软件产业群体，影响了软件产业的规模扩张。

（二）缺乏核心技术

软件企业的自主创新及品牌意识不强，缺乏核心技术支持和产品技术发展的长远规划，软件的商品化、产业化程度较低，难以形成产业特色。

（三）软件人才不足

高等院校和软件学院相对较少，高级软件人才、初级程序开发技能的"软件蓝领"缺乏，直接制约了软件企业研发能力的提升和规模的扩大。

五、2011年展望和下一步工作

2011年，青岛市将抓住国家大力发展战略性新兴产业的重大机遇，深入贯彻落实国务院《进一步鼓励软件产业和集成电路产业发展的若干政策》（国发〔2011〕4号），把加快发展软件产业作为全市经济发展的一项战略任务，坚持创新、应用、融合、集聚发展的路径，大力发展四大软件领域、五大新兴业态，突出抓好六项重点工作，推动软件产业跨越式发展，为两化融合和经济社会发展提供有力支撑。主要目标是：全市软件业务收入同比增长30%，达到280亿元。

（一）优化服务环境，完善工作推进机制

一是进一步优化软件产业发展环境。成立青岛市软件产业发展领导小组，制定实施《青岛市软件产业发展考核办法》，加快建立软件产业统计体系。二是优化政策环境，加大资金扶持力度。深入落实国家、山东省有关扶持软件产业发展的政策。争取设立青岛市软件产业发展专项资金，鼓励对软件产业的投资。三是优化市场环境，促进产业健康发展。加大知识产权保护力度。充分发挥行业协会作用，支持以骨干企业为核心组建特色产业发展联盟。加大政府信息化项目外包力度。

（二）加快软件园区建设，推动软件产业集聚发展

一是合理规划布局园区发展。以青岛高新技术产业开发区、市南软件园、国家（青岛）通信产业园为核心，以启立（青岛）软件园、中盈蓝海BPO服务外包产业园、青岛工业设计产业园等为基地，形成"一带一区两园多基地"的软件产业集聚发展新格局。二是加快推进软件园区建设。支持区（市）、企业结合本地实际，错位发展，利用存量土地和厂房资源，建设各具特色的软件园区。三是加强公共服务平台建设。加强软件技术开发、测试、集成验证等公共技术平台、行业应用软件和解决方案体验中心建设，积极引进发展数据中心、呼叫中

心、容灾备份中心等信息化基础设施平台。

（三）打造一批核心企业群体和知名品牌

一是打造一批领军企业。在电子家电、数字通信、数字社区（家居）、智能交通、能源管理、农村信息化、智能电网、网络安全、系统集成等领域选择一批家规模大、核心技术在行业内居领先地位的软件企业给予重点扶持，鼓励企业进一步做强做大。二是壮大一批高成长企业。选择一批拥有核心技术和自主知识产权、年营业收入超过 1000 万元的高成长软件企业给予重点扶持。三是引进一批高端企业。大力引进一批拥有核心技术和自主知识产权的基础软件研发企业、集成电路设计企业和优秀增值业务提供商、内容提供商、系统集成商落户青岛。四是分离建立一批软件企业。鼓励传统产业企业将其信息技术研发应用业务机构剥离，成立专业软件和信息服务企业，在对原企业提供信息服务的基础上，面向全行业和全社会服务。支持软件企业开展品牌创建工作。

（四）加快自主创新步伐，大力提升软件产业核心竞争能力

一是突破一批关键技术。鼓励和支持软件企业、科研机构、高校开展软件产业关键技术和共性技术研发。支持具有自主知识产权的软件产品研发和产业化。二是鼓励建立研发机构。支持企业、科研机构和高校建立软件产业技术创新中心、重点实验室等研发机构。三是开发行业解决方案。积极支持企业、科研机构、高校开展行业解决方案研发和产业化应用，帮助企业建立信息化竞争优势。四是推进技术标准制订工作。鼓励软件企业、以企业为主的产学研合作机构和专业协会，参与制订国际标准、国家标准、行业标准、地方标准和技术规范。鼓励和支持软件企业申请国际国内资质认证。

（五）加强示范工程引领作用，推进软件产业和其他产业融合发展

一是实施"软件服务示范工程"。在智能制造、智能交通、智能电网、智能社区等领域部署建设一批对产业化发展具有重大应用牵引作用的软件服务示范工程，在示范先行的基础上逐步开展应用推广。二是实施"百家企业升级计划"。重点通过信息化升级加快全市工业体系、流程和模式的再造，大力促进工业化和信息化融合。围绕产品数字化、设计智能化、过程自动化、系统集成化、管理信息化、商务电子化等企业信息化建设关键环节，重点推进 100 个两化融合重点项目。推进软件企业与工业企业对接，定期开展软件企业与工业企业对接活动。

（六）推进软件人才集聚，夯实软件产业发展基础

一是加快青年企业家的培养。举办青岛软件企业家高级研修班，重点培育 100 名软件企业管理和经营人才，组织软件企业高管赴美国、日本、印度等软件发达国家培训，拓宽国际视野，提升综合素质。二是大力引进高端软件人才。大力引进把握国际产业发展趋势、能带动青岛软件产业取得重大突破的世界顶尖人才，突破关键技术、具有先进管理理念的领军软件人才和紧缺急需的高层次创新创业软件人才。三是积极引进和发展软件人才培训机构。鼓励国内外知名软件产业专业培训机构在青岛开办软件培训学院。支持高校和社会培训机构开展软件学历教育和"卓越软件工程师"培训。

2010 年深圳市软件产业发展概况

2010 年，深圳软件产业总体呈现平稳较快发展态势，软件业务收入规模进一步扩大，骨干企业群体持续壮大，技术创新能力不断提升，在园区建设、新兴业态发展、人才培养等方面取得了长足发展，深圳软件产业正在成为推动深圳市优化产业结构、转变经济发展方式的重要支柱产业。

一、基本情况

（一）规模平稳较快增长，行业效益持续向好

2010 年，深圳市完成软件业务收入 1510.6 亿元，同比增长 19.3%，实现平稳较快增长，分别占广东省和全国比重的 61.8% 和 11.1%；软件出口达到 122.3 亿美元，同比增长 21.6%，占全国比重的 45.7%，继续位居全国首位。"双软"认定取得明显成果，2010 年新认定软件企业 340 家，累计认定软件企业 2862 家；新登记软件产品 1976 件，累计登记软件产品 12316 个，深圳市软件企业群体和软件产品数量居全国前列。在行业规模持续增长的同时，深圳软件产业效益继续良性发展，2010 年软件企业利润总额为 304 亿元，企业缴纳税金总额 123.4 亿元，对全市税收贡献逐渐提高。

（二）结构调整持续深化，软件产品越居主导地位，服务化趋势愈加明显

2010 年，在软件业务收入构成中，软件产品收入为 729.7 亿元，占 48.3%；信息系统集成服务收入为 179.5 亿元，占 11.9%；信息技术咨询服务收入为 34.6 亿元，占 2.3%；数据处理和运营服务收入为 94.6 亿元，占 6.3%；嵌入式系统软件收入为 453.9 亿元，占 30.0%。在各类软件业务收入中，信息技术咨询服务、数据处理和运营服务等收入呈较大幅度增长势头，已占到总收入的 8.6%，比 2009 年提高 5 个百分点，显示出软件产业日趋服务化。

（三）中小企业发展势头十分迅猛，增幅超过预期

2010 年，深圳产业发展的一大亮点是除华为、中兴两家龙头企业外的软件业务收入增长迅速，增速达到 42.9%，恢复了 2001 年以来的平均增幅，说明中小型企业在快速成长，发展势头十分迅猛。

中小型企业的快速发展使华为和中兴两家公司在行业中的占比有所下降，虽然这两家公司软件业务收入总和占比仍超过 50%，但深圳市软件业务收入对这两家公司的依赖度呈明显下降趋势，2010 年这两家公司占深圳软件业务比重比 2009 年下降了 8 个百分点。

（四）骨干企业群体继续壮大，行业发展对重点企业依赖明显

2010 年深圳市软件业务收入超过千万元的企业有 652 家，比 2009 年多 132 家，超过 1 亿元的企业有 112 家，比 2009 年（83 家）多 29 家，超过 10 亿元的企业有 11 家，比 2009

年多 4 家。其中，超过 1 亿元的企业实现软件业务收入 1299.5 亿元，占深圳市的 86.0%，显示出深圳软件行业集中度较高。重点企业发展态势直接决定整体行业发展景气。2010 年深圳市有 7 家企业入选 2009 年度我国软件业务收入前百家企业；2011 年有 27 家企业被列为 2010 年度国家规划布局内重点软件企业，比 2009 年度增加了 10 家。

（五）企业自主创新水平继续提升，重大核心技术攻关能力显著增强

深圳软件企业重视研发投入，2010 年软件研发经费投入达到 392 亿元，同比增长 26.7%。多年来对研发的重视，使得深圳软件产业在技术创新上持续提升，2010 年，深圳软件著作权登记量为 7974 件，同比增长超过 30%，居全国第二，中兴、华为 PCT 国际专利申请量排名分列全球第二和第四位。在国家重大科技专项实施上，深圳软件企业也有了突破，卓望数码、金蝶中间件、长城计算机等企业承担了网络化操作系统、集成化中间件套件和桌面操作系统等国家"核高基"项目，通过项目的实施增强了技术话语权、锻炼了人才。

（六）新兴软件技术和服务业态成长迅速

作为创新沃土，深圳一直引领软件和信息服务业的前沿。2010 年，深圳互联网、云计算和三网融合等新兴软件技术和服务业态呈现强劲的发展势头。在互联网方面，2010 年深圳市互联网产业规模突破 350 亿元，增长 47%，宜搜、华动飞天、融创天下等移动互联网企业不断成长，宜搜成为全球领先的中文无线搜索服务提供商；在云计算方面，深圳被列为国家云计算服务创新发展首批试点示范城市，华为、中兴、宝德科技、金蝶友商网、创新科等企业已规模投入云计算，发布了企业云计算战略，国家超级计算深圳中心建设进展顺利；在三网融合方面，同洲电子、茁壮网络、天威视讯、创维集团等企业抓住深圳入选全国三网融合试点城市的契机，联合推出 IPTV、甩信等多项新业务和产品。

（七）软件园区建设取得新突破，产业发展空间进一步拓展

土地空间不足一直是制约深圳软件产业发展的重要因素，近年来深圳市政府在土地供应上将软件产业纳入重点支持范围，软件产业园区建设取得新突破。2010 年，深圳市软件产业大厦正式投入使用，高新南区填海区 60 万平方米软件产业基地也正式开工建设，罗湖区互联网产业园、南山区网谷等园区集聚效应日渐明显。同时，在国家批复的深港前海现代服务业合作区已确定规划建设深圳软件园深港分园，大力发展高端软件和信息服务业，探索深港合作发展软件产业的新模式。

（八）企业资产并购和上市融资活跃

深圳大力实施上市企业资源培育工程，助推软件企业利用资本市场获得跃升发展。2010 年，全市软件行业新上市企业达到 10 家，其中英威腾、新纶科技、和而泰、达实智能在中小企业板上市，赛为智能、天源迪科、中青宝网、国民技术、银之杰、朗科在创业板上市。上市融资不仅解决了"轻资产"软件企业的资金问题，而且对规范软件企业治理结构，提升企业整体竞争力起到了积极作用。此外，2010 年，深圳重点软件企业，如腾讯、金蝶、天源迪科等企业加大了资产并购步伐，通过并购不断完善企业业务链条。

二、存在的问题

（一）软件人才成为决定行业发展的重要因素

人才是软件产业发展的核心资源，深圳高等院校相对缺乏，软件人才培养规模总量不足，同时深圳住房等生活成本较高，对外地软件毕业生来深就业形成了一定的制约。因此，如何寻找深圳城市精神与软件人才创业激情的契合点，如何有效对接深圳人才政策与软件人才面临的困难，进一步加大深圳对软件人才的吸引力，是目前软件产业发展的一项重大工作。深圳市政府正在加紧实施人才安居工程、创新人才奖励办法、孔雀计划等人才吸引和安置措施，大力吸引海内外人才，并加快了院校建设和人才合作培养模式探索，将在未来数年内显示出成效。

（二）产业增速趋于平稳

2000—2010年，深圳软件业务收入从不足100亿元持续扩大到1500亿元，以超过40%的年均增长快速发展。总体上看，深圳软件产业的快速发展得益于华为、中兴、腾讯等一批骨干企业的持续发展，对骨干企业的依赖十分明显，而随着骨干企业的壮大和全市整体软件产业规模基数的壮大，软件产业整体增速保持以往快速增长的势头也在不断加大。考虑到新兴软件业态的规模化发展和一批具有成长潜力的重点中小型企业的发展尚需时日，预计深圳市软件产业的增速将会趋于平稳，同时其走势也将较大程度地受到重点企业的影响。

（三）新兴软件业态的培育发展急需以应用推动

当前，软件产业网络化、服务化、数字化、平台化趋势日渐明显，云计算等新业态不断涌现，各地争相投入、大力发展，但总体看目前新兴产业的发展尚未进入规模化、市场化发展阶段，新兴业态的培育和发展更多的不是技术而是商业模式问题。深圳要在云计算等新兴业态发展上抢得先机，就必须尽快挖掘应用、创新模式，寻找可规模化推广的应用。

三、2011年展望

2011年是"十二五"规划的开局之年，深圳将继续围绕主题主线，把软件和信息服务业作为创造"深圳质量"的标志产业，大力发展。2011年，软件产业的发展既面临着人力成本上涨、我国货币流动性收缩等因素的影响，软件产业自身也进入了平稳增长的轨道，但综合来看是机遇大于挑战，预计2011年深圳市软件业务收入增速为20%左右。主要基于以下几个判断：一是从国际上看，金融危机的发生使美国等发达国家认识到制造业的重要性，其纷纷提出振兴制造业的战略，服务外包可能获得进一步的发展；二是从国内看，软件产业发展面临着难得的政策环境，国务院出台了新的鼓励软件产业发展的政策措施，提出了营业税免征等新的优惠政策，为深圳大量从事信息系统集成和运维、软件开发的企业提供了强劲的发展动力，同时随着国家两化融合战略的深入实施，各行业对软件和信息技术服务的需求将日趋强烈，将为工业软件、行业应用软件等提供较为广阔的市场空间；三是从深圳自身情况看，尽管华为、中兴两家企业嵌入式系统软件的增长受制于通信设备制造业景气情况，但深圳一大批处于快速成长期的年收入超过1亿元的重点软件企业有望抵消两家龙头企业可能出现的低增长，起到稳压器作业，同时深圳从2009年开始采取有力措施大力发展互联网、电子商务等产业，预计2011年将有明显的效果显现。

四、下一步工作

2011 年，深圳软件产业将围绕加快产业结构升级、加快转变经济发展方式这一主题、主线，强化战略定位、优化发展环境、完善政策体系、集聚要素资源，重点做好以下几个方面的工作，推动深圳市软件和信息服务业发展上新台阶。

一是大力创建中国软件名城。按照工信部和广东省政府要求，加快创建中国软件名城，完善创建工作方案、健全组织领导机构、分解创建工作任务，以创建中国软件名城为契机，举全市之力把软件和信息服务业打造成深圳经济新增长点，将深圳打造成为有气魄、有特色、有贡献的中国软件名城。

二是切实加强政策扶持力度。认真贯彻落实国务院《关于印发进一步鼓励软件产业和集成电路产业发展若干政策的通知》（国发［2011］4 号文），结合深圳产业实际，制订深圳鼓励软件产业和集成电路加快发展的政策措施，重点在软件关键核心技术研发、IC 设计、应用推广、人才培养等方面加大对企业和行业的引导、支持力度，制订和落实软件产业"十二五"发展规划，再造和提升软件产业发展的优越政策环境。

三是着力引进和培育软件人才。着力克服深圳软件院校较少的不足，结合深圳人才培养特色，继续以企业为主体加大对软件人才的培育和引进力度，同时继续吸引国内外知名院校在深圳设立分校，开展软件专业人才的培养。在软件人才培育和引进中，要高度重视解决人才住房问题，以实施人才安居工程为抓手，加大人才公寓和安居型商品房对"夹心层"软件人才的倾斜支持。

四是强力推进软件产业园区建设。着眼于软件产业发展空间的拓展，明确职责、倒排工期，全力推进深圳软件产业基地建设，在条件许可的情况下，采取边建设、边使用的方式尽快投入使用，及时解决软件企业反映强烈的空间需求问题。

五是做强优势，做大新兴。一方面要坚持特色发展，继续依托一批重点企业巩固和提升嵌入式系统软件，金融、电信、物流等大型行业应用软件，信息系统集成与运维等优势软件和服务业，做强优势产业；另一方面要坚持高端发展，瞄准国际软件和信息服务业发展前沿，加快发展云计算、移动互联网、三网融合等新兴软件业态，做大新兴产业。

六是加大知名企业引进力度。开展产业链招商，着眼于壮大和完善总部、研发和营销等产业链关键环节，继续加大力度引进一批国内外知名的软件企业和项目落户深圳，进一步发挥总部企业集聚带来的税源扩大、品牌提升、人才吸引等效应，进一步补强产业研发特别是公共技术服务、科技中介服务等环节，整体提升行业竞争力。

七是加强投融资体系建设。继续大力实施软件企业上市资源培育工程，引导和支持企业利用资本市场加快发展，同时积极开展软件著作权等知识产权质押融资试点工作，进一步丰富和拓展软件企业融资渠道。

八是加强和完善软件产业统计分析和监测体系。进一步加强和完善软件产业统计分析和监测体系，做好产业发展的分析和研究，特别是要针对软件产业发展的新趋势和出现的新业态，积极创新和完善统计方法和体系，切实反映产业发展现状，为政府决策提供可靠依据，为把握产业发展动向、引导产业发展提供有力支持。

II 综合统计

	企业数（个）	软件业务收入	其中：软件产品收入
软件企业合计	20742	135885510	49305320
一、按企业登记注册类型分列			
内资企业	18153	92924573	36366158
国有企业	407	9574394	3090251
集体企业	43	2026468	34468
股份合作企业	117	808378	196924
联营企业	42	556793	124285
国有联营企业	7	189358	12908
集体联营企业	11	32583	14022
国有与集体联营企业	8	228324	61900
其他联营企业	16	106527	35455
有限责任公司	9335	41901288	15670361
国有独资公司	79	1362567	266746
其他有限责任公司	9256	40538721	15403615
股份有限公司	1314	19254991	9643679
私营企业	6766	18384049	7473118
其他内资企业	129	418211	133072
中国港、澳、台商投资企业	743	15233537	4638201
合资经营企业（中国港、澳、台资）	207	2613739	1538755
合作经营企业（中国港、澳、台资）	17	121289	46362
中国港、澳、台商独资经营企业	494	12109403	3019605
中国港、澳、台商投资股份有限公司	25	389106	33480
外商投资企业	1846	27727399	8300960
中外合资经营企业	425	8123824	2976165
中外合作经营企业	35	268001	120471
外资企业	1334	17866545	4839661
外商投资股份有限公司	52	1469029	364664
二、按经济类型分列			
国有经济	493	11126320	3369905
集体经济	54	2059051	48491

主要指标汇总表（一）

单位：万元

其中：				
信息系统集成服务收入	信息技术咨询服务收入	数据处理和运营服务收入	嵌入式系统软件收入	IC设计收入
31166873	**11998876**	**17634255**	**21283328**	**4496858**
23160662	8685297	11142377	11848217	1721861
3385689	1113902	510204	1223978	250371
423054	332626	329567	875507	31245
237946	70720	33385	266700	2704
103548	187332	9450	130650	1527
17316	59134		100000	
12779	4269	1410	103	
57832	93917	8035	5114	1527
15621	30012	5	25434	
10038766	3660031	5386912	6506593	638625
509878	74432	127271	382760	1480
9528888	3585599	5259642	6123833	637145
4720359	1341794	1933473	1154006	461680
4084891	1950763	2917311	1627705	330263
166408	28130	22075	63078	5447
3865377	516697	3258603	2419774	534885
392727	181130	163054	270070	68004
10585	2844	53480	1651	6367
3362445	332698	2947809	1999933	446914
99620	25	94260	148121	13600
4140834	2796882	3233275	7015337	2240111
1997765	327061	530681	2159807	132345
75520	21193	35804	13144	1869
1949521	2014793	2591861	4480286	1990423
118028	433834	74929	362101	115474
3912884	1247468	637475	1706738	251851
435833	336895	330977	875610	31245

	企业数 （个）	软件业务收入	其中： 软件产品收入
股份合作经济	117	808378	196924
股份制经济	10570	59793712	25047294
外商及中国港、澳、台投资经济	2589	42960937	12939162
其他经济	6919	19137112	7703544
三、按控股分列			
公有控股经济	2176	41163923	15966491
国有控股	1424	28621915	12913020
国有绝对控股	739	13647412	4387179
国有相对控股	685	14974503	8525841
集体控股	752	12542008	3053471
集体绝对控股	381	9723461	2116367
集体相对控股	371	2818547	937105
非公有控股经济	18566	94721587	33338828
私人控股	15762	54274085	21703915
私人绝对控股	10758	33287813	13154101
私人相对控股	5004	20986272	8549813
中国港、澳、台商控股	1009	13763542	3667125
中国港、澳、台商绝对控股	775	8231954	2887340
中国港、澳、台商相对控股	234	5531589	779785
外商控股	1795	26683960	7967789
外商绝对控股	1127	18221689	4939638
外商相对控股	668	8462271	3028151
四、按软件出口基地分列			
北京软件出口基地	25	4058190	956745
天津软件出口基地	81	213314	89692
大连软件出口基地	459	4281341	1567011
上海软件出口基地	216	1820199	938023
深圳软件出口基地	132	740593	328365
西安软件出口基地	619	2646424	743441
五、按软件园区分列			

主要指标汇总表（一）

单位：万元

其中：				
信息系统集成服务收入	信息技术咨询服务收入	数据处理和运营服务收入	嵌入式系统软件收入	IC设计收入
237946	70720	33385	266700	2704
14249247	4927393	7193115	7277839	1098825
8006212	3313579	6491878	9435111	2774996
4324752	2102822	2947426	1721330	337237
11118191	3049815	2653671	7662433	713322
7887303	2306389	2049797	2831119	634288
4659300	1405982	892920	1923880	378151
3228003	900406	1156877	907238	256137
3230888	743426	603874	4831314	79033
2245823	506220	454373	4338518	62160
985066	237207	149501	492796	16873
20048682	8949061	14980584	13620896	3783536
12448784	5807745	9087393	4253741	972506
8332884	3367642	4767618	3100703	564864
4115900	2440103	4319775	1153038	407642
3846869	474226	2519352	2495576	760395
1055807	363475	1007956	2210372	707004
2791062	110751	1511396	285204	53391
3753029	2667090	3373838	6871579	2050635
1778269	2022190	1963991	5620457	1897143
1974760	644900	1409847	1251121	153492
2749083	49236	228524	74602	
68289	54206	984		144
515972	806966	806189	516214	68990
302221	96377	391686		91892
74083	16406	91018	135102	95619
841571	610041	100457	231224	119690

	企业数（个）	软件业务收入	其中：软件产品收入
北京中关村软件园	13	786708	476321
大连软件园	459	4281341	1567011
上海浦东软件园	211	1728307	938023
南京软件园	180	2266942	1002542
杭州软件园	625	5554374	2386957
山东齐鲁软件园	478	2515126	1137654
长沙软件园	427	816302	505599
广州天河软件园	1082	4253876	1436711
珠海南方软件园	160	576011	300741
成都软件园	444	4078167	2444585
西安软件园	619	2646424	743441
六、按行业分列			
软件产品行业	12148	54437302	44055354
信息系统集成服务行业	3188	28078061	2639940
信息技术咨询服务行业	1654	8897308	595939
数据处理和运营服务行业	1777	15816960	404349
嵌入式系统软件行业	1598	24095942	1549681
IC设计行业	377	4559936	60057

主要指标汇总表（一）

单位：万元

其中： 信息系统集成服务 收入	信息技术咨询服务 收入	数据处理和运营 服务收入	嵌入式系统软件 收入	IC设计收入
49723	49236	86750	74602	50076
515972	806966	806189	516214	68990
302221	96377	391686		
826197	102512	311810	16425	7456
1406632	275555	1371879	4514	108837
365102	768114	131904	100973	11378
125697	28734	20321	135952	
609833	840910	1251443	36451	78529
12069	206229	10390	10120	36462
384817	603133	285208	37529	322896
841571	610041	100457	231224	119690
6718364	2130990	1092255	280067	160274
21942140	1480893	604422	1286909	123757
627697	7192896	395872	43585	41319
146172	323917	14749967	175353	17202
1714370	375835	783444	19489122	183490
18131	494345	8296	8292	3970815

2010年软件产业主要指标汇总表（二）

单位：万美元

	软件业务 出口收入	软件外包服务 出口收入	嵌入式系统软件 出口收入
软件企业合计	**2673526**	**535135**	**1145535**
一、按企业登记注册类型分列			
内资企业	1505437	142911	662687
国有企业	24397	3963	14553
集体企业	20001	1608	17962
股份合作企业	12325	104	9273
联营企业	2901	2146	755
国有联营企业	50	50	
集体联营企业	96	93	3
国有与集体联营企业	2755	2003	752
其他联营企业			
有限责任公司	982321	56217	577096
国有独资公司	3087		3087
其他有限责任公司	979234	56217	574009
股份有限公司	395842	55480	22166
私营企业	64753	23243	18740
其他内资企业	2897	149	2142
中国港、澳、台商投资企业	238801	45024	110765
合资经营企业（中国港、澳、台资）	10438	1912	6275
合作经营企业（中国港、澳、台资）	106	77	
中国港、澳、台商独资经营企业	207646	41900	87020
中国港、澳、台商投资股份有限公司	20611	1136	17470
外商投资企业	929288	347200	372083
中外合资经营企业	144322	32176	84663
中外合作经营企业	1893	999	628
外资企业	684618	252033	266372
外商投资股份有限公司	98454	61992	20420
二、按经济类型分列			
国有经济	27534	4013	17640
集体经济	20097	1701	17965
股份合作经济	12325	104	9273

2010年软件产业主要指标汇总表（二）

单位：万美元

	软件业务 出口收入	软件外包服务 出口收入	嵌入式系统软件 出口收入
股份制经济	1375076	111698	596175
外商及中国港、澳、台投资经济	1168089	392224	482848
其他经济	70405	25395	21634
三、按控股分列			
公有控股经济	1258312	76048	578096
国有控股	387331	65915	25005
国有绝对控股	46105	9253	19493
国有相对控股	341226	56662	5512
集体控股	870981	10133	553091
集体绝对控股	858798	7316	543897
集体相对控股	12183	2816	9194
非公有控股经济	1415214	459087	567440
私人控股	228030	90268	61624
私人绝对控股	152410	47809	48130
私人相对控股	75620	42459	13494
中国港、澳、台商控股	273321	48654	114986
中国港、澳、台商绝对控股	222364	21217	96855
中国港、澳、台商相对控股	50957	27437	18131
外商控股	913864	320166	390829
外商绝对控股	721775	228157	299766
外商相对控股	192089	92009	91063
四、按软件出口基地分列			
北京软件出口基地	8367	3632	4735
天津软件出口基地	2462	1462	
大连软件出口基地	163571	129056	15139
上海软件出口基地	27611	23316	
深圳软件出口基地	10457	2964	5331
西安软件出口基地	22266	17960	2828
五、按软件园区分列			
北京中关村软件园	8194	3459	4735
大连软件园	163571	129056	15139

2010年软件产业主要指标汇总表（二）

单位：万美元

	软件业务 出口收入	软件外包服务 出口收入	嵌入式系统软件 出口收入
上海浦东软件园	24631	23316	
南京软件园	5289	4899	
杭州软件园	70497	26330	
山东齐鲁软件园	10062	8651	1203
长沙软件园	3725	2112	
广州天河软件园	17165	14555	2
珠海南方软件园	16914	562	21
成都软件园	60363	6623	2096
西安软件园	22266	17960	2828
六、按行业分列			
软件产品行业	715855	272402	4137
信息系统集成服务行业	99500	43241	27129
信息技术咨询服务行业	135373	127776	569
数据处理和运营服务行业	125499	78450	8516
嵌入式系统软件行业	1425821	229	1105185
IC设计行业	171479	13036	

2010年软件产业主要指标汇总表（三）

单位：万元

	利润总额	流动资产平均余额	资产合计	负债合计	固定资产投资额
软件企业合计	21740071	102862596	191341517	87251193	7714972
一、按企业登记注册类型分列					
内资企业	14298787	78851177	141182606	62830533	4518673
国有企业	1618329	8874647	16242708	9587487	604851
集体企业	125563	1142489	1652126	1261732	4539
股份合作企业	67214	476622	917732	422048	22833
联营企业	65887	241207	393221	173713	7736
国有联营企业	3486	26573	35367	8953	3539
集体联营企业	12308	21578	50414	20976	221
国有与集体联营企业	20850	157159	245494	96925	3282
其他联营企业	29243	35897	61947	46859	695
有限责任公司	6501964	30699298	63158817	27184945	1772240
国有独资公司	175249	1603795	3143795	1393250	73175
其他有限责任公司	6326715	29095503	60015022	25791695	1699065
股份有限公司	3204348	19282062	41110089	17031719	1312368
私营企业	2666031	17972861	17160876	7014054	781211
其他内资企业	49451	161992	547035	154836	12895
中国港、澳、台商投资企业	3832371	8649249	18458753	8113889	981065
合资经营企业（中国港、澳、台资）	232462	1421611	2536277	1356188	96626
合作经营企业（中国港、澳、台资）	22741	324423	449737	239525	1402
中国港、澳、台商独资经营企业	3446629	6699754	14776085	6298119	859332
中国港、澳、台商投资股份有限公司	130540	203460	696653	220056	23705
外商投资企业	3608912	15362170	31700158	16306771	2215234
中外合资经营企业	930588	4457602	8234444	5123370	377229
中外合作经营企业	53726	260859	398927	145083	9126
外资企业	2479920	10101106	22021880	10626412	1812924
外商投资股份有限公司	144678	542604	1044908	411905	15955
二、按经济类型分列					
国有经济	1797064	10505014	19421870	10989690	681565
集体经济	137871	1164067	1702540	1282707	4760
股份合作经济	67214	476622	917732	422048	22833

2010年软件产业主要指标汇总表（三）

单位：万元

	利润总额	流动资产平均余额	资产合计	负债合计	固定资产投资额
股份制经济	9531063	48377565	101125111	42823414	3011433
外商及中国港、澳、台投资经济	7441283	24011419	50158911	24420660	3196299
其他经济	2765575	18327908	18015353	7312674	798083
三、按控股分列					
公有控股经济	6469799	34384355	66687134	33739424	1781776
国有控股	4675329	25850928	48816042	25901450	1611414
国有绝对控股	2578195	14610389	23785672	13140404	891100
国有相对控股	2097134	11240539	25030371	12761046	720314
集体控股	1794469	8533426	17871092	7837974	170363
集体绝对控股	1448284	6910842	13965069	5807853	97043
集体相对控股	346185	1622585	3906023	2030121	73320
非公有控股经济	15270272	68478241	124654383	53511769	5933195
私人控股	8595815	46508385	77082682	30868924	2813739
私人绝对控股	5545877	35222957	43237432	18311991	2080741
私人相对控股	3049938	11285429	33845251	12556933	732997
中国港、澳、台商控股	3258622	7950073	17648869	7667958	814629
中国港、澳、台商绝对控股	2347615	7027458	11839760	5500008	691063
中国港、澳、台商相对控股	911007	922616	5809109	2167950	123566
外商控股	3415835	14019782	29922832	14974887	2304828
外商绝对控股	2522915	11674008	19369937	8978098	1846469
外商相对控股	892920	2345774	10552894	5996789	458359
四、按软件出口基地分列					
北京软件出口基地	340452	320230	3775912	1511652	93867
天津软件出口基地	39542	99087	254074	101390	6511
大连软件出口基地	398782	941675	1910331	971990	57660
上海软件出口基地	458233	1991993	2918880	1434307	407929
深圳软件出口基地	176664	1362857	1700595	489948	26718
西安软件出口基地	169007	3002223	4552984	2417138	271173
五、按软件园区分列					
北京中关村软件园	91422	214913	1344704	601546	47973
大连软件园	398782	941675	1910331	971990	57660

2010年软件产业主要指标汇总表（三）

单位：万元

	利润总额	流动资产平均余额	资产合计	负债合计	固定资产投资额
上海浦东软件园	449498	1918374	2834926	1386983	404757
南京软件园	279458	2528873	3109167	1654996	202809
杭州软件园	1436605	7263284	11078533	5581164	357457
山东齐鲁软件园	349179	1694577	2367569	993508	13272
长沙软件园	189951	1043738	2096809	837705	114169
广州天河软件园	787125	3556527	7127940	2287962	154087
珠海南方软件园	202781	558437	1198086	382461	97472
成都软件园	485972	1961089	3391644	1422560	242235
西安软件园	169007	3002223	4552984	2417138	271173
六、按行业分列					
软件产品行业	10831625	45900721	93824991	38084914	3679570
信息系统集成服务行业	3332611	16193119	31991940	16772303	851497
信息技术咨询服务行业	1309134	4161951	9522489	4623774	222467
数据处理和运营服务行业	3438273	11620371	26849583	13099831	1487819
嵌入式系统软件行业	2160928	21450582	18847433	10795504	594729
IC设计行业	667500	3535852	10305081	3874867	878890

2010年软件产业主要指标汇总表（四）

单位：万元

	主营业务税金及附加	年末所有者权益	年初所有者权益	应交增值税
软件企业合计	**3486639**	**104090324**	**65325911**	**4511908**
一、按企业登记注册类型分列				
内资企业	2623217	78352073	49802020	3451513
国有企业	286711	6655222	6171901	437845
集体企业	14791	390395	103326	52845
股份合作企业	12143	495684	347374	37441
联营企业	33552	219508	187768	15665
国有联营企业	16195	26413	15703	1894
集体联营企业	505	29438	18579	741
国有与集体联营企业	15539	148569	140655	12074
其他联营企业	1313	15088	12831	957
有限责任公司	1270433	35973872	23541124	1770547
国有独资公司	23465	1750545	1402164	37377
其他有限责任公司	1246968	34223327	22138960	1733170
股份有限公司	456098	24078370	13008027	435547
私营企业	536499	10146822	6347876	693290
其他内资企业	12991	392199	94624	8333
中国港、澳、台商投资企业	330548	10344864	5168722	324848
合资经营企业（中国港、澳、台资）	59249	1180089	966852	100533
合作经营企业（中国港、澳、台资）	1323	210212	198806	4404
中国港、澳、台商独资经营企业	267764	8477966	3884175	203604
中国港、澳、台商投资股份有限公司	2212	476597	118889	16308
外商投资企业	532873	15393387	10355169	735547
中外合资经营企业	148354	3111074	1861598	262770
中外合作经营企业	6036	253843	91783	14867
外资企业	330400	11395468	8013068	420251
外商投资股份有限公司	48083	633002	388721	37659
二、按经济类型分列				
国有经济	326371	8432180	7589768	477115
集体经济	15295	419832	121905	53586
股份合作经济	12143	495684	347374	37441

2010年软件产业主要指标汇总表（四）

	主营业务税金及附加	年末所有者权益	年初所有者权益	应交增值税
股份制经济	1703066	58301698	35146987	2168717
外商及中国港、澳、台投资经济	863421	25738251	15523891	1060395
其他经济	566342	10702679	6595986	714654
三、按控股分列				
公有控股经济	1063368	32947710	19879432	1498655
国有控股	828561	22914593	15979664	965471
国有绝对控股	384337	10645268	9700312	593464
国有相对控股	444224	12269325	6279352	372007
集体控股	234807	10033118	3899768	533184
集体绝对控股	134898	8157215	2545321	447668
集体相对控股	99909	1875902	1354448	85516
非公有控股经济	2423271	71142614	45446479	3013253
私人控股	1685502	46213758	30700543	2016970
私人绝对控股	1043761	24925441	18933044	1487110
私人相对控股	641741	21288318	11767499	529859
中国港、澳、台商控股	274959	9980911	4787029	284471
中国港、澳、台商绝对控股	177607	6339751	4160328	191693
中国港、澳、台商相对控股	97352	3641159	626702	92777
外商控股	462810	14947945	9958906	711813
外商绝对控股	276913	10391839	8748262	356970
外商相对控股	185897	4556106	1210644	354842
四、按软件出口基地分列				
北京软件出口基地	44710	2264259	256992	64692
天津软件出口基地	3359	152685	91743	232350
大连软件出口基地	218793	938341	665771	74758
上海软件出口基地	45239	1484573	1182023	27831
深圳软件出口基地	6647	1210647	600348	50393
西安软件出口基地	197878	2135846	1598868	41145
五、按软件园区分列				
北京中关村软件园	11998	743157	120537	24462
大连软件园	218793	938341	665771	74758

2010年软件产业主要指标汇总表（四）

单位：万元

	主营业务税金及附加	年末所有者权益	年初所有者权益	应交增值税
上海浦东软件园	44457	1447943	1137292	25680
南京软件园	24532	1454171	1087957	72314
杭州软件园	152195	5497370	3922800	237278
山东齐鲁软件园	116571	1374061	1104877	46119
长沙软件园	15575	1259104	1600408	47540
广州天河软件园	219476	4839978	3773949	60523
珠海南方软件园	8278	815625	540035	19923
成都软件园	68564	1969084	1258767	84388
西安软件园	197878	2135846	1598868	41145
六、按行业分列				
软件产品行业	1348380	55740076	31936860	2502724
信息系统集成服务行业	615910	15219637	11921632	945986
信息技术咨询服务行业	357978	4898715	3045417	126142
数据处理和运营服务行业	882045	13749752	7993064	159549
嵌入式系统软件行业	249601	8051929	5607776	693236
IC设计行业	32726	6430214	4821161	84271

2010年软件产业主要指标汇总表（五）

单位：万元

	应交所得税	出口已退税额	研发经费	应收帐款	应付帐款
软件企业合计	3277103	434872	11306354	42410468	29923213
一、按企业登记注册类型分列					
内资企业	2434617	223421	8417592	30209206	21926336
国有企业	202388	7465	936330	2562744	2386086
集体企业	20201	106	39853	237751	348839
股份合作企业	10080	2059	69004	221259	104806
联营企业	8158	21	15283	47620	18778
国有联营企业	4822		2533	5278	4322
集体联营企业	315		668	4387	3198
国有与集体联营企业	2309	21	8766	32807	2298
其他联营企业	711		3316	5147	8960
有限责任公司	1318426	65463	3736869	17893375	12975365
国有独资公司	15959	620	122416	389937	346595
其他有限责任公司	1302467	64843	3614453	17503438	12628771
股份有限公司	480111	116756	1613813	5910108	4541247
私营企业	388935	31516	1965882	3269933	1489580
其他内资企业	6316	35	40558	66417	61635
中国港、澳、台商投资企业	347091	65217	1087876	4627955	2251598
合资经营企业（中国港、澳、台资）	30364	8726	345620	842057	277400
合作经营企业（中国港、澳、台资）	4784		36528	50265	15922
中国港、澳、台商独资经营企业	297997	55259	683288	3520108	1907878
中国港、澳、台商投资股份有限公司	13946	1232	22441	215524	50398
外商投资企业	495395	146233	1800885	7573307	5745279
中外合资经营企业	151342	87872	325467	1607463	1908778
中外合作经营企业	5488	89	31484	76732	8790
外资企业	316825	55821	1386048	5712706	3766084
外商投资股份有限公司	21741	2451	57886	176407	61627
二、按经济类型分列					
国有经济	223170	8085	1061279	2957959	2737003
集体经济	20516	107	40521	242138	352037
股份合作经济	10080	2059	69004	221259	104806

2010年软件产业主要指标汇总表（五）

单位：万元

	应交所得税	出口已退税额	研发经费	应收帐款	应付帐款
股份制经济	1782578	181599	5228265	23413546	17170018
外商及中国港、澳、台投资经济	842486	211450	2888762	12201262	7996877
其他经济	398273	31572	2018522	3374304	1562473
三、按控股分列					
公有控股经济	958837	104712	4013910	11784048	8312004
国有控股	726471	101412	2834574	8641583	6221989
国有绝对控股	267063	33372	1305475	4568106	3854288
国有相对控股	459408	68041	1529099	4073477	2367700
集体控股	232366	3300	1179336	3142465	2090015
集体绝对控股	197567	1447	958127	2536934	1750765
集体相对控股	34800	1852	221208	605531	339250
非公有控股经济	2318267	330160	7292444	30626420	21611210
私人控股	1410240	96370	4780012	19116501	13943828
私人绝对控股	1047256	66308	2204659	14618801	11732913
私人相对控股	362984	30062	2575353	4497700	2210915
中国港、澳、台商控股	324513	63102	777077	4289567	2151505
中国港、澳、台商绝对控股	227540	54676	643274	3221275	2071116
中国港、澳、台商相对控股	96973	8426	133803	1068292	80389
外商控股	583514	170688	1735355	7220352	5515876
外商绝对控股	378252	159625	1171115	5456635	4634093
外商相对控股	205262	11063	564240	1763717	881783
四、按软件出口基地分列					
北京软件出口基地	40387	239	27237	910101	52750
天津软件出口基地	118788	18	12497	62765	32733
大连软件出口基地	35382	2886	71090	233761	102774
上海软件出口基地	58754	1560	191774	472526	269047
深圳软件出口基地	13091	2717	121469	218351	98802
西安软件出口基地	31634	1	213830	7353643	412694
五、按软件园区分列					
北京中关村软件园	8048	239	15272	213119	69924
大连软件园	35382	2886	71090	233761	102774

2010年软件产业主要指标汇总表（五）

单位：万元

	应交所得税	出口已退税额	研发经费	应收帐款	应付帐款
上海浦东软件园	57017	1560	171553	456083	254779
南京软件园	279417	59234	146994	1256765	925896
杭州软件园	135013	18197	556923	1260061	799707
山东齐鲁软件园	59071	193	35887	175448	75097
长沙软件园	26352	1083	76750	371743	210801
广州天河软件园	76012	10252	581372	931217	526133
珠海南方软件园	8260	9904	74745	350279	92874
成都软件园	46918	2716	280233	462540	331607
西安软件园	31634	1	213830	7353643	412694
、按行业分列					
软件产品行业	1996696	278260	6480363	24131024	17141982
信息系统集成服务行业	381493	15019	1717125	6684348	4206252
信息技术咨询服务行业	123170	1626	606147	1689905	819847
数据处理和运营服务行业	347142	7789	898357	4223335	3466573
嵌入式系统软件行业	349062	83205	1129065	4608093	3676805
IC设计行业	79540	48972	475297	1073763	611755

2010年软件产业主要指标汇总表（六）

单位：万元

	增加值	劳动者报酬	固定资产折旧	生产税净额	营业盈余
软件企业合计	53976624	20863262	4945607	7900610	20267145
一、按企业登记注册类型分列					
内资企业	34140744	13405444	2954631	4526575	13252716
国有企业	3489835	1381972	334923	455849	1317091
集体企业	346991	100207	34432	62524	149828
股份合作企业	198810	89671	15557	29877	63705
联营企业	207147	50146	19101	14130	123769
国有联营企业	82238	5812	305	1561	74560
集体联营企业	6585	3014	1236	264	2071
国有与集体联营企业	70955	25446	8479	7213	29817
其他联营企业	47368	15874	9081	5092	17322
有限责任公司	15721521	5692523	1434851	2135646	6458490
国有独资公司	592955	222180	78519	53962	238295
其他有限责任公司	15128565	5470342	1356332	2081685	6220196
股份有限公司	7545226	3313970	500159	872413	2857315
私营企业	6502082	2703976	600135	945862	2252109
其他内资企业	129134	72977	15472	10274	30410
中国港、澳、台商投资企业	8135453	2225853	515764	1607546	3786291
合资经营企业（中国港、澳、台资）	1103419	492652	128424	170721	311622
合作经营企业（中国港、澳、台资）	67196	21265	3881	2112	39938
中国港、澳、台商独资经营企业	6749662	1653271	379190	1409779	3307422
中国港、澳、台商投资股份有限公司	215177	58664	4270	24934	127309
外商投资企业	11701805	5231965	1475213	1766489	3228138
中外合资经营企业	2719241	1124993	190530	458995	944723
中外合作经营企业	153121	66787	6096	21825	58413
外资企业	8455260	3850485	1238361	1252693	2113720
外商投资股份有限公司	374183	189700	40226	32975	111282
二、按经济类型分列					
国有经济	4165029	1609965	413747	511371	1629945
集体经济	353577	103222	35668	62788	151899
股份合作经济	198810	89671	15557	29877	63705

2010年软件产业主要指标汇总表（六）

单位：万元

	增加值	劳动者报酬	固定资产折旧	生产税净额	营业盈余
股份制经济	22673791	8784313	1856492	2954098	9077510
外商及中国港、澳、台投资经济	19837258	7457818	1990976	3374034	7014429
其他经济	6749538	2818273	633167	968441	2329656
三、按控股分列					
公有控股经济	14856543	5965313	1236748	1949386	5705096
国有控股	10953359	4825560	1011459	1238479	3877860
国有绝对控股	5478288	2289224	535845	572381	2080838
国有相对控股	5475070	2536336	475613	666098	1797023
集体控股	3903184	1139753	225290	710907	1827235
集体绝对控股	3008436	772625	161816	578030	1495966
集体相对控股	894748	367127	63474	132877	331270
非公有控股经济	39121459	14897949	3708859	5951224	14562050
私人控股	20337325	7874955	1739808	2697570	8023614
私人绝对控股	12027982	4640152	1088345	1467694	4830413
私人相对控股	8309343	3234803	651463	1229876	3193201
中国港、澳、台商控股	7512536	1993421	585158	1520190	3413767
中国港、澳、台商绝对控股	5531872	1374513	473352	1281919	2402087
中国港、澳、台商相对控股	1980665	618909	111805	238271	1011680
外商控股	11271598	5029573	1383893	1733463	3124668
外商绝对控股	7512369	3007994	1089745	1093993	2320636
外商相对控股	3759229	2021579	294148	639470	804032
四、按软件出口基地分列					
北京软件出口基地	866237	302080	53561	172095	338501
天津软件出口基地	75500	29873	5091	13864	26671
大连软件出口基地	795472	485216	157861	14326	138069
上海软件出口基地	913419	374394	69211	76982	392832
深圳软件出口基地	328550	138463	16821	50497	122770
西安软件出口基地	899767	364098	118330	151018	266321
五、按软件园区分列					
北京中关村软件园	324963	173443	9838	52489	89193
大连软件园	795472	485216	157861	14326	138069

2010年软件产业主要指标汇总表（六）

单位：万元

	增加值	劳动者报酬	固定资产折旧	生产税净额	营业盈余
上海浦东软件园	882363	351763	66028	77933	386639
南京软件园	513009	189420	25203	76797	221589
杭州软件园	2445944	834650	131007	258481	1220428
山东齐鲁软件园	711670	250183	43781	78617	339089
长沙软件园	362171	127223	23348	55043	156557
广州天河软件园	2371066	1140999	168005	226510	835551
珠海南方软件园	333533	132715	22538	14755	163524
成都软件园	2146557	859454	88063	331871	867169
西安软件园	899767	364098	118330	151018	266321
六、按行业分列					
软件产品行业	24505768	10157548	1933995	3298076	9114770
信息系统集成服务行业	8336027	3532675	744656	1083868	2974829
信息技术咨询服务行业	3755688	1889050	264757	226897	1374983
数据处理和运营服务行业	10220426	3099130	848984	2461065	3811247
嵌入式系统软件行业	5025687	1489431	486655	722262	2327339
IC设计行业	2134407	695427	666560	108442	663977

2010年软件产业主要指标汇总表（七）

	从业人员 年末人数	软件研 发人员	管理 人员	硕士以 上人员	大本 人员	大专 以下
软件企业合计	**2724556**	**983674**	**289741**	**282770**	**1455446**	**986333**
一、按企业登记注册类型分列						
内资企业	2003300	737602	230986	196813	1101694	704789
国有企业	185401	60196	20536	23374	86906	75117
集体企业	13342	2070	892	636	4237	8468
股份合作企业	16170	7116	1911	1620	9206	5344
联营企业	16946	7282	1198	614	7853	8479
国有联营企业	1047	558	154	111	580	355
集体联营企业	1007	358	193	129	555	323
国有与集体联营企业	10998	4515	552	213	4527	6258
其他联营企业	3894	1851	299	161	2191	1543
有限责任公司	920071	356995	116607	86224	515605	318241
国有独资公司	29639	10117	2820	3525	13324	12793
其他有限责任公司	890432	346878	113787	82699	502281	305448
股份有限公司	379244	150994	38635	49624	210725	118889
私营企业	457284	148442	49295	33595	258941	164757
其他内资企业	14842	4507	1912	1126	8221	5494
中国港、澳、台商投资企业	218768	75533	20349	29244	101754	87771
合资经营企业（中国港、澳、台资）	47199	23096	5339	12154	19388	15655
合作经营企业（中国港、澳、台资）	3100	1161	213	239	2200	661
中国港、澳、台商独资经营企业	163316	49868	14286	16178	77390	69750
中国港、澳、台商投资股份有限公司	5153	1408	511	673	2776	1705
外商投资企业	502488	170539	38406	56713	251998	193773
中外合资经营企业	100442	30455	8436	11526	48650	40260
中外合作经营企业	10636	2900	719	687	5788	4161
外资企业	367499	124615	28093	42733	181633	143137
外商投资股份有限公司	23911	12569	1158	1767	15927	6215
二、按经济类型分列						
国有经济	216087	70871	23510	27010	100810	88265
集体经济	14349	2428	1085	765	4792	8791
股份合作经济	16170	7116	1911	1620	9206	5344

2010年软件产业主要指标汇总表（七）

单位：人

	从业人员年末人数	软件研发人员	管理人员	硕士以上人员	大本人员	大专以下
股份制经济	1269676	497872	152422	132323	713006	424337
外商及中国港、澳、台投资经济	721256	246072	58755	85957	353752	281544
其他经济	487018	159315	52058	35095	273880	178052
三、按控股分列						
公有控股经济	690309	267240	74742	96503	346946	246852
国有控股	531425	198396	59407	76856	263737	190825
国有绝对控股	298919	88199	36661	31896	140729	126289
国有相对控股	232506	110197	22746	44960	123008	64536
集体控股	158884	68844	15335	19647	83209	56027
集体绝对控股	105589	46157	9816	15258	51701	38630
集体相对控股	53295	22687	5519	4389	31508	17397
非公有控股经济	2034247	716434	214999	186267	1108500	739481
私人控股	1334640	488970	159827	110477	770176	453991
私人绝对控股	847616	316347	109799	73776	499825	274030
私人相对控股	487024	172623	50028	36701	270351	179961
中国港、澳、台商控股	213542	63827	18789	19744	95852	97942
中国港、澳、台商绝对控股	154571	45485	14465	12755	67235	74578
中国港、澳、台商相对控股	58971	18342	4324	6989	28617	23364
外商控股	486065	163637	36383	56046	242472	187548
外商绝对控股	331354	110138	26417	35761	168417	127177
外商相对控股	154711	53499	9966	20285	74055	60371
四、按软件出口基地分列						
北京软件出口基地	33257	22093	1924	4201	22302	6755
天津软件出口基地	5737	3412	773	505	4057	1175
大连软件出口基地	79877	49256	4501	6305	62855	10716
上海软件出口基地	34950	18103	4865	5310	21065	8575
深圳软件出口基地	20856	10634	3548	1199	13053	6602
西安软件出口基地	65767	32604	9370	8387	31828	25555
五、按软件园区分列						
北京中关村软件园	18380	12277	1263	1894	12150	4337
大连软件园	79877	49256	4501	6305	62855	10716

2010年软件产业主要指标汇总表（七）

单位：人

	从业人员年末人数	软件研发人员	管理人员	硕士以上人员	大本人员	大专以下
上海浦东软件园	33966	17346	4765	4829	20618	8519
南京软件园	24437	12963	3235	2886	15171	6379
杭州软件园	113745	43860	12974	9632	66758	37355
山东齐鲁软件园	66570	20777	11682	8067	46891	11610
长沙软件园	32806	14778	5146	2723	16762	13322
广州天河软件园	130987	37106	20708	8696	72676	49614
珠海南方软件园	19510	10284	2337	1759	10771	6979
成都软件园	82779	25856	6102	10731	38717	33327
西安软件园	65767	32604	9370	8387	31828	25555
六、按行业分列						
软件产品行业	1335574	591368	156059	163047	770814	401713
信息系统集成服务行业	457933	152275	45888	39366	261177	157390
信息技术咨询服务行业	240710	85793	29530	22088	133666	84956
数据处理和运营服务行业	369368	83181	28923	25357	174119	169892
嵌入式系统软件行业	234120	46945	22096	20077	87348	126688
IC设计行业	86851	24112	7245	12835	28322	45694

2010年软件产品完成情况

项 目	企业数（个）	本年收入（万元）	其中：出口（万美元）
软件收入明细合计	**20742**	**135885510**	**2673526**
软件产品行业（**E6201**）			
一、软件产品合计	15832	49305319	813205
（一）基础软件	2336	5161271	21252
1. 操作系统	856	2009683	7519
2. 数据库系统	537	1014552	1951
3. 其他	943	2137036	11781
（二）中间件	488	1465269	21080
1. 基础中间件	162	529582	3373
2. 业务中间件	235	421918	4903
3. 领域中间件	91	513768	12804
（三）应用软件	10860	33882481	560277
1. 通用软件	3930	7926727	54794
（1）企业管理软件	2191	2837635	16311
（2）游戏软件	260	1405663	15377
（3）辅助设计与辅助制造（CAD/CAM）软件	147	208481	7630
（4）其他通用软件	1332	3474947	15476
2. 行业应用软件	6866	25667624	503780
（1）通信软件	985	10974327	432774
（2）金融财税软件	494	2070327	19138
（3）能源软件	377	1412038	1273
（4）工业控制软件	953	3108919	8651
（5）交通应用软件	545	2021900	2435
（6）其他行业应用软件	3512	6080112	39509
3. 文字语言处理软件	64	288130	1703
（四）嵌入式应用软件	853	4758866	58894
（五）信息安全产品	716	1650073	7670
1. 基础和平台类安全产品	88	259224	
2. 内容安全产品	49	94393	2594
3. 网络安全产品	273	621095	1129
4. 专用安全产品	82	239077	618

2010年软件产品完成情况

项　　目	企业数（个）	本年收入（万元）	其中：出口（万美元）
5．安全测试评估	30	83040	1798
6．安全应用产品	127	175626	542
7．其他信息安全产品及相关服务	67	177618	989
（六）支撑软件	61	100321	445
（七）软件定制服务	518	2287040	143587
信息系统集成服务行业（**E6202**）			
二、信息系统集成服务合计	6486	31166873	282619
（一）信息系统设计服务	1916	7783776	24106
（二）集成实施服务	3169	20489310	254512
（三）运行维护服务	1401	2893787	4001
信息技术咨询服务行业（**E6203**）			
三、信息技术咨询服务合计	4899	11998876	133323
（一）信息化规划	445	1490678	12111
（二）信息技术管理咨询	2686	6039183	99936
（三）信息系统工程监理	623	2142869	5089
（四）测试评估	237	1151492	11980
（五）信息技术培训	908	1174654	4206
数据处理和运营服务行业（**E6204**）			
四、数据处理和运营服务合计	3021	17634255	120068
（一）数据处理服务	594	2542731	50253
（二）运营服务	1614	10368965	32818
1．软件运营服务	501	1780467	24665
2．平台运营服务	1016	7764083	6565
（1）物流管理服务平台	102	425176	603
（2）电子商务管理	323	2362010	2856
（3）在线娱乐平台	160	2483517	650
（4）在线教育平台	125	508537	155
（5）其他在线服务平台	306	1984843	2301
3．基础设施运营服务	97	824415	1588
（三）存储服务	55	98057	2534
（四）数字内容加工处理	651	4171015	33511

2010年软件产品完成情况

项　　目	企业数（个）	本年收入（万元）	其中：出口（万美元）
（五）客户交互服务	107	453487	952
嵌入式系统软件行业（**E6205**）			
五、嵌入式系统软件合计	1960	21283328	1145535
（一）通信设备	587	11345091	855559
1．固定网络设备	87	376345	3777
（1）程控交换设备（不含移动交换）	36	196147	1192
（2）用户接入设备	42	154580	2033
（3）下一代核心网络设备（NGN）	9	25619	552
2．移动通信设备	87	5725262	617509
（1）移动通信基站	33	5055397	591182
（2）移动通信直放站	29	99981	108
（3）移动通信交换设备	25	569884	26219
3．光通信与传输设备	90	574091	14112
（1）光传输设备	76	554156	14060
（2）微波传输设备	14	19935	52
4．通信终端设备及其他	323	4669392	220161
（1）SIM卡	9	150546	2517
（2）自主开发手机	39	942234	79419
（3）数据通信设备	153	1459420	45763
（4）通信电子对抗设备	9	9677	45
（5）通信导航设备	35	80736	6277
（6）数字多媒体通信设备	78	2026781	86140
（二）网络设备	126	489920	22535
（1）路由器	21	116685	4183
（2）以太网交换机	13	69158	8630
（3）网关及接入服务器	15	13321	142
（4）无线局域网设备	12	34927	2382
（5）网络安全设备	30	177927	6495
（6）网络终端设备	22	58931	75
（7）网络存储设备	13	18973	628
（三）数字装备设备	170	1081877	68511

2010年软件产品完成情况

项　　目	企业数（个）	本年收入（万元）	其中：出口（万美元）
1．智能识别装置	118	1028908	66803
2．安全防卫系统	52	52969	1708
（四）数字视频产品	75	1160368	43016
1．数字（含有线、无线、卫星、网络）电视机顶盒	44	598002	17574
2．数字电视机顶盒的数字电视一体机	31	562367	25442
（五）装备自动控制产品	859	5441058	138025
1．集散控制系统	58	454289	9491
2．过程控制系统	358	2609313	68750
3．机电一体化控制系统	371	2079071	48698
4．智能传感器	54	218576	8551
5．智能机器人	18	79809	2535
（六）汽车电子产品	143	1765013	17889
1．通信系统	38	292022	15660
2．自动控制系统	105	1472991	2230
IC设计行业（E6206）			
六、IC设计合计	680	4496857	179568
（一）MOS微器件	26	157600	9928
（二）逻辑电路	47	87142	537
（三）MOS存储器	38	357689	40428
（四）模拟电路	68	197528	8725
（五）专用电路	147	1262705	24036
（六）智能卡芯片及电子标签芯片	108	611383	7462
（七）传感器电路	54	107890	8630
（八）微波集成电路	22	17628	90
（九）混合集成电路	170	1697292	79732

出口国家和地区	软件产品合计	操作系统	数据库系统	企业管理软件	游戏软件
中国香港	43048	393	146	396	582
中国台湾	5043			227	618
韩国	4588		578	142	124
美国	61005	1280	508	940	2912
日本	109965	48		4792	533
德国	4707	39		6	61
法国	5604			163	1886
英国	1173			143	11
印度	111805	1		103	
墨西哥	2705			163	
巴西	3081			19	
俄罗斯	3477			95	272
南美洲其他国家	2056	5		793	
大洋洲				67	
亚洲其他国家	27729	409	261	1334	341
西欧其他国家	5542			19	392
东欧其他国家	1134	123			321
非洲	159682	196			

国家和地区表（一）

单位：万美元

通信软件	金融财税软件	工业控制软件	交通应用软件	嵌入式应用软件	信息安全产品
27745	1813	653		3186	13
19	31	136		47	
13	337	201		54	3380
9107	2738	874	848	2729	6742
5049	3277	409	1396	3496	5
4		3		4577	
1822		1085		169	
	69	242		365	59
109729		727	15	377	
78				25	
535					
		1875		798	
				440	
	8				
1222	4299	359	20	1095	248
5	120	155		2662	
		27			
158611				31	

出口国家和地区	信息系统集成服务	数据处理服务	运营服务
中国香港	1764	1282	154
中国台湾	86		43
韩国	537	871	4421
美国	13608	7985	2056
日本	9850	14930	1018
德国	200	89	1149
法国	19		
英国	30	5956	
印度	447		
墨西哥	190		
巴西	4303		
俄罗斯	25	36	1466
南美洲其他国家	4946		
大洋洲			
亚洲其他国家	7325	3086	329
西欧其他国家	1723		52
东欧其他国家	112		76
非洲	364	110	

国家和地区表（二）

嵌入式系统软件	IC设计	信息技术咨询服务
45101	51218	2240
23362	2858	30
19443	3180	4129
131161	26659	12353
67164	1300	52968
6263	1820	3225
7577	8	1008
333	7337	762
12369	276	283
3825		
1934		
820	1	
1885		
14347	21525	2202
11595	1086	1665
4384		2000
234	2514	7

	企业数（个）	软件业务收入	其中： 软件产品收入	信息系统集成服务收入
软件企业合计	**20742**	**135885510**	**49305320**	**31166873**
（一）按省市分列				
北京市	2562	24246524	9373062	7100552
天津市	370	2712894	634914	218317
河北省	224	1242158	249014	962139
山西省	91	172529	87109	66355
内蒙古自治区	65	201803	61058	117914
辽宁省	1204	9209768	3079762	2033907
吉林省	793	1722689	504337	546645
黑龙江省	378	783066	259500	215580
上海市	1479	9221221	3566037	2273812
江苏省	2551	22927994	5877895	4014340
浙江省	1158	7014052	2785095	1718784
安徽省	161	519167	261595	208227
福建省	767	5735415	1922124	2064293
江西省	96	407113	102647	199024
山东省	1474	9078244	2690356	1909908
河南省	285	1071676	429564	472817
湖北省	555	1684996	742127	597634
湖南省	496	1646268	1317218	134669
广东省	3852	24450780	10313893	2993329
广西壮族自治区	97	260697	119609	86082
海南省	17	37692	17591	10514
四川省	699	6356714	3473162	1170511
贵州省	169	360348	181244	155488
云南省	102	420282	82188	320036
重庆市	249	1331503	321275	475742
陕西省	619	2646424	743441	841571
甘肃省	82	182647	52639	102887
宁夏回族自治区	40	43856	20654	16966

主要指标汇总表（一）

单位：万元

其中：信息技术咨询服务收入	数据处理和运营服务收入	嵌入式系统软件收入	IC设计收入
11998876	**17634255**	**21283328**	**4496858**
1424846	5230363	791982	325719
298028	97980	993737	469918
14347	2642	14017	
10629	4431	3690	316
16349	6483		
1358285	1243151	1316911	177753
238836	114488	318383	
77997	137028	92855	106
705496	1604269		1071607
722504	2391992	8853145	1068117
343838	1535307	432881	198147
36378	2072	800	10095
330423	515841	637430	265304
56311	12810	36099	222
2052760	671105	1687585	66530
90949	37038	22027	19281
75211	71101	195778	3145
30401	21035	142397	549
2377882	3323186	5099059	343432
44322	10684		
2749	6826		11
903802	416916	69298	323026
23616			
8862	8438	248	510
106905	53073	343733	30774
610041	100457	231224	119690
13772	10710	46	2592
4056	2180		

	企业数 （个）	软件业务收入	其中： 软件产品收入	信息系统集成服务收入
新疆维吾尔自治区	107	196988	36210	138831
（二）按计划单列市分列				
大连市	459	4281341	1567011	515972
宁波市	370	1048254	211832	274320
厦门市	357	2409751	781128	755511
青岛市	145	2187566	122309	464776
深圳市	1550	15106238	7296758	1794895
（三）按副省级城市分列				
沈阳市	558	4491359	1282826	1347333
长春市	427	1325288	356370	401982
哈尔滨	311	430841	133690	148199
南京市	769	10127817	3662980	3464671
杭州市	626	5602744	2411411	1406632
济南市	1131	6100140	2403436	1209285
武汉市	518	1656541	725831	594450
广州市	1721	7531451	2313180	1093853
成都市	678	6108841	3454645	958734
西安市	619	2646424	743441	841571

主要指标汇总表（一）

其中： 信息技术咨询服务收入	数据处理和运营 服务收入	嵌入式系统软件收入	IC设计收入
19283	2648	2	14
806966	806189	516214	68990
52396	122135	324151	63420
144907	340434	233340	154431
285039	327788	953417	34238
346408	947982	4539346	180849
537816	416894	799468	107023
174583	73970	318383	
23657	51237	73953	106
524086	670279	1734003	71799
275555	1371879	28430	108837
1738745	332344	384523	31807
74101	66509	192750	2901
1636739	2305646	61536	120497
902398	415931	54107	323026
610041	100457	231224	119690

2010年各省市软件产业主要指标汇总表（二）

单位：万美元

	软件业务 出口收入	软件外包服务 出口收入	嵌入式系统软件 出口收入
软件企业合计	**2673526**	**535135**	**1145535**
（一）按省市分列			
北京市	138269	132060	6209
天津市	76977	4089	71054
河北省	3256	15	
山西省	93	69	
内蒙古自治区	112	112	
辽宁省	216692	163245	24654
吉林省	1595	674	98
黑龙江省	3767	2601	882
上海市	157471	65873	
江苏省	505490	35003	361590
浙江省	92935	28820	11940
安徽省	997	20	101
福建省	2923	1757	
江西省	2367	235	1934
山东省	64469	18960	40715
河南省	159	159	
湖北省	5242	1895	816
湖南省	3860	2112	
广东省	1311460	51655	620323
广西壮族自治区	336	103	
海南省	85	85	
四川省	60801	6872	2280
贵州省			
云南省	202	3	
重庆市	1666	725	112
陕西省	22266	17960	2828
甘肃省	20	20	
宁夏回族自治区	16	16	
新疆维吾尔自治区			

2010年各省市软件产业主要指标汇总表（二）

单位：万美元

	软件业务 出口收入	软件外包服务 出口收入	嵌入式系统软件 出口收入
（二）按计划单列市分列			
大连市	163571	129056	15139
宁波市	18300	2427	10810
厦门市			
青岛市	26205	1677	23759
深圳市	1223284	34217	579870
（三）按副省级城市分列			
沈阳市	51901	34189	9515
长春市	1523	644	98
哈尔滨	1363	1109	
南京市	38073	18733	12988
杭州市	71369	26330	872
济南市	20843	16249	4386
武汉市	5242	1895	816
广州市	19776	16365	35
成都市	60363	6623	2096
西安市	22266	17960	2828

2010年各省市软件产业主要指标汇总表（三）

单位：万元

	利润总额	流动资产平均余额	资产合计	负债合计	固定资产投资额
软件企业合计	**21740071**	**102862596**	**191341517**	**87251193**	**7714972**
（一）按省市分列					
北京市	3073561	2237745	31163552	14598868	602416
天津市	371614	1408042	3312180	1249261	179890
河北省	524703	1026254	1508589	803191	23879
山西省	30000	327275	350027	142520	11665
内蒙古自治区	14216	79582	148052	61849	3946
辽宁省	1090789	3597662	7561066	3355740	1111676
吉林省	170095	295647	675560	194821	42416
黑龙江省	126082	647035	1047082	316868	22149
上海市	2124152	9551653	15198447	6931750	732632
江苏省	3701403	15343231	30637698	16209645	1628146
浙江省	1663354	8901622	13382010	6907286	440063
安徽省	118460	622602	1022673	431752	43138
福建省	413453	1358205	1844101	756516	411911
江西省	40201	239150	466005	205759	39086
山东省	942119	5423043	13114332	3982967	83183
河南省	201110	1096520	1527480	800706	87637
湖北省	273673	2237139	3574037	1679039	176350
湖南省	451419	2636524	4500650	1971017	239398
广东省	4732654	36991115	41221854	17982828	1116610
广西壮族自治区	33333	198797	273559	124493	25905
海南省	9860	34043	76293	28404	1753
四川省	1227932	3329159	5811680	2807673	289889
贵州省	23837	85030	178082	12566	56
云南省	25399	396093	744255	400216	13325
重庆市	138586	1516265	6903506	2661947	105014
陕西省	169007	3002223	4552984	2417138	271173
甘肃省	23486	145490	231300	87614	5510
宁夏回族自治区	4452	27440	50569	24060	2261
新疆维吾尔自治区	21122	108012	263896	104699	3895

2010年各省市软件产业主要指标汇总表（三）

单位：万元

	利润总额	流动资产平均余额	资产合计	负债合计	固定资产投资额
（二）按计划单列市分列					
大连市	398782	941675	1910331	971990	57660
宁波市	141684	1310943	1627325	956311	56224
厦门市	60082	163434	49485	28287	314487
青岛市	146452	1314608	6607804	1371189	8525
深圳市	3040380	27409658	23923718	12777053	675927
（三）按副省级城市分列					
沈阳市	602685	2124810	4825363	2010517	1006367
长春市	113472	247676	532229	137787	26886
哈尔滨	67562	497928	826208	272252	14897
南京市	2022993	7061207	11735633	6698774	508822
杭州市	1437380	7300430	11114037	5622873	357457
济南市	699611	3684309	5700243	2312136	46293
武汉市	265332	2202086	3511422	1655897	172222
广州市	1261270	7985089	14223196	4040634	264229
成都市	1184260	2903964	4933894	2247376	251673
西安市	169007	3002223	4552984	2417138	271173

2010年各省市软件产业主要指标汇总表（四）

单位：万元

	主营业务税金及附加	年末所有者权益	年初所有者权益	应交增值税
软件企业合计	3486639	104090324	65325911	4511908
（一）按省市分列				
北京市	512479	16564684	1353809	651614
天津市	42860	2062919	1730469	305389
河北省	51411	705398	583726	32863
山西省	4307	207507	228787	7527
内蒙古自治区	3535	86202	64014	2948
辽宁省	425700	4205326	2871549	310142
吉林省	52481	480739	373974	55264
黑龙江省	12668	730214	549951	27078
上海市	253004	8266697	6235227	217526
江苏省	357949	14428053	11108528	647881
浙江省	176232	6474724	4690407	282800
安徽省	7794	590921	466781	24124
福建省	94206	1087585	717108	84124
江西省	7231	260246	224980	8736
山东省	232257	9131365	3589730	274480
河南省	17582	726774	1099350	54452
湖北省	33728	1894997	1834459	58558
湖南省	23213	2529633	2640084	142128
广东省	784859	23239025	18594175	1135374
广西壮族自治区	4601	149066	134396	3274
海南省	1866	47888	31192	83
四川省	133551	3004007	2034667	100359
贵州省	3969	165516	129502	5927
云南省	8676	344039	298701	7625
重庆市	32082	4241559	1901501	21989
陕西省	197878	2135846	1598868	41145
甘肃省	3732	143686	117154	4302
宁夏回族自治区	823	26509	22606	1200
新疆维吾尔自治区	5966	159197	100216	2996

2010年各省市软件产业主要指标汇总表（四）

	主营业务税金及附加	年末所有者权益	年初所有者权益	应交增值税
（二）按计划单列市分列				
大连市	218793	938341	665771	74758
宁波市	15197	671014	537042	32038
厦门市	17702	21198	16613	1161
青岛市	14536	5236615	222025	62625
深圳市	263654	11146665	9121467	970705
（三）按副省级城市分列				
沈阳市	198841	2814846	1850124	197085
长春市	40821	394442	315993	52053
哈尔滨	9593	553956	431228	15916
南京市	250425	5036859	4594397	476775
杭州市	153463	5491164	3929556	237252
济南市	207019	3388107	2950970	188589
武汉市	32791	1855525	1810312	54718
广州市	497222	10182562	8156925	107709
成都市	131383	2686518	1758772	101697
西安市	197878	2135846	1598868	41145

2010年各省市软件产业主要指标汇总表（五）

单位：万元

	应交所得税	出口已退税额	研发经费	应收账款	应付账款
软件企业合计	3277103	434872	11306354	42410468	29923213
（一）按省市分列					
北京市	410995	468	2187241	5434075	126719
天津市	166342	7722	171396	687508	423297
河北省	17018	1359	32830	341798	324643
山西省	4389	2	21760	84938	52041
内蒙古自治区	2649		4957	36416	416068
辽宁省	141868	9077	348419	1170377	8557688
吉林省	30625	2456	40047	113327	74312
黑龙江省	11211	142	85196	158655	62525
上海市	224305	37474	1163005	2983273	1886548
江苏省	656621	142623	1330625	9023301	6846320
浙江省	166381	31168	668400	1725572	1143327
安徽省	12093	490	56352	287802	112979
福建省	54755		126634	550401	265534
江西省	5923	614	21307	113809	48945
山东省	148634	4371	276807	1043069	806251
河南省	37967	60	177812	442111	124049
湖北省	40811	10257	191597	698131	435391
湖南省	72586	4246	193532	832266	675460
广东省	715191	175790	3397312	7633056	4828024
广西壮族自治区	3421	32	9754	27855	10962
海南省	575		2307	15410	5387
四川省	74488	2932	456714	815992	657128
贵州省	107		2100		25
云南省	4244		19094	227780	155534
重庆市	85382	3492	87646	460876	1395144
陕西省	31634	1	213830	7353643	412694
甘肃省	3476		13486	63827	30770
宁夏回族自治区	265		1889	13865	13227
新疆维吾尔自治区	153150	96	4306	71334	32222
（二）按计划单列市分列					

2010年各省市软件产业主要指标汇总表（五）

单位：万元

	应交所得税	出口已退税额	研发经费	应收账款	应付账款
大连市	35382	2886	71090	233761	102774
宁波市	21468	11663	76200	271532	195631
厦门市	11075		11088	62547	91600
青岛市	24213	331	59032	305358	360289
深圳市	494269	134598	2224480	5506984	3690225
（三）按副省级城市分列					
沈阳市	90638	5301	246224	718777	8372981
长春市	28472	47	31560	90851	59754
哈尔滨	7605	121	63567	122069	52120
南京市	441649	70988	986666	3066955	2536422
杭州市	134984	18197	561117	1266889	808159
济南市	112798	255	178800	564673	357884
武汉市	28780	10245	187654	678815	427642
广州市	192412	13774	1011179	1431820	771413
成都市	72211	2932	422979	710822	507133
西安市	31634	1	213830	7353643	412694

2010年各省市软件产业主要指标汇总表（六）

单位：万元

	增加值	劳动者报酬	固定资产折旧	生产税净额	营业盈余
软件企业合计	**53976624**	**20863262**	**4945607**	**7900610**	**20267145**
（一）按省市分列					
北京市	9071883	3679526	566782	1666266	3159309
天津市	569115	170954	76479	-32013	353695
河北省	695229	134338	40492	9638	510761
山西省	75130	22479	6150	18239	28263
内蒙古自治区	51915	13622	9242	11163	17888
辽宁省	2263927	962083	319072	53401	929371
吉林省	440864	160518	58511	23191	198643
黑龙江省	207353	100238	18523	17831	70760
上海市	4864661	2216378	310722	603307	1734255
江苏省	9261242	2867498	1471367	2209612	2712764
浙江省	2939707	1019316	178436	321519	1419058
安徽省	240820	79340	19951	49459	92071
福建省	2175452	1366060	146433	219358	443602
江西省	106854	40066	17000	16454	33334
山东省	2448950	721320	382506	289096	1056027
河南省	325150	92250	19779	44677	168444
湖北省	584809	252563	66391	75767	190088
湖南省	870896	256064	77752	157178	379903
广东省	11652121	4636301	600280	1381256	5034284
广西壮族自治区	70219	15129	5872	9642	39576
海南省	9349	8233	768	413	-64
四川省	3460086	1335910	379816	519526	1224834
贵州省	48673	44700	2759	307	907
云南省	89219	45268	6368	17537	20045
重庆市	428784	208799	28769	49732	141484
陕西省	899767	364098	118330	151018	266321
甘肃省	45192	15090	4076	7641	18385
宁夏回族自治区	17369	7423	6611	1360	1975
新疆维吾尔自治区	63266	27699	6370	8035	21163
（二）按计划单列市分列					

2010年各省市软件产业主要指标汇总表（六）

单位：万元

	增加值	劳动者报酬	固定资产折旧	生产税净额	营业盈余
大连市	795472	485216	157861	14326	138069
宁波市	322216	124913	36624	42241	118437
厦门市	899863	663186	51468	60283	124926
青岛市	380802	112889	27171	71008	169735
深圳市	6149547	2377904	246091	840488	2685064
（三）按副省级城市分列					
沈阳市	1297473	435815	131649	9865	720145
长春市	331404	116123	44064	18958	152260
哈尔滨	128603	64169	13276	14400	36758
南京市	3068990	1191267	151206	420295	1306221
杭州市	2461192	839840	131054	258464	1230456
济南市	1889140	557001	325747	191457	814935
武汉市	573878	249060	65548	73570	185699
广州市	4554756	1924468	297762	467323	1865202
成都市	3290800	1270409	345355	497932	1177103
西安市	899767	364098	118330	151018	266321

2010年各省市软件产业主要指标汇总表（七）

单位：人

	从业人员年末人数	软件研发人员	管理人员	硕士以上人员	大本人员	大专以下
软件企业合计	**2724556**	**983674**	**289741**	**282770**	**1455446**	**986333**
（一）按省市分列						
北京市	371683	135205	24469	45079	174929	151675
天津市	35394	12438	3109	2795	16885	15714
河北省	21730	7063	2710	905	12316	8512
山西省	7152	3284	1056	431	4595	2126
内蒙古自治区	3494	1328	669	159	2318	1017
辽宁省	208089	107804	19283	14272	141595	52217
吉林省	31162	12020	3414	2557	22901	5704
黑龙江省	29770	17517	3002	1679	20929	7159
上海市	179356	83384	24740	27546	100640	51170
江苏省	437620	109384	42834	39088	190562	207966
浙江省	159623	52587	18823	10946	81272	67407
安徽省	18930	8053	2717	1994	10389	6547
福建省	122293	17474	4380	12715	81481	28096
江西省	9102	2933	1726	568	5428	3106
山东省	181465	53065	25914	22830	110339	48296
河南省	22737	9088	3266	1775	14946	6016
湖北省	50867	22210	5393	6401	30484	13984
湖南省	50906	22026	8087	3896	24292	22720
广东省	515865	206692	65329	59191	280585	176091
广西壮族自治区	5463	2130	780	210	2569	2684
海南省	2031	760	121	190	1222	619
四川省	127145	38293	9262	15405	55403	56332
贵州省	10626	9012	1614	119	5262	5245
云南省	9499	3951	1558	367	5953	3179
重庆市	32743	9439	3813	2733	18525	11482
陕西省	65767	32604	9370	8387	31828	25555
甘肃省	5215	2096	976	318	3421	1476
宁夏回族自治区	1610	651	293	47	1125	438
新疆维吾尔自治区	7219	1183	1033	167	3252	3800

2010年各省市软件产业主要指标汇总表（七）

单位：人

	从业人员 年末人数	软件研发 人员	管理人员	硕士以上 人员	大本人员	大专以下
（二）按计划单列市分列						
大连市	79877	49256	4501	6305	62855	10716
宁波市	30264	5118	4041	905	10752	18610
厦门市	46059	877	489	8771	30426	6861
青岛市	17628	3473	1668	1139	7331	9157
深圳市	245571	125048	28754	40702	134997	69885
（三）按副省级城市分列						
沈阳市	115420	53603	13162	7344	72571	35501
长春市	22861	8409	2124	2061	16426	4374
哈尔滨	18858	10499	2136	1393	13146	4317
南京市	141505	67222	16574	22951	82659	35887
杭州市	114105	43958	13020	9697	66835	37573
济南市	146679	44545	22576	20546	95586	30549
武汉市	49531	21477	5206	6295	29920	13319
广州市	209119	60051	29309	15462	117889	75765
成都市	120513	36008	8358	14988	53062	52459
西安市	65767	32604	9370	8387	31828	25555

	软件产品小计	位次	其中：								
			基础软件	位次	中间件	位次	应用软件	位次	信息安全软件	位次
合 计	49305319		5161271		1465269		33882481		1650073	
北京市	9373062	2	981894	2	44766	5	6954338	2	604898	1
天津市	634914	13	28364	17	8616	12	393960	14	19249	12
河北省	249014	19	97416	12	116	25	127766	20	84	27
山西省	87109	23	21026	19	15	26	50696	23	1602	23
内蒙古自治区	61058	25	2104	25	2220	18	49329	24	5428	18
辽宁省	3079762	6	397947	5	290246	2	1437049	8	21885	11
吉林省	504337	14	40610	15	14389	10	415921	13	22657	10
黑龙江省	259500	18	18007	21	1683	20	221784	17	3436	19
上海市	3566037	4	328426	7	30111	7	2518982	4	76153	6
江苏省	5877895	3	500237	4	30051	8	4557273	3	140002	4
浙江省	2785095	7	190616	8	254970	3	1808958	5	40571	8
安徽省	261595	17	31127	16	886	23	178347	19	9491	17
福建省	1922124	9	122386	10	41635	6	1648131	6	57484	7
江西省	102647	22	10131	22	6581	15	78198	22	2533	20
山东省	2690356	8	369602	6	551154	1	1492350	7	77803	5
河南省	429564	15	60138	13	1895	19	244459	15	16265	13
湖北省	742127	12	107578	11	9166	11	533108	12	15337	14
湖南省	1317218	10	124100	9	5574	16	979590	9	36426	9
广东省	10313893	1	625936	3	122589	4	8253030	1	189231	3
广西壮族自治区	119609	21	964	28			118256	21	389	25
海南省	17591	29	1749	26			14576	28	235	26
重庆市	321275	16	43999	14	7085	14	235294	16	14858	15
四川省	3473162	5	1006064	1	26950	9	636441	11	277448	2
贵州省	181244	20	1386	27			179858	18		
云南省	82188	24	20090	20	1480	21	46415	25	937	24
陕西省	743441	11	399	29	7184	13	644038	10	12139	16
甘肃省	52639	26	4317	23	4370	17	35857	26	1803	21
宁夏回族自治区	20654	28	3362	24	1285	22	15542	27		
新疆维吾尔自治区	36210	27	21297	18	250	24	12935	29	1728	22

软件产品收入汇总表

单位：万元

信息系统集成服务小计	位次	信息技术咨询服务小计	位次	数据处理和运营服务小计	位次	嵌入式系统软件小计	位次	IC设计小计	位次
31166873		**11998876**		**17634255**		**21283328**		**4496858**	
7100552	1	1424846	3	5230363	1	791982	6	325719	5
218317	17	298028	11	97980	13	993737	5	469918	3
962139	10	14347	24	2642	26	14017	18		
66355	27	10629	26	4431	24	3690	19	316	19
117914	24	16349	23	6483	23				
2033907	6	1358285	4	1243151	6	1316911	4	177753	9
546645	13	238836	12	114488	11	318383	10		
215580	18	77997	15	137028	10	92855	14	106	21
2273812	4	705496	7	1604269	4			1071607	1
4014340	2	722504	6	2391992	3	8853145	1	1068117	2
1718784	8	343838	9	1535307	5	432881	8	198147	8
208227	19	36378	19	2072	28	800	20	10095	14
2064293	5	330423	10	515841	8	637430	7	265304	7
199024	20	56311	17	12810	18	36099	16	222	20
1909908	7	2052760	2	671105	7	1687585	3	66530	11
472817	15	90949	14	37038	16	22027	17	19281	13
597634	12	75211	16	71101	14	195778	12	3145	15
134669	23	30401	20	21035	17	142397	13	549	17
2993329	3	2377882	1	3323186	2	5099059	2	343432	4
86082	26	44322	18	10684	20				
10514	29	2749	29	6826	22			11	23
475742	14	106905	13	53073	15	343733	9	30774	12
1170511	9	903802	5	416916	9	69298	15	323026	6
155488	21	23616	21						
320036	16	8862	27	8438	21	248	21	510	18
841571	11	610041	8	100457	12	231224	11	119690	10
102887	25	13772	25	10710	19	46	22	2592	16
16966	28	4056	28	2180	27				
138831	22	19283	22	2648	25	2	23	14	22

III 三资企业统计

	企业数（个）	软件业务收入	其中：	
			软件产品收入	信息系统集成服务收入
软件企业合计	**2589**	**42960937**	**12939162**	**8006212**
一、按企业登记注册类型分列				
中国港、澳、台商投资企业	743	15233537	4638201	3865377
合资经营企业（中国港、澳、台资）	207	2613739	1538755	392727
合作经营企业（中国港、澳、台资）	17	121289	46362	10585
中国港、澳、台商独资经营企业	494	12109403	3019605	3362445
中国港、澳、台商投资股份有限公司	25	389106	33480	99620
外商投资企业	1846	27727399	8300960	4140834
中外合资经营企业	425	8123824	2976165	1997765
中外合作经营企业	35	268001	120471	75520
外资企业	1334	17866545	4839661	1949521
外商投资股份有限公司	52	1469029	364664	118028
二、按经济类型分列				
外商及中国港、澳、台投资经济	2589	42960937	12939162	8006212
三、按控股分列				
公有控股经济	115	2745287	1277480	574107
国有控股	70	2217494	925683	464513
国有绝对控股	27	383638	99849	191404
国有相对控股	43	1833856	825834	273109
集体控股	45	527793	351797	109594
集体绝对控股	31	365314	244028	88267
集体相对控股	14	162480	107770	21327
非公有控股经济	2474	40215650	11661682	7432105
私人控股	247	2266310	884510	203963
私人绝对控股	162	1742243	584958	164423
私人相对控股	85	524067	299553	39540
中国港、澳、台商控股	640	12646941	3226378	3665342
中国港、澳、台商绝对控股	432	7218008	2514910	885384
中国港、澳、台商相对控股	208	5428933	711468	2779959
外商控股	1587	25302399	7550793	3562800

主要指标汇总表（一）

单位：万元

其中：

信息技术咨询服务收入	数据处理和运营服务收入	嵌入式系统软件收入	IC设计收入
3313579	**6491878**	**9435111**	**2774996**
516697	3258603	2419774	534885
181130	163054	270070	68004
2844	53480	1651	6367
332698	2947809	1999933	446914
25	94260	148121	13600
2796882	3233275	7015337	2240111
327061	530681	2159807	132345
21193	35804	13144	1869
2014793	2591861	4480286	1990423
433834	74929	362101	115474
3313579	6491878	9435111	2774996
167562	31325	626072	68740
144447	31296	588860	62695
23719	1608	50024	17034
120728	29688	538836	45661
23115	29	37212	6045
1908	29	30985	96
21207		6227	5949
3146017	6460552	8809039	2706255
134978	815395	201310	26153
106576	730537	130097	25652
28402	84858	71213	501
435390	2430673	2205048	684110
325526	933589	1927237	631363
109864	1497084	277811	52747
2575649	3214484	6402681	1995992

	企业数（个）	软件业务收入	其中：	
			软件产品收入	信息系统集成服务收入
外商绝对控股	984	17268148	4615252	1698712
外商相对控股	603	8034251	2935541	1864087
四、按软件出口基地分列				
北京软件出口基地	8	2468438	375675	2043527
天津软件出口基地	11	23637	23185	452
大连软件出口基地	179	2682491	1086091	118019
上海软件出口基地	64	657597	249961	62322
深圳软件出口基地	25	222541	161338	7126
西安软件出口基地	68	306188	149593	41518
五、按软件园区分列				
北京中关村软件园	5	322158	272922	
大连软件园	179	2682491	1086091	118019
上海浦东软件园	60	634362	249961	62322
南京软件园	19	987085	550214	401511
杭州软件园	46	1722851	694011	157955
山东齐鲁软件园	18	101806	24134	16130
长沙软件园	18	88682	84147	1324
广州天河软件园	43	551486	305599	9501
珠海南方软件园	32	61397	18514	3935
成都软件园	59	2855697	1758444	65943
西安软件园	68	306188	149593	41518
六、按行业分列				
软件产品行业	1294	13861091	12182883	1092950
信息系统集成服务行业	249	6850704	175981	6498911
信息技术咨询服务行业	232	2638579	307110	53376
数据处理和运营服务行业	282	5950354	165853	3846
嵌入式系统软件行业	384	10520963	66322	356849
IC设计行业	148	3139246	41013	280
七、按地区分列				
（一）按省、市分列				

主要指标汇总表（一）

单位：万元

其中：

信息技术咨询服务收入	数据处理和运营服务收入	嵌入式系统软件收入	IC设计收入
613	10965447	3124553	4316281
1985345	1902455	5213717	1852667
590304	1312029	1188965	143325
49236			
723758	538581	148769	67273
52381	269698		23235
7927	3991	40292	1866
48374	23796	22277	20630
49236			
723758	538581	148769	67273
52381	269698		
14611	6013	14736	
58973	811598		314
33033	16304	12205	
	3210		
15829	144870	22838	52849
1276	7033	7878	22762
510911	205472	15639	299289
48374	23796	22277	20630
359576	179466	34323	11893
127041	32187	10112	6473
2208809	53456	2166	13662
6939	5599493	171662	2561
120927	622848	9216848	137169
490288	4427		2603238

	企业数（个）	软件业务收入	其中：	
			软件产品收入	信息系统集成服务收入
北京市	613	10965447	3124553	4316281
天津市	48	1745292	206637	518
河北省	8	91837	52935	37571
山西省	2	10923	6475	4300
内蒙古自治区	1	764	764	
辽宁省	220	3410705	1128429	311681
吉林省	23	234087	25046	1333
黑龙江省	13	19495	6126	425
上海市	408	4594984	1435066	1408815
江苏省	415	10825546	2036403	800605
浙江省	127	2113268	773799	241657
安徽省	6	43665	21523	6256
福建省	71	1387799	324762	360297
江西省	7	42975	6543	6260
山东省	51	428967	46224	59451
河南省	6	25017	333	24606
湖北省	28	150072	42040	77240
湖南省	23	111960	104868	1717
广东省	366	3414875	1665916	229261
广西壮族自治区	1	8000	5608	
海南省	2	1094	581	456
四川省	62	2876927	1765511	66014
云南省	5	14154	6731	7216
重庆市	11	133271	2108	
陕西省	68	306188	149593	41518
甘肃省	2	1651	137	1209
宁夏回族自治区	1	1249	450	799
新疆维吾尔自治区	1	726		726
（二）按计划单列市分列				
大连市	179	2682491	1086091	118019

主要指标汇总表（一）

单位：万元

其中：

信息技术咨询服务收入	数据处理和运营服务收入	嵌入式系统软件收入	IC设计收入
632207	2546324	214541	131541
122465	11689	937346	466637
457	873		
148			
899632	561523	434279	75161
16794	1528	189385	
4934	7828	182	
398382	513635		839086
229833	1412513	5588308	757884
73347	811700	169519	43246
6182			9704
26614	74967	574902	26257
5267	42	24862	
50733	32590	229762	10207
66	12		
5548	2749	22185	310
	3330	2045	
261597	280065	883002	95033
2392			
46			11
525003	205472	15639	299289
207			
3045	1242	126877	
48374	23796	22277	20630
305			
723758	538581	148769	67273

	企业数（个）	软件业务收入	其中：	
			软件产品收入	信息系统集成服务收入
宁波市	67	309242	38499	83406
厦门市	37	627413	130207	173329
青岛市	10	10556	2484	1839
深圳市	216	2191588	1290274	187197
（三）按副省级城市分列				
沈阳市	32	711155	36849	182106
长春市	14	232054	23772	944
哈尔滨	12	15609	6126	425
南京市	106	3360059	1483853	718290
杭州市	47	1734830	694011	157955
济南市	31	198530	32552	56670
武汉市	28	150072	42040	77240
广州市	72	675320	327292	20949
成都市	61	2874140	1762724	66014
西安市	68	306188	149593	41518

主要指标汇总表（一）

单位：万元

其中：

信息技术咨询服务收入	数据处理和运营服务收入	嵌入式系统软件收入	IC设计收入
3444	102	148169	35622
3120	65267	231430	24060
	6233		
223649	31732	440817	17919
175860	22942	285510	7888
16424	1528	189385	
1048	7828	182	
190097	76507	881648	9665
58973	811598	11979	314
50334	25458	23309	10207
5548	2749	22185	310
28773	222565	22838	52903
525003	205472	15639	299289
48374	23796	22277	20630

2010年三资企业主要指标汇总表（二）

单位：万美元

	软件业务出口收入	软件外包服务出口收入	嵌入式系统软件出口收入
软件企业合计	**1168089**	**392224**	**482848**
一、按企业登记注册类型分列			
中国港、澳、台商投资企业	238801	45024	110765
合资经营企业（中国港、澳、台资）	10438	1912	6275
合作经营企业（中国港、澳、台资）	106	77	
中国港、澳、台商独资经营企业	207646	41900	87020
中国港、澳、台商投资股份有限公司	20611	1136	17470
外商投资企业	929288	347200	372083
中外合资经营企业	144322	32176	84663
中外合作经营企业	1893	999	628
外资企业	684618	252033	266372
外商投资股份有限公司	98454	61992	20420
二、按经济类型分列			
外商及中国港、澳、台投资经济	1168089	392224	482848
三、按控股分列			
公有控股经济	14674	6369	1879
国有控股	3883	1841	162
国有绝对控股	1239	1008	162
国有相对控股	2644	833	
集体控股	10792	4528	1717
集体绝对控股	8410	3062	801
集体相对控股	2381	1466	916
非公有控股经济	1153414	385856	480969
私人控股	35703	21701	8053
私人绝对控股	17588	5265	6857
私人相对控股	18114	16436	1196
中国港、澳、台商控股	249507	46015	105613
中国港、澳、台商绝对控股	199783	18578	87616
中国港、澳、台商相对控股	49724	27437	17997
外商控股	868204	318141	367303
外商绝对控股	681428	226855	279151

2010年三资企业主要指标汇总表（二）

单位：万美元

	软件业务出口收入	软件外包服务出口收入	嵌入式系统软件出口收入
外商相对控股	186776	91286	88151
四、按软件出口基地分列			
北京软件出口基地	3459	3459	
天津软件出口基地	1731	814	
大连软件出口基地	154422	122698	14670
上海软件出口基地	24322	20189	
深圳软件出口基地	3973	2754	573
西安软件出口基地	8079	6845	1202
五、按软件园区分列			
北京中关村软件园	3459	3459	
大连软件园	154422	122698	14670
上海浦东软件园	21342	20189	
南京软件园	3457	3457	
杭州软件园	34543	9145	
山东齐鲁软件园	5472	4561	703
长沙软件园	1397	1304	
广州天河软件园	13694	12077	
珠海南方软件园	3852	561	15
成都软件园	55391	3783	2044
西安软件园	8079	6845	1202
六、按行业分列			
软件产品行业	260563	175322	1489
信息系统集成服务行业	45778	26962	9
信息技术咨询服务行业	122877	118679	
数据处理和运营服务行业	109819	63516	8500
嵌入式系统软件行业	488701		472851
IC设计行业	140351	7746	
七、按地区分列			
（一）按省、市分列			
北京市	102272	101678	594
天津市	75791	3150	71054

2010年三资企业主要指标汇总表（二）

单位：万美元

	软件业务出口收入	软件外包服务出口收入	嵌入式系统软件出口收入
河北省	417	12	
山西省	69	69	
内蒙古自治区	112	112	
辽宁省	161244	124859	15310
吉林省	703	437	
黑龙江省	310	310	
上海市	143788	59911	
江苏省	417634	22458	312482
浙江省	45140	11561	4135
安徽省	292		
福建省	1701	1435	
江西省	2367	235	1934
山东省	17494	6983	10032
河南省			
湖北省	830	366	
湖南省	1532	1304	
广东省	132428	46439	64061
广西壮族自治区			
海南省	85	85	
四川省	55391	3783	2044
云南省	199		
重庆市	191	174	
陕西省	8079	6845	1202
甘肃省	20	20	
（二）按计划单列市分列			
大连市	154422	122698	14670
宁波市	10440	2416	4135
厦门市			
青岛市	1251	1031	
深圳市	74452	32059	26236
（三）按副省级城市分列			
沈阳市	6820	2161	640

2010年三资企业主要指标汇总表（二）

单位：万美元

	软件业务出口收入	软件外包服务出口收入	嵌入式系统软件出口收入
长春市	661	437	
哈尔滨	110	110	
南京市	23482	14308	8210
杭州市	34543	9145	
济南市	5932	5021	703
武汉市	830	366	
广州市	15314	13563	
成都市	55391	3783	2044
西安市	8079	6845	1202

2010年三资企业主要指标汇总表（三）

单位：万元

	主营业务税金及附加	利润总额	流动资产平均余额	资产合计	负债合计
软件企业合计	**863421**	**7441283**	**24011419**	**50158911**	**24420660**
一、按企业登记注册类型分列					
中国港、澳、台商投资企业	330548	3832371	8649249	18458753	8113889
合资经营企业（中国港、澳、台资）	59249	232462	1421611	2536277	1356188
合作经营企业（中国港、澳、台资）	1323	22741	324423	449737	239525
中国港、澳、台商独资经营企业	267764	3446629	6699754	14776085	6298119
中国港、澳、台商投资股份有限公司	2212	130540	203460	696653	220056
外商投资企业	532873	3608912	15362170	31700158	16306771
中外合资经营企业	148354	930588	4457602	8234444	5123370
中外合作经营企业	6036	53726	260859	398927	145083
外资企业	330400	2479920	10101106	22021880	10626412
外商投资股份有限公司	48083	144678	542604	1044908	411905
二、按经济类型分列					
外商及中国港、澳、台投资经济	863421	7441283	24011419	50158911	24420660
三、按控股分列					
公有控股经济	83068	500134	1497075	2693267	1378028
国有控股	80011	395964	1105340	1843587	828449
国有绝对控股	15516	59890	483982	904664	478635
国有相对控股	64496	336074	621358	938923	349814
集体控股	3057	104170	391735	849681	549579
集体绝对控股	1963	66706	285631	462331	267682
集体相对控股	1094	37464	106105	387349	281897
非公有控股经济	780353	6941149	22514344	47465644	23042632
私人控股	119274	697429	2616544	3927314	1959946
私人绝对控股	111316	595029	1518453	2987102	1482175
私人相对控股	7958	102400	1098091	940212	477772
中国港、澳、台商控股	237183	3108832	7099774	15697909	6838439
中国港、澳、台商绝对控股	142556	2206113	6242933	9994508	4708699
中国港、澳、台商相对控股	94627	902719	856841	5703401	2129740
外商控股	423896	3134888	12798026	27840421	14244247
外商绝对控股	260675	2274427	10760375	17795073	8495972

2010年三资企业主要指标汇总表（三）

单位：万元

	主营业务税金及附加	利润总额	流动资产平均余额	资产合计	负债合计
外商相对控股	163221	860461	2037651	10045348	5748275
四、按软件出口基地分列					
北京软件出口基地	12714	120197	90260	1295037	758685
天津软件出口基地	495	256	17805	34588	9739
大连软件出口基地	155539	234191	516360	1016889	446283
上海软件出口基地	21222	263530	491026	892702	227972
深圳软件出口基地	1420	68038	815880	546704	175386
西安软件出口基地	41719	18197	222204	399986	173746
五、按软件园区分列					
北京中关村软件园	7818	29430	24107	366233	164374
大连软件园	155539	234191	516360	1016889	446283
上海浦东软件园	20730	261654	487287	881364	221723
南京软件园	348	64503	1098458	1243164	1049558
杭州软件园	59285	780179	1815128	2999462	1477370
山东齐鲁软件园	1428	22216	61413	119654	47800
长沙软件园	338	12773	278175	422214	230973
广州天河软件园	21028	247224	423518	1036463	196730
珠海南方软件园	892	16635	190812	263572	99010
成都软件园	9121	188082	708113	1094688	532388
西安软件园	41719	18197	222204	399986	173746
六、按行业分列					
软件产品行业	312532	3247118	10586256	18471635	8250394
信息系统集成服务行业	80209	563858	2294489	5530338	3618083
信息技术咨询服务行业	122916	390857	1008851	2730545	1517189
数据处理和运营服务行业	241494	2008358	4902831	10375667	5067383
嵌入式系统软件行业	94718	805355	3416392	6216829	3324818
IC设计行业	11551	425738	1802600	6833898	2642793
七、按地区分列					
（一）按省、市分列					
北京市	220833	1449494	756211	11166718	5326873
天津市	7833	252287	740984	2028965	559705

2010年三资企业主要指标汇总表（三）

单位：万元

	主营业务税金及附加	利润总额	流动资产平均余额	资产合计	负债合计
河北省	1411	59281	159851	251149	49388
山西省	175	4595	18492	26562	4671
内蒙古自治区	4	322		1457	634
辽宁省	166418	333623	1114471	2337592	1294870
吉林省	1262	12338	9718	15807	4703
黑龙江省	387	3793	24964	44650	5214
上海市	103947	1271052	4337504	6480472	2937076
江苏省	146796	1716511	8087346	14600321	8431303
浙江省	61296	819515	2246301	3733036	1951469
安徽省	221	4968	28580	37325	15469
福建省	7028	91888	633159	729035	264280
江西省	180	4744	28983	40405	18300
山东省	4109	37831	131668	282860	123510
河南省	18	1110	11053	14054	6081
湖北省	2273	14080	110712	176011	83084
湖南省	423	20922	314773	476097	243179
广东省	86421	1130205	4258540	6109999	2334247
广西壮族自治区	30	100	7765	8420	2000
海南省	72	37		1204	330
四川省	10000	193039	734488	1128060	561900
云南省	146	-283	12250	13191	9443
重庆市	367	1390	17940	47714	17959
陕西省	41719	18197	222204	399986	173746
甘肃省	16	101	1334	1374	694
宁夏回族自治区	1	125	2129	4697	261
新疆维吾尔自治区	35	18		1749	273
（二）按计划单列市分列					
大连市	155539	234191	516360	1016889	446283
宁波市	1325	25927	311143	555593	359394
厦门市	2759	5334	24599	1524	1588
青岛市	444	1302	13084	15174	4778
深圳市	59853	810580	3085714	3837957	1518556

2010年三资企业主要指标汇总表（三）

	主营业务税金及附加	利润总额	流动资产平均余额	资产合计	负债合计
（三）按副省级城市分列					
沈阳市	10814	98514	576669	1289787	834034
长春市	1230	11800	9609	14392	3727
哈尔滨	345	2634	24417	44156	4862
南京市	123939	715364	2426610	3278701	2101115
杭州市	59289	768137	1849910	3037475	1522054
济南市	3319	30614	88916	195191	75818
武汉市	2273	14080	110712	176011	83084
广州市	22500	269619	691180	1418003	393112
成都市	10000	192367	726347	1118187	554387
西安市	41719	18197	222204	399986	173746

2010年三资企业主要指标汇总表（四）

单位：万元

	年末所有者权益	年初所有者权益	应交所得税	应交增值税	出口已退税额
软件企业合计	**25738251**	**15523891**	**1060395**	**842486**	**211450**
一、按企业登记注册类型分列					
中国港、澳、台商投资企业	10344864	5168722	324848	347091	65217
合资经营企业（中国港、澳、台资）	1180089	966852	100533	30364	8726
合作经营企业（中国港、澳、台资）	210212	198806	4404	4784	
中国港、澳、台商独资经营企业	8477966	3884175	203604	297997	55259
中国港、澳、台商投资股份有限公司	476597	118889	16308	13946	1232
外商投资企业	15393387	10355169	735547	495395	146233
中外合资经营企业	3111074	1861598	262770	151342	87872
中外合作经营企业	253843	91783	14867	5488	89
外资企业	11395468	8013068	420251	316825	55821
外商投资股份有限公司	633002	388721	37659	21741	2451
二、按经济类型分列					
外商及中国港、澳、台投资经济	25738251	15523891	1060395	842486	211450
三、按控股分列					
公有控股经济	1315240	1175924	91690	38085	2758
国有控股	1015138	799229	61165	30989	1265
国有绝对控股	426030	369488	17616	10790	40
国有相对控股	589108	429741	43549	20199	1225
集体控股	300102	376695	30525	7095	1493
集体绝对控股	194649	181333	28796	6524	895
集体相对控股	105452	195362	1729	572	598
非公有控股经济	24423012	14347967	968705	804402	208692
私人控股	1967368	1380215	42043	55749	10271
私人绝对控股	1504928	1012048	25395	45987	9928
私人相对控股	462440	368166	16647	9762	343
中国港、澳、台商控股	8859470	4068683	256010	298457	59292
中国港、澳、台商绝对控股	5285809	3498321	165609	202733	52041
中国港、澳、台商相对控股	3573662	570362	90401	95724	7250
外商控股	13596173	8899070	670653	450196	139130
外商绝对控股	9299101	7879279	319851	249096	128247

2010年三资企业主要指标汇总表（四）

单位：万元

	年末所有者权益	年初所有者权益	应交所得税	应交增值税	出口已退税额
外商相对控股	4297073	1019791	350801	201100	10884
四、按软件出口基地分列					
北京软件出口基地	536352	53400	40098	12586	
天津软件出口基地	24849	23948	374	24	
大连软件出口基地	570606	360559	39135	24747	2567
上海软件出口基地	664730	431596	2269	30866	1560
深圳软件出口基地	371318	307634	16754	2187	73
西安软件出口基地	226240	191760	6439	3151	
五、按软件园区分列					
北京中关村软件园	201859	18400	12839	1428	
大连软件园	570606	360559	39135	24747	2567
上海浦东软件园	659641	427923	2258	30411	1560
南京软件园	193607	139582	30513	6587	58999
杭州软件园	1522092	1123275	65928	60808	9280
山东齐鲁软件园	71854	47229	3349	1534	75
长沙软件园	191241	176476	6846	2792	61
广州天河软件园	839733	616777	9615	23316	6913
珠海南方软件园	164562	152117	5983	1971	1584
成都软件园	562301	375175	29167	10918	1766
西安软件园	226240	191760	6439	3151	
六、按行业分列					
软件产品行业	10221241	6028651	579660	347775	105791
信息系统集成服务行业	1912255	1026757	121505	71960	6981
信息技术咨询服务行业	1213356	549844	65350	37109	74
数据处理和运营服务行业	5308284	1917161	60122	192941	7169
嵌入式系统软件行业	2892011	2344470	187859	142930	57345
IC设计行业	4191104	3657009	45899	49771	34090
七、按地区分列					
（一）按省、市分列					
北京市	5839845	418960	279117	203038	
天津市	1469260	1277346	56789	35744	7124

2010年三资企业主要指标汇总表（四）

单位：万元

	年末所有 者权益	年初所有 者权益	应交 所得税	应交 增值税	出口已退 税额
河北省	201760	139973	11936	6822	
山西省	21891	17684	828	1269	
内蒙古自治区	823	550		49	
辽宁省	1042722	624499	111461	65276	2568
吉林省	11104	9497	34345	21239	
黑龙江省	39436	24594	691	155	
上海市	3543397	2414934	82920	101892	33901
江苏省	6169018	5007702	218456	194717	104325
浙江省	1781567	1324004	76802	68134	18635
安徽省	21856	19100	720	395	
福建省	464755	327446	26420	23014	
江西省	22105	18037	794	468	614
山东省	159350	123454	9791	2560	2483
河南省	7974	7007	279	261	
湖北省	92927	77355	3167	1608	
湖南省	232918	210503	8702	3420	1544
广东省	3775752	2874742	99166	97110	38490
广西壮族自治区	6420	7820	110	120	
海南省	874	631		12	
四川省	566160	379754	30450	11632	1766
云南省	3749	3190	321	120	
重庆市	29755	16676	649	266	
陕西省	226240	191760	6439	3151	
甘肃省	680	336	21	5	
宁夏回族自治区	4436	4872	22	4	
新疆维吾尔自治区	1476	1466		7	
（二）按计划单列市分列					
大连市	570606	360559	39135	24747	2567
宁波市	196200	150362	7086	4106	9256
厦门市		5174		1895	
青岛市	10397	10685	128	208	
深圳市	2319401	1670961	75576	64480	23574

2010年三资企业主要指标汇总表（四）

	年末所有者权益	年初所有者权益	应交所得税	应交增值税	出口已退税额
（三）按副省级城市分列					
沈阳市	455752	251681	71639	40469	
长春市	10665	9235	34345	21239	
哈尔滨	39294	24458	664	153	
南京市	1177585	949703	147296	75919	66743
杭州市	1515421	1129353	65928	60808	9280
济南市	119373	87955	7795	1968	75
武汉市	92927	77355	3167	1608	
广州市	1024891	804780	13120	27495	6913
成都市	563801	378066	29686	11632	1766
西安市	226240	191760	6439	3151	

2010年三资企业主要指标汇总表（五）

单位：万元

	增加值	劳动者报酬	固定资产折旧	生产税净额	营业盈余
软件企业合计	**19837258**	**7457818**	**1990976**	**3374034**	**7014429**
一、按企业登记注册类型分列					
中国港、澳、台商投资企业	8135453	2225853	515764	1607546	3786291
合资经营企业（中国港、澳、台资）	1103419	492652	128424	170721	311622
合作经营企业（中国港、澳、台资）	67196	21265	3881	2112	39938
中国港、澳、台商独资经营企业	6749662	1653271	379190	1409779	3307422
中国港、澳、台商投资股份有限公司	215177	58664	4270	24934	127309
外商投资企业	11701805	5231965	1475213	1766489	3228138
中外合资经营企业	2719241	1124993	190530	458995	944723
中外合作经营企业	153121	66787	6096	21825	58413
外资企业	8455260	3850485	1238361	1252693	2113720
外商投资股份有限公司	374183	189700	40226	32975	111282
二、按经济类型分列					
外商及中国港、澳、台投资经济	19837258	7457818	1990976	3374034	7014429
三、按控股分列					
公有控股经济	1061968	443877	94320	152983	370788
国有控股	809646	347625	67456	111342	283223
国有绝对控股	266878	114445	52329	31386	68718
国有相对控股	542768	233180	15127	79956	214505
集体控股	252322	96252	26864	41641	87566
集体绝对控股	180243	81597	22595	28965	47086
集体相对控股	72080	14654	4269	12676	40480
非公有控股经济	18775290	7013941	1896656	3221052	6643641
私人控股	1298667	460758	55808	120346	661755
私人绝对控股	1056264	339072	48103	96021	573067
私人相对控股	242403	121686	7705	24324	88688
中国港、澳、台商控股	6861579	1787736	504159	1458579	3111106
中国港、澳、台商绝对控股	4911857	1182666	395182	1224504	2109506
中国港、澳、台商相对控股	1949722	605070	108977	234074	1001601
外商控股	10615044	4765447	1336689	1642128	2870779
外商绝对控股	7000484	2818672	1051222	1027558	2103031

2010年三资企业主要指标汇总表（五）

	增加值	劳动者报酬	固定资产折旧	生产税净额	营业盈余
外商相对控股	3614560	1946775	285467	614570	767748
四、按软件出口基地分列					
北京软件出口基地	339666	141402	5984	72083	120197
天津软件出口基地	12979	11937	983	225	-165
大连软件出口基地	544796	327186	94365	3478	119768
上海软件出口基地	437781	159874	24899	21701	231307
深圳软件出口基地	156049	61063	8284	22984	63719
西安软件出口基地	181188	74509	26832	33178	46669
五、按软件园区分列					
北京中关村软件园	183597	120402	3583	30182	29430
大连软件园	544796	327186	94365	3478	119768
上海浦东软件园	423833	149243	23977	21249	229364
南京软件园	139858	47057	11470	22039	59293
杭州软件园	1132689	290980	38894	88334	714481
山东齐鲁软件园	39201	13559	4662	1196	19785
长沙软件园	30152	18972	2322	7184	1673
广州天河软件园	382607	124243	4880	43596	209889
珠海南方软件园	49857	24699	4521	5510	15127
成都软件园	1341692	498451	28252	231453	583536
西安软件园	181188	74509	26832	33178	46669
六、按行业分列					
软件产品行业	7626083	3195929	465806	1055682	2908666
信息系统集成服务行业	1999347	1074279	152451	304238	468378
信息技术咨询服务行业	985883	687410	80014	-37141	255600
数据处理和运营服务行业	5897197	1394215	465147	1788620	2249215
嵌入式系统软件行业	1712521	611281	252531	207343	641367
IC设计行业	1616227	494705	575027	55292	491203
七、按地区分列					
（一）按省、市分列					
北京市	4599609	2062842	304706	750144	1481917
天津市	308529	55422	19308	26742	207056

2010年三资企业主要指标汇总表（五）

单位：万元

	增加值	劳动者报酬	固定资产折旧	生产税净额	营业盈余
河北省	64288	12228	11118	-12840	53783
山西省	14246	2013	463	2592	9178
内蒙古自治区	715	323	68	4	320
辽宁省	747550	375804	113323	-120404	378827
吉林省	55407	17666	5875	3033	28832
黑龙江省	4136	2727	514	80	816
上海市	2781300	1288290	168397	288457	1036155
江苏省	5722166	1535368	1115479	1793319	1278000
浙江省	1258659	334977	55227	104733	763721
安徽省	18197	12931	636	731	3899
福建省	451949	281765	23300	43793	103091
江西省	13755	3717	4650	2361	3027
山东省	100042	32671	26978	5415	34977
河南省	4546	912	56	1512	2067
湖北省	43677	16263	7658	3011	16745
湖南省	41480	21285	2628	9124	8442
广东省	2045862	804915	73356	201726	965864
广西壮族自治区	1441	330	12	150	949
海南省	125	75	50		
四川省	1354469	504555	28933	232877	588104
云南省	2461	1699	344	522	-104
重庆市	20374	13800	864	3673	2037
陕西省	181188	74509	26832	33178	46669
甘肃省	335	173	22	38	102
宁夏回族自治区	433	292	178	29	-66
新疆维吾尔自治区	319	264		35	20
（二）按计划单列市分列					
大连市	544796	327186	94365	3478	119768
宁波市	90254	33522	14368	11545	30819
厦门市	186337	141323	9900	11909	23205
青岛市	7830	6673	386	467	304
深圳市	1429608	547483	48753	141861	691511

2010年三资企业主要指标汇总表（五）

单位：万元

	增加值	劳动者报酬	固定资产折旧	生产税净额	营业盈余
（三）按副省级城市分列					
沈阳市	199806	47951	17986	-124635	258505
长春市	54906	17367	5764	3022	28753
哈尔滨	3191	2222	413	48	509
南京市	1028350	436946	36833	177268	377303
杭州市	1132689	294024	38894	88357	711414
济南市	65092	20743	13030	2325	28993
武汉市	43677	16263	7658	3011	16745
广州市	440652	155051	7082	44245	234273
成都市	1353440	503982	28541	233485	587432
西安市	181188	74509	26832	33178	46669

2010年三资企业主要指标汇总表（六）

单位：人

	从业人员年末人数	软件研发人员	管理人员	硕士以上人员	大本人员	大专以下
软件企业合计	721256	246072	58755	85957	353752	281544
一、按企业登记注册类型分列						
中国港、澳、台商投资企业	218768	75533	20349	29244	101754	87771
合资经营企业（中国港、澳、台资）	47199	23096	5339	12154	19388	15655
合作经营企业（中国港、澳、台资）	3100	1161	213	239	2200	661
中国港、澳、台商独资经营企业	163316	49868	14286	16178	77390	69750
中国港、澳、台投资股份有限公司	5153	1408	511	673	2776	1705
外商投资企业	502488	170539	38406	56713	251998	193773
中外合资经营企业	100442	30455	8436	11526	48650	40260
中外合作经营企业	10636	2900	719	687	5788	4161
外资企业	367499	124615	28093	42733	181633	143137
外商投资股份有限公司	23911	12569	1158	1767	15927	6215
二、按经济类型分列						
外商及中国港、澳、台投资经济	721256	246072	58755	85957	353752	281544
三、按控股分列						
公有控股经济	35128	20344	4730	10861	16435	7830
国有控股	21947	13189	2630	7659	10263	4022
国有绝对控股	6063	2726	802	830	3504	1727
国有相对控股	15884	10463	1828	6829	6759	2295
集体控股	13181	7155	2100	3202	6172	3808
集体绝对控股	9667	5063	1652	2318	4621	2729
集体相对控股	3514	2092	448	884	1551	1079
非公有控股经济	686128	225728	54025	75096	337317	273714
私人控股	53089	21112	6178	4751	29883	18454
私人绝对控股	35553	11152	4213	3714	18524	13315
私人相对控股	17536	9960	1965	1037	11359	5139
中国港、澳、台商控股	185869	55813	15204	17819	81859	86193
中国港、澳、台商绝对控股	128811	37922	11136	10955	54001	63858
中国港、澳、台商相对控股	57058	17891	4068	6864	27858	22335
外商控股	447170	148803	32643	52526	225575	169067
外商绝对控股	302080	99742	23590	33183	157420	111475

2010年三资企业主要指标汇总表（六）

单位：人

	从业人员年末人数	软件研发人员	管理人员	硕士以上人员	大本人员	大专以下
外商相对控股	145090	49061	9053	19343	68155	57592
四、按软件出口基地分列						
北京软件出口基地	15059	10713	736	1310	10618	3131
天津软件出口基地	1792	1366	159	113	1496	183
大连软件出口基地	52285	35034	2531	4462	40252	7570
上海软件出口基地	14203	8312	2280	2553	9532	2118
深圳软件出口基地	7657	4280	992	402	5356	1900
西安软件出口基地	7862	5148	776	2274	4420	1166
五、按软件园区分列						
北京中关村软件园	12968	9760	585	848	9210	2910
大连软件园	52285	35034	2531	4462	40252	7570
上海浦东软件园	13589	7812	2240	2203	9292	2094
南京软件园	6422	2931	501	898	2731	2792
杭州软件园	31189	10352	2751	4039	18580	8570
山东齐鲁软件园	2507	1378	321	165	1748	593
长沙软件园	3644	895	339	257	1613	1774
广州天河软件园	10490	5334	1665	848	7499	2142
珠海南方软件园	3530	1062	664	298	1517	1715
成都软件园	27530	11880	1141	6275	15404	5851
西安软件园	7862	5148	776	2274	4420	1166
六、按行业分列						
软件产品行业	295413	142887	28613	46918	176336	72159
信息系统集成服务行业	63006	16850	4415	9032	30841	23133
信息技术咨询服务行业	63491	31722	5127	7897	39011	16583
数据处理和运营服务行业	148592	31167	9694	9572	63308	75712
嵌入式系统软件行业	91963	9977	7005	4393	27574	59993
IC设计行业	58791	13469	3901	8145	16682	33964
七、按地区分列						
（一）按省、市分列						
北京市	148879	53593	8564	23235	73460	52184
天津市	12697	3501	449	919	4280	7498

2010年三资企业主要指标汇总表（六）

	从业人员年末人数	软件研发人员	管理人员	硕士以上人员	大本人员	大专以下
河北省	2593	1040	353	43	991	1559
山西省	615	274	36	51	303	261
内蒙古自治区	45	41	4	3	17	25
辽宁省	68998	37965	4513	5058	47114	16825
吉林省	5011	925	183	393	2675	1943
黑龙江省	882	641	102	58	616	208
上海市	80361	39163	11132	16525	47106	16730
江苏省	201871	34939	15262	14756	63097	124020
浙江省	41810	12173	3930	4412	21495	15903
安徽省	1780	1506	134	288	1281	211
福建省	26672	5237	1542	2683	16353	7636
江西省	631	255	79	44	340	247
山东省	6386	2634	702	440	4372	1574
河南省	136	40	38	10	117	9
湖北省	2572	1560	288	315	1776	482
湖南省	4275	1310	426	295	1983	1997
广东省	77807	31282	8849	7770	45413	24623
广西壮族自治区	40	15	8	3	21	16
海南省	125	31	6		34	91
四川省	28172	12277	1188	6295	15813	6064
云南省	271	192	30	33	210	28
重庆市	651	287	139	52	361	236
陕西省	7862	5148	776	2274	4420	1166
甘肃省	46	38	8	1	40	5
宁夏回族自治区	23	5	8		23	
新疆维吾尔自治区	45		6	1	41	3
（二）按计划单列市分列						
大连市	52285	35034	2531	4462	40252	7570
宁波市	8727	1023	985	208	2345	6174
厦门市	10996	235	256	1719	7673	1604
青岛市	1171	280	150	95	945	131
深圳市	47638	21980	5168	6289	29766	11586

2010年三资企业主要指标汇总表（六）

单位：人

	从业人员年末人数	软件研发人员	管理人员	硕士以上人员	大本人员	大专以下
（三）按副省级城市分列						
沈阳市	16410	2824	1910	586	6732	9092
长春市	4867	839	156	385	2558	1924
哈尔滨	762	526	97	57	598	107
南京市	40287	23405	4140	10493	20261	9531
杭州市	31360	10430	2777	4102	18631	8627
济南市	4122	1720	430	315	2698	1108
武汉市	2572	1560	288	315	1776	482
广州市	14254	7022	2264	1011	10508	2734
成都市	28042	12277	1188	6292	15761	5989
西安市	7862	5148	776	2274	4420	1166

2010年三资企业软件产品完成情况

项　　目	企业数	本年收入（万元）	其中：出口（万美元）
软件收入明细合计	**2589**	**42960937**	**1168089**
软件产品行业（**E6201**）			
一、软件产品合计	1525	12939162	301965
（一）基础软件	173	1374140	12220
1．操作系统	64	699912	4361
2．数据库系统	30	386076	432
3．其他	79	288152	7427
（二）中间件	38	249757	8282
1．基础中间件	15	37274	1439
2．业务中间件	18	29811	261
3．领域中间件	5	182672	6582
（三）应用软件	1006	7473396	120795
1．通用软件	370	2625442	30639
（1）企业管理软件	182	537253	6423
（2）游戏软件	52	719266	8687
（3）辅助设计与辅助制造（CAD/CAM）软件	20	51403	5894
（4）其他通用软件	116	1317521	9634
2．行业应用软件	622	4788143	88662
（1）通信软件	120	2822272	53918
（2）金融财税软件	80	427069	8037
（3）能源软件	27	197004	66
（4）工业控制软件	62	518983	4734
（5）交通应用软件	37	122095	2123
（6）其他行业应用软件	296	700719	19784
3．文字语言处理软件	14	59811	1494
（四）嵌入式应用软件	113	2052555	20647
（五）信息安全产品	40	261019	7031
1．基础和平台类安全产品	3	1811	
2．内容安全产品	4	22200	2583
3．网络安全产品	17	148039	1021
4．专用安全产品	6	11417	618

2010年三资企业软件产品完成情况

项　　目	企业数	本年收入（万元）	其中：出口（万美元）
5．安全测试评估	4	43177	1798
6．安全应用产品	3	3877	22
7．其他信息安全产品及相关服务	3	30498	989
（六）支撑软件	10	8605	200
（七）软件定制服务	145	1519690	132790
信息系统集成服务行业（E6202）			
二、信息系统集成服务合计	453	8006212	49439
（一）信息系统设计服务	162	2029569	10841
（二）集成实施服务	185	5438495	36776
（三）运行维护服务	106	538148	1822
信息技术咨询服务行业（E6203）			
三、信息技术咨询服务合计	420	3313579	94159
（一）信息化规划	27	141862	7391
（二）信息技术管理咨询	286	2058949	70008
（三）信息系统工程监理	39	207722	2711
（四）测试评估	28	652143	11535
（五）信息技术培训	40	252903	2514
数据处理和运营服务行业（E6204）			
四、数据处理和运营服务合计	369	6491878	91090
（一）数据处理服务	109	1101168	37092
（二）运营服务	199	3702405	20262
1．软件运营服务	49	725585	15381
2．平台运营服务	142	2743629	4170
（1）物流管理服务平台	6	29496	65
（2）电子商务管理	41	1128999	2780
（3）在线娱乐平台	26	448594	171
（4）在线教育平台	29	175981	5
（5）其他在线服务平台	40	960559	1149
3．基础设施运营服务	8	233192	711
（三）存储服务	5	23207	2534
（四）数字内容加工处理	40	1512923	30884

2010年三资企业软件产品完成情况

项　　目	企业数	本年收入（万元）	其中：出口（万美元）
（五）客户交互服务	16	152174	319
嵌入式系统软件行业（E6205）			
五、嵌入式系统软件合计	429	9435111	482848
（一）通信设备	146	4667873	263494
1．固定网络设备	11	161335	1126
（1）程控交换设备（不含移动交换）	3	134676	154
（2）用户接入设备	6	20854	422
（3）下一代核心网络设备（NGN）	2	5805	550
2．移动通信设备	17	790292	49463
（1）移动通信基站	6	281303	28260
（2）移动通信直放站	2	41019	
（3）移动通信交换设备	9	467970	21203
3．光通信与传输设备	28	275406	10401
（1）光传输设备	23	263032	10349
（2）微波传输设备	5	12374	52
4．通信终端设备及其他	90	3440840	202504
（1）SIM卡	3	96846	1943
（2）自主开发手机	19	879773	77967
（3）数据通信设备	26	807861	34796
（4）通信电子对抗设备	1	271	40
（5）通信导航设备	10	52045	6065
（6）数字多媒体通信设备	31	1604044	81693
（二）网络设备	28	343852	22036
（1）路由器	5	109885	4170
（2）以太网交换机	2	62849	8610
（3）网关及接入服务器	2	5422	142
（4）无线局域网设备	7	32272	2382
（5）网络安全设备	3	110403	6371
（6）网络终端设备	7	21054	75
（7）网络存储设备	2	1968	286
（三）数字装备设备	27	859808	64754

2010年三资企业软件产品完成情况

项　　目	企业数	本年收入 （万元）	其中：出口 （万美元）
1．智能识别装置	20	851134	64160
2．安全防卫系统	7	8674	595
（四）数字视频产品	29	741090	29831
1．数字（含有线、无线、卫星、网络）电视机顶盒	14	405771	11166
2．数字电视机顶盒的数字电视一体机	15	335319	18665
（五）装备自动控制产品	164	1758077	88149
1．集散控制系统	10	151636	2793
2．过程控制系统	83	913562	47062
3．机电一体化控制系统	52	530801	30571
4．智能传感器	15	136293	7117
5．智能机器人	4	25785	607
（六）汽车电子产品	35	1064411	14583
1．通信系统	10	153763	13883
2．自动控制系统	25	910648	700
IC设计行业（E6206）			
六、IC设计合计	173	2774996	148669
（一）MOS微器件	4	22815	1038
（二）逻辑电路	10	13714	331
（三）MOS存储器	6	304079	40132
（四）模拟电路	16	55384	5224
（五）专用电路	57	904898	19820
（六）智能卡芯片及电子标签芯片	15	216838	6928
（七）传感器电路	5	77917	8630
（八）微波集成电路	6	4711.3	55.4
（九）混合集成电路	54	1174639.63	66511.11

IV　内资企业统计

	企业数（个）	软件业务收入	其中：	
			软件产品收入	信息系统集成服务收入
软件企业合计	18153	92924573	36366158	23160662
一、按企业登记注册类型分列				
内资企业	18153	92924573	36366158	23160662
国有企业	407	9574394	3090251	3385689
集体企业	43	2026468	34468	423054
股份合作企业	117	808378	196924	237946
联营企业	42	556793	124285	103548
国有联营企业	7	189358	12908	17316
集体联营企业	11	32583	14022	12779
国有与集体联营企业	8	228324	61900	57832
其他联营企业	16	106527	35455	15621
有限责任公司	9335	41901288	15670361	10038766
国有独资公司	79	1362567	266746	509878
其他有限责任公司	9256	40538721	15403615	9528888
股份有限公司	1314	19254991	9643679	4720359
私营企业	6766	18384049	7473118	4084891
其他内资企业	129	418211	133072	166408
二、按经济类型分列				
国有经济	493	11126320	3369905	3912884
集体经济	54	2059051	48491	435833
股份合作经济	117	808378	196924	237946
股份制经济	10570	59793712	25047294	14249247
其他经济	6919	19137112	7703544	4324752
三、按控股分列				
公有控股经济	2061	38418636	14689011	10544084
国有控股	1354	26404421	11987337	7422790
国有绝对控股	712	13263775	4287330	4467896
国有相对控股	642	13140647	7700007	2954894
集体控股	707	12014215	2701674	3121295
集体绝对控股	350	9358147	1872339	2157556

主要指标汇总表（一）

单位：万元

其中：

信息技术咨询服务收入	数据处理和运营服务收入	嵌入式系统软件收入	IC设计收入
8685297	**11142377**	**11848217**	**1721861**
8685297	11142377	11848217	1721861
1113902	510204	1223978	250371
332626	329567	875507	31245
70720	33385	266700	2704
187332	9450	130650	1527
59134		100000	
4269	1410	103	
93917	8035	5114	1527
30012	5	25434	
3660031	5386912	6506593	638625
74432	127271	382760	1480
3585599	5259642	6123833	637145
1341794	1933473	1154006	461680
1950763	2917311	1627705	330263
28130	22075	63078	5447
1247468	637475	1706738	251851
336895	330977	875610	31245
70720	33385	266700	2704
4927393	7193115	7277839	1098825
2102822	2947426	1721330	337237
2882253	2622346	7036361	644581
2161942	2018500	2242259	571593
1382263	891312	1873857	361117
779678	1127189	368402	210476
720311	603845	4794102	72988
504311	454344	4307533	62064

	企业数（个）	软件业务收入	其中：	
			软件产品收入	信息系统集成服务收入
集体相对控股	357	2656068	829335	963739
非公有控股经济	16092	54505937	21677147	12616577
私人控股	15515	52007775	20819405	12244821
私人绝对控股	10596	31545570	12569144	8168461
私人相对控股	4919	20462205	8250261	4076360
中国港、澳、台商控股	369	1116602	440747	181527
中国港、澳、台商绝对控股	343	1013945	372429	170423
中国港、澳、台商相对控股	26	102656	68317	11104
外商控股	208	1381560	416996	190229
外商绝对控股	143	953541	324386	79557
外商相对控股	65	428020	92610	110672
四、按软件出口基地分列				
北京软件出口基地	17	1589752	581070	705556
天津软件出口基地	70	189678	66507	67837
大连软件出口基地	280	1598850	480920	397953
上海软件出口基地	152	1162602	688062	239899
深圳软件出口基地	107	518052	167027	66957
西安软件出口基地	551	2340237	593848	800053
五、按软件园区分列				
北京中关村软件园	8	464550	203399	49723
大连软件园	280	1598850	480920	397953
上海浦东软件园	151	1093945	688062	239899
南京软件园	161	1279857	452328	424686
杭州软件园	579	3831523	1692946	1248677
山东齐鲁软件园	460	2413320	1113520	348972
长沙软件园	409	727621	421452	124373
广州天河软件园	1039	3702390	1131112	600332
珠海南方软件园	128	514614	282227	8134
成都软件园	385	1222470	686141	318874
西安软件园	551	2340237	593848	800053

主要指标汇总表（一）

其中：

信息技术咨询 服务收入	数据处理和运营服务收入	嵌入式系统软件收入	IC设计收入
216000	149501	486569	10924
5803044	8520032	4811857	1077280
5672767	8271998	4052431	946353
3261067	4037081	2970606	539212
2411700	4234917	1081825	407141
38836	88679	290528	76285
37949	74367	283136	75641
887	14312	7392	644
91441	159354	468897	54643
36845	61536	406741	44476
54596	97818	62156	10167
	228524	74602	
54206	984		144
83207	267608	367445	1717
43996	121988		68657
8479	87027	94810	93753
561667	76661	208948	99060
	86750	74602	50076
83207	267608	367445	1717
43996	121988		
87900	305797	1690	7456
216582	560281	4514	108523
735081	115600	88768	11378
28734	17111	135952	
825081	1106573	13613	25679
204953	3357	2242	13700
92222	79736	21890	23607
561667	76661	208948	99060

	企业数（个）	软件业务收入	其中：	
			软件产品收入	信息系统集成服务收入
六、按行业分列				
软件产品行业	10854	40576211	31872471	5625414
信息系统集成服务行业	2939	21227357	2463959	15443229
信息技术咨询服务行业	1422	6258729	288829	574321
数据处理和运营服务行业	1495	9866606	238496	142326
嵌入式系统软件行业	1214	13574980	1483359	1357521
IC设计行业	229	1420690	19044	17851
七、按地区分列				
（一）按省、市分列				
北京市	1949	13281077	6248509	2784271
天津市	322	967601	428277	217799
河北省	216	1150322	196078	924568
山西省	89	161606	80634	62055
内蒙古自治区	64	201039	60294	117914
辽宁省	984	5799063	1951333	1722225
吉林省	770	1488602	479291	545312
黑龙江省	365	763571	253374	215155
上海市	1071	4626237	2130971	864997
江苏省	2136	12102449	3841492	3213735
浙江省	1031	4900784	2011296	1477127
安徽省	155	475502	240072	201971
福建省	696	4347617	1597362	1703996
江西省	89	364139	96104	192764
山东省	1423	8649277	2644132	1850457
河南省	279	1046659	429231	448211
湖北省	527	1534924	700087	520394
湖南省	473	1534308	1212349	132952
广东省	3486	21035905	8647976	2764068
广西壮族自治区	96	252697	114001	86082
海南省	15	36598	17011	10058

主要指标汇总表（一）

单位：万元

其中：

信息技术咨询服务收入	数据处理和运营服务收入	嵌入式系统软件收入	IC设计收入
1771414	912788	245744	148381
1353853	572235	1276797	117284
4984087	342416	41419	27657
316978	9150474	3691	14641
254908	160596	10272274	46321
4057	3868	8292	1367577
792639	2684039	577441	194178
175563	86291	56391	3281
13890	1769	14017	
10481	4431	3690	316
16349	6483		
458653	681628	882632	102592
222042	112960	128998	
73063	129200	92673	106
307114	1090634		232521
492671	979480	3264838	310233
270491	723607	263362	154901
30196	2072	800	391
303809	440874	62529	239047
51044	12768	11237	222
2002026	638516	1457823	56323
90883	37026	22027	19281
69663	68352	173593	2835
30401	17705	140352	549
2116285	3043121	4216057	248399
41930	10684		
2703	6826		

	企业数（个）	软件业务收入	其中：	
			软件产品收入	信息系统集成服务收入
四川省	637	3479787	1707651	1104497
贵州省	169	360348	181244	155488
云南省	97	406128	75457	312820
重庆市	238	1198232	319168	475742
陕西省	551	2340237	593848	800053
甘肃省	80	180996	52502	101678
宁夏回族自治区	39	42607	20204	16166
新疆维吾尔自治区	106	196262	36210	138105
（二）按计划单列市分列				
大连市	280	1598850	480920	397953
宁波市	303	739011	173333	190914
厦门市	320	1782338	650921	582182
青岛市	135	2177010	119825	462937
深圳市	1334	12914649	6006484	1607698
（三）按副省级城市分列				
沈阳市	526	3780204	1245977	1165227
长春市	413	1093234	332598	401038
哈尔滨	299	415232	127564	147773
南京市	663	6767758	2179127	2746382
杭州市	579	3867914	1717400	1248677
济南市	1100	5901610	2370884	1152615
武汉市	490	1506469	683791	517210
广州市	1649	6856131	1985888	1072904
成都市	617	3234701	1691921	892721
西安市	551	2340237	593848	800053

主要指标汇总表（一）

单位：万元

其中：

信息技术咨询服务收入	数据处理和运营服务收入	嵌入式系统软件收入	IC设计收入
378799	211444	53659	23737
23616			
8655	8438	248	510
103860	51831	216856	30774
561667	76661	208948	99060
13467	10710	46	2592
4056	2180		
19283	2648	2	14
83207	267608	367445	1717
48952	122033	175981	27798
141787	275167	1910	130371
285039	321555	953417	34238
122759	916250	4098529	162930
361956	393952	513958	99135
158159	72442	128998	
22609	43409	73771	106
333989	593772	852355	62134
216582	560281	16451	108523
1688411	306886	361214	21600
68553	63760	170564	2591
1607967	2083081	38698	67593
377395	210459	38468	23737
561667	76661	208948	99060

2010年内资企业主要指标汇总表（二）

	软件业务出口收入	软件外包服务出口收入	嵌入式系统软件出口收入
软件企业合计	**1505437**	**142911**	**662687**
一、按企业登记注册类型分列			
内资企业	1505437	142911	662687
国有企业	24397	3963	14553
集体企业	20001	1608	17962
股份合作企业	12325	104	9273
联营企业	2901	2146	755
国有联营企业	50	50	
集体联营企业	96	93	3
国有与集体联营企业	2755	2003	752
其他联营企业			
有限责任公司	982321	56217	577096
国有独资公司	3087		3087
其他有限责任公司	979234	56217	574009
股份有限公司	395842	55480	22166
私营企业	64753	23243	18740
其他内资企业	2897	149	2142
二、按经济类型分列			
国有经济	27534	4013	17640
集体经济	20097	1701	17965
股份合作经济	12325	104	9273
股份制经济	1375076	111698	596175
其他经济	70405	25395	21634
三、按控股分列			
公有控股经济	1243637	69679	576217
国有控股	383448	64074	24843
国有绝对控股	44866	8245	19331
国有相对控股	338583	55829	5512
集体控股	860189	5605	551374
集体绝对控股	850388	4254	543096
集体相对控股	9801	1351	8278

2010年内资企业主要指标汇总表（二）

单位：万美元

	软件业务出口收入	软件外包服务出口收入	嵌入式系统软件出口收入
非公有控股经济	261800	73231	86471
私人控股	192327	68567	53571
私人绝对控股	134821	42544	41272
私人相对控股	57506	26023	12298
中国港、澳、台商控股	23813	2639	9374
中国港、澳、台商绝对控股	22580	2639	9239
中国港、澳、台商相对控股	1233		134
外商控股	45660	2025	23526
外商绝对控股	40347	1302	20614
外商相对控股	5312	723	2912
四、按软件出口基地分列			
北京软件出口基地	4908	173	4735
天津软件出口基地	731	648	
大连软件出口基地	9149	6358	469
上海软件出口基地	3289	3127	
深圳软件出口基地	6485	209	4758
西安软件出口基地	14187	11115	1627
五、按软件园区分列			
北京中关村软件园	4735		4735
大连软件园	9149	6358	469
上海浦东软件园	3289	3127	
南京软件园	1832	1442	
杭州软件园	35954	17185	
山东齐鲁软件园	4590	4090	500
长沙软件园	2328	808	
广州天河软件园	3471	2478	2
珠海南方软件园	13062	1	6
成都软件园	4971	2840	52
西安软件园	14187	11115	1627
六、按行业分列			
软件产品行业	455292	97080	2648

2010年内资企业主要指标汇总表（二）

单位：万美元

	软件业务出口收入	软件外包服务出口收入	嵌入式系统软件出口收入
信息系统集成服务行业	53722	16280	27120
信息技术咨询服务行业	12495	9097	569
数据处理和运营服务行业	15680	14935	16
嵌入式系统软件行业	937120	229	632334
IC设计行业	31128	5290	
七、按地区分列			
（一）按省、市分列			
北京市	35997	30382	5615
天津市	1186	940	
河北省	2839	3	
山西省	24		
内蒙古自治区			
辽宁省	55448	38386	9344
吉林省	892	237	98
黑龙江省	3458	2291	882
上海市	13683	5962	
江苏省	87856	12546	49108
浙江省	47794	17259	7805
安徽省	705	20	101
福建省	1222	322	
江西省			
山东省	46976	11977	30683
河南省	159	159	
湖北省	4412	1529	816
湖南省	2328	808	
广东省	1179033	5216	556262
广西壮族自治区	336	103	
海南省			
四川省	5410	3089	236
贵州省			
云南省	3	3	

2010年内资企业主要指标汇总表（二）

单位：万美元

	软件业务出口收入	软件外包服务出口收入	嵌入式系统软件出口收入
重庆市	1475	551	112
陕西省	14187	11115	1627
甘肃省			
宁夏回族自治区	16	16	
新疆维吾尔自治区			
（二）按计划单列市分列			
大连市	9149	6358	469
宁波市	7860	11	6675
厦门市			
青岛市	24954	646	23759
深圳市	1148832	2158	553634
（三）按副省级城市分列			
沈阳市	45081	32028	8875
长春市	862	207	98
哈尔滨	1253	1000	
南京市	14591	4425	4778
杭州市	36826	17185	872
济南市	14911	11229	3683
武汉市	4412	1529	816
广州市	4462	2802	35
成都市	4971	2840	52
西安市	14187	11115	1627

2010年内资企业主要指标汇总表（三）

单位：万元

	主营业务税金及附加	利润总额	流动资产平均余额	资产合计	负债合计
软件企业合计	2623217	14298787	78851177	141182606	62830533
一、按企业登记注册类型分列					
内资企业	2623217	14298787	78851177	141182606	62830533
国有企业	286711	1618329	8874647	16242708	9587487
集体企业	14791	125563	1142489	1652126	1261732
股份合作企业	12143	67214	476622	917732	422048
联营企业	33552	65887	241207	393221	173713
国有联营企业	16195	3486	26573	35367	8953
集体联营企业	505	12308	21578	50414	20976
国有与集体联营企业	15539	20850	157159	245494	96925
其他联营企业	1313	29243	35897	61947	46859
有限责任公司	1270433	6501964	30699298	63158817	27184945
国有独资公司	23465	175249	1603795	3143795	1393250
其他有限责任公司	1246968	6326715	29095503	60015022	25791695
股份有限公司	456098	3204348	19282062	41110089	17031719
私营企业	536499	2666031	17972861	17160876	7014054
其他内资企业	12991	49451	161992	547035	154836
二、按经济类型分列					
国有经济	326371	1797064	10505014	19421870	10989690
集体经济	15295	137871	1164067	1702540	1282707
股份合作经济	12143	67214	476622	917732	422048
股份制经济	1703066	9531063	48377565	101125111	42823414
其他经济	566342	2765575	18327908	18015353	7312674
三、按控股分列					
公有控股经济	980299	5969665	32887279	63993867	32361396
国有控股	748549	4279366	24745588	46972456	25073001
国有绝对控股	368821	2518306	14126407	22881007	12661769
国有相对控股	379728	1761060	10619182	24091448	12411232
集体控股	231750	1690299	8141691	17021411	7288395
集体绝对控股	132935	1381577	6625211	13502738	5540172
集体相对控股	98815	308722	1516480	3518673	1748224

2010年内资企业主要指标汇总表（三）

单位：万元

	主营业务税金及附加	利润总额	流动资产平均余额	资产合计	负债合计
非公有控股经济	1642918	8329123	45963897	77188739	30469137
私人控股	1566228	7898385	43891842	73155369	28908978
私人绝对控股	932445	4950848	33704504	40250330	16829817
私人相对控股	633783	2947537	10187337	32905039	12079161
中国港、澳、台商控股	37776	149791	850300	1950960	829519
中国港、澳、台商绝对控股	35051	141502	784525	1845252	791309
中国港、澳、台商相对控股	2725	8289	65775	105708	38210
外商控股	38914	280947	1221756	2082411	730640
外商绝对控股	16238	248488	913633	1574865	482126
外商相对控股	22675	32459	308123	507546	248513
四、按软件出口基地分列					
北京软件出口基地	31996	220255	229970	2480875	752967
天津软件出口基地	2864	39286	81282	219487	91651
大连软件出口基地	63254	164591	425315	893443	525707
上海软件出口基地	24017	194703	1500967	2026178	1206335
深圳软件出口基地	5228	108626	546977	1153891	314562
西安软件出口基地	156159	150810	2780018	4152998	2243392
五、按软件园区分列					
北京中关村软件园	4180	61992	190806	978471	437172
大连软件园	63254	164591	425315	893443	525707
上海浦东软件园	23727	187844	1431087	1953562	1165260
南京软件园	24184	214955	1430415	1866003	605439
杭州软件园	92910	656426	5448156	8079071	4103794
山东齐鲁软件园	115143	326963	1633165	2247915	945708
长沙软件园	15237	177178	765563	1674595	606732
广州天河软件园	198448	539902	3133010	6091477	2091232
珠海南方软件园	7386	186147	367625	934514	283451
成都软件园	59443	297890	1252976	2296956	890172
西安软件园	156159	150810	2780018	4152998	2243392
六、按行业分列					
软件产品行业	1035848	7584507	35314465	75353356	29834521

2010年内资企业主要指标汇总表（三）

单位：万元

	主营业务税金及附加	利润总额	流动资产平均余额	资产合计	负债合计
信息系统集成服务行业	535700	2768753	13898631	26461601	13154220
信息技术咨询服务行业	235062	918277	3153100	6791944	3106585
数据处理和运营服务行业	640551	1429915	6717540	16473916	8032448
嵌入式系统软件行业	154883	1355573	18034190	12630604	7470686
IC设计行业	21175	241762	1733252	3471184	1232074
七、按地区分列					
（一）按省、市分列					
北京市	291646	1624067	1481534	19996834	9271995
天津市	35026	119327	667058	1283215	689557
河北省	50000	465421	866403	1257441	753803
山西省	4132	25405	308783	323465	137849
内蒙古自治区	3531	13894	79582	146595	61215
辽宁省	259282	757166	2483191	5223474	2060870
吉林省	51219	157757	285929	659753	190117
黑龙江省	12280	122290	622071	1002432	311654
上海市	149057	853100	5214149	8717975	3994675
江苏省	211153	1984892	7255886	16037376	7778342
浙江省	114936	843838	6655321	9648974	4955817
安徽省	7573	113492	594022	985348	416283
福建省	87178	321565	725046	1115066	492235
江西省	7051	35456	210167	425600	187459
山东省	228148	904289	5291375	12831472	3859457
河南省	17564	200000	1085467	1513426	794625
湖北省	31455	259593	2126427	3398026	1595956
湖南省	22790	430497	2321751	4024552	1727838
广东省	698438	3602449	32732575	35111855	15648581
广西壮族自治区	4571	33233	191032	265139	122493
海南省	1794	9822	34043	75089	28074
四川省	123551	1034893	2594671	4683620	2245774
贵州省	3969	23837	85030	178082	12566
云南省	8530	25682	383843	731064	390773

2010年内资企业主要指标汇总表（三）

单位：万元

	主营业务税金及附加	利润总额	流动资产平均余额	资产合计	负债合计
重庆市	31715	137196	1498325	6855793	2643989
陕西省	156159	150810	2780018	4152998	2243392
甘肃省	3716	23385	144156	229926	86920
宁夏回族自治区	822	4326	25311	45872	23799
新疆维吾尔自治区	5931	21104	108012	262147	104426
（二）按计划单列市分列					
大连市	63254	164591	425315	893443	525707
宁波市	13872	115757	999800	1071731	596917
厦门市	14943	54747	138836	47960	26699
青岛市	14092	145151	1301524	6592630	1366411
深圳市	203801	2229800	24323944	20085762	11258497
（三）按副省级城市分列					
沈阳市	188027	504170	1548141	3535577	1176483
长春市	39591	101672	238067	517837	134060
哈尔滨	9248	64929	473511	782052	267390
南京市	126486	1307629	4634597	8456932	4597659
杭州市	94174	669243	5450520	8076562	4100819
济南市	203700	668998	3595392	5505052	2236318
武汉市	30518	251251	2091375	3335411	1572813
广州市	474722	991651	7293909	12805193	3647521
成都市	121383	991892	2177617	3815707	1692989
西安市	156159	150810	2780018	4152998	2243392

2010年内资企业主要指标汇总表（四）

单位：万元

	年末所有者权益	年初所有者权益	应交所得税	应交增值税	出口已退税额
软件企业合计	**78352073**	**49802020**	**3451513**	**2434617**	**223421**
一、按企业登记注册类型分列					
内资企业	78352073	49802020	3451513	2434617	223421
国有企业	6655222	6171901	437845	202388	7465
集体企业	390395	103326	52845	20201	106
股份合作企业	495684	347374	37441	10080	2059
联营企业	219508	187768	15665	8158	21
国有联营企业	26413	15703	1894	4822	
集体联营企业	29438	18579	741	315	
国有与集体联营企业	148569	140655	12074	2309	21
其他联营企业	15088	12831	957	711	
有限责任公司	35973872	23541124	1770547	1318426	65463
国有独资公司	1750545	1402164	37377	15959	620
其他有限责任公司	34223327	22138960	1733170	1302467	64843
股份有限公司	24078370	13008027	435547	480111	116756
私营企业	10146822	6347876	693290	388935	31516
其他内资企业	392199	94624	8333	6316	35
二、按经济类型分列					
国有经济	8432180	7589768	477115	223170	8085
集体经济	419832	121905	53586	20516	107
股份合作经济	495684	347374	37441	10080	2059
股份制经济	58301698	35146987	2168717	1782578	181599
其他经济	10702679	6595986	714654	398273	31572
三、按控股分列					
公有控股经济	31632470	18703508	1406965	920752	101954
国有控股	21899455	15180435	904305	695481	100147
国有绝对控股	10219238	9330823	575847	256273	33332
国有相对控股	11680217	5849612	328458	439209	66816
集体控股	9733016	3523073	502659	225271	1806
集体绝对控股	7962566	2363988	418872	191043	552
集体相对控股	1770450	1159086	83787	34228	1254

2010年内资企业主要指标汇总表（四）

单位：万元

	年末所有者权益	年初所有者权益	应交所得税	应交增值税	出口已退税额
非公有控股经济	46719602	31098512	2044548	1513865	121468
私人控股	44246390	29320329	1974927	1354491	86099
私人绝对控股	23420513	17920996	1461715	1001269	56380
私人相对控股	20825878	11399333	513212	353222	29719
中国港、澳、台商控股	1121440	718347	28461	26056	3811
中国港、澳、台商绝对控股	1053943	662007	26084	24808	2635
中国港、澳、台商相对控股	67498	56340	2377	1248	1176
外商控股	1351771	1059836	41160	133318	31558
外商绝对控股	1092739	868983	37119	129156	31378
外商相对控股	259033	190854	4041	4162	179
四、按软件出口基地分列					
北京软件出口基地	1727907	203592	24594	27801	239
天津软件出口基地	127836	67796	231976	118763	18
大连软件出口基地	367735	305211	35623	10634	319
上海软件出口基地	819843	750427	25562	27888	
深圳软件出口基地	839329	292714	33638	10903	2644
西安软件出口基地	1909606	1407108	34706	28483	1
五、按软件园区分列					
北京中关村软件园	541298	102137	11623	6620	239
大连软件园	367735	305211	35623	10634	319
上海浦东软件园	788302	709369	23422	26606	
南京软件园	1260564	948375	41800	272830	235
杭州软件园	3975278	2799525	171350	74205	8917
山东齐鲁软件园	1302208	1057648	42769	57537	118
长沙软件园	1067863	1423932	40694	23559	1022
广州天河软件园	4000245	3157172	50907	52697	3339
珠海南方软件园	651063	387918	13940	6289	8320
成都软件园	1406784	883592	55221	36000	950
西安软件园	1909606	1407108	34706	28483	1
六、按行业分列					
软件产品行业	45518836	25908210	1923064	1648921	172469

2010年内资企业主要指标汇总表（四）

单位：万元

	年末所有者权益	年初所有者权益	应交所得税	应交增值税	出口已退税额
信息系统集成服务行业	13307382	10894875	824480	309534	8038
信息技术咨询服务行业	3685359	2495573	60793	86060	1552
数据处理和运营服务行业	8441468	6075904	99427	154202	620
嵌入式系统软件行业	5159918	3263307	505377	206132	25860
IC设计行业	2239110	1164152	38371	29769	14882
七、按地区分列					
（一）按省、市分列					
北京市	10724839	934849	372497	207957	468
天津市	593659	453123	248599	130598	598
河北省	503638	443754	20926	10195	1359
山西省	185616	211103	6699	3120	2
内蒙古自治区	85379	63464	2948	2600	
辽宁省	3162604	2247050	198681	76592	6509
吉林省	469635	364477	20920	9386	2456
黑龙江省	690778	525357	26387	11056	142
上海市	4723300	3820293	134606	122413	3573
江苏省	8259034	6100826	429425	461904	38298
浙江省	4693157	3366404	205998	98247	12533
安徽省	569065	447681	23404	11698	490
福建省	622830	389662	57704	31741	
江西省	238140	206944	7942	5455	
山东省	8972015	3466276	264689	146074	1888
河南省	718801	1092343	54173	37707	60
湖北省	1802070	1757104	55391	39203	10257
湖南省	2296715	2429581	133427	69166	2702
广东省	19463274	15719433	1036208	618080	137299
广西壮族自治区	142646	126576	3164	3301	32
海南省	47014	30561	83	563	
四川省	2437847	1654913	69909	62856	1166
贵州省	165516	129502	5927	107	
云南省	340291	295511	7304	4124	

2010年内资企业主要指标汇总表（四）

单位：万元

	年末所有者权益	年初所有者权益	应交所得税	应交增值税	出口已退税额
重庆市	4211804	1884825	21340	85117	3492
陕西省	1909606	1407108	34706	28483	1
甘肃省	143006	116818	4281	3471	
宁夏回族自治区	22073	17734	1178	261	
新疆维吾尔自治区	157721	98750	2996	153143	96
（二）按计划单列市分列					
大连市	367735	305211	35623	10634	319
宁波市	474814	386680	24952	17363	2407
厦门市	21261	11438	1161	9180	
青岛市	5226218	211339	62496	24005	331
深圳市	8827265	7450506	895129	429789	111024
（三）按副省级城市分列					
沈阳市	2359093	1598443	125446	50168	5301
长春市	383777	306758	17709	7233	47
哈尔滨	514662	406770	15252	7452	121
南京市	3859273	3644694	329479	365730	4246
杭州市	3975743	2800203	171324	74176	8917
济南市	3268734	2863014	180793	110830	180
武汉市	1762598	1732957	51551	27172	10245
广州市	9157671	7352145	94589	164917	6861
成都市	2122718	1380706	72011	60579	1166
西安市	1909606	1407108	34706	28483	1

2010年内资企业主要指标汇总表（五）

	增加值	劳动者报酬	固定资产折旧	生产税净额	营业盈余
软件企业合计	**34139366**	**13405444**	**2954631**	**4526575**	**13252716**
一、按企业登记注册类型分列					
内资企业	34140744	13405444	2954631	4526575	13252716
国有企业	3489835	1381972	334923	455849	1317091
集体企业	346991	100207	34432	62524	149828
股份合作企业	198810	89671	15557	29877	63705
联营企业	207147	50146	19101	14130	123769
国有联营企业	82238	5812	305	1561	74560
集体联营企业	6585	3014	1236	264	2071
国有与集体联营企业	70955	25446	8479	7213	29817
其他联营企业	47368	15874	9081	5092	17322
有限责任公司	15721521	5692523	1434851	2135646	6458490
国有独资公司	592955	222180	78519	53962	238295
其他有限责任公司	15128565	5470342	1356332	2081685	6220196
股份有限公司	7545226	3313970	500159	872413	2857315
私营企业	6502082	2703976	600135	945862	2252109
其他内资企业	129134	72977	15472	10274	30410
二、按经济类型分列					
国有经济	4165029	1609965	413747	511371	1629945
集体经济	353577	103222	35668	62788	151899
股份合作经济	198810	89671	15557	29877	63705
股份制经济	22673791	8784313	1856492	2954098	9077510
其他经济	6749538	2818273	633167	968441	2329656
三、按控股分列					
公有控股经济	13794575	5521436	1142428	1796403	5334307
国有控股	10143713	4477935	944003	1127138	3594638
国有绝对控股	5211410	2174778	483517	540995	2012120
国有相对控股	4932303	2303156	460486	586142	1582518
集体控股	3650862	1043501	198425	669266	1739669
集体绝对控股	2828193	691028	139221	549065	1448880
集体相对控股	822668	352473	59205	120201	290790

2010年内资企业主要指标汇总表（五）

单位：万元

	增加值	劳动者报酬	固定资产折旧	生产税净额	营业盈余
非公有控股经济	20346170	7884008	1812203	2730172	7918409
私人控股	19038658	7414196	1684000	2577225	7361859
私人绝对控股	10971719	4301080	1040242	1371672	4257346
私人相对控股	8066939	3113117	643758	1205552	3104513
中国港、澳、台商控股	650957	205686	80999	61612	302661
中国港、澳、台商绝对控股	620014	191847	78171	57415	292582
中国港、澳、台商相对控股	30943	13839	2828	4197	10079
外商控股	656555	264126	47204	91336	253889
外商绝对控股	511885	189323	38523	66435	217605
外商相对控股	144669	74804	8681	24900	36284
四、按软件出口基地分列					
北京软件出口基地	526571	160678	47577	100012	218304
天津软件出口基地	62520	17936	4109	13639	26836
大连软件出口基地	250676	158030	63496	10848	18302
上海软件出口基地	475638	214520	44312	55281	161525
深圳软件出口基地	172500	77400	8537	27513	59051
西安软件出口基地	718579	289589	91498	117840	219652
五、按软件园区分列					
北京中关村软件园	141366	53041	6255	22307	59763
大连软件园	250676	158030	63496	10848	18302
上海浦东软件园	458530	202520	42051	56684	157275
南京软件园	373151	142363	13733	54759	162296
杭州软件园	1313255	543670	92113	170147	505947
山东齐鲁软件园	672469	236625	39119	77421	319304
长沙软件园	332019	108250	21026	47859	154884
广州天河软件园	1988459	1016757	163126	182915	625662
珠海南方软件园	283676	108016	18017	9245	148398
成都软件园	804865	361003	59811	100418	283633
西安软件园	718579	289589	91498	117840	219652
六、按行业分列					
软件产品行业	16879684	6961620	1468189	2242394	6206104

2010年内资企业主要指标汇总表（五）

单位：万元

	增加值	劳动者报酬	固定资产折旧	生产税净额	营业盈余
信息系统集成服务行业	6336680	2458396	592204	779629	2506451
信息技术咨询服务行业	2769804	1201640	184743	264038	1119383
数据处理和运营服务行业	4323229	1704915	383837	672445	1562032
嵌入式系统软件行业	3313166	878151	234124	514919	1685972
IC设计行业	518181	200723	91533	53150	172774
七、按地区分列					
（一）按省、市分列					
北京市	4472274	1616684	262076	916122	1677392
天津市	260586	115532	57171	-58756	146639
河北省	630941	122110	29374	22478	456979
山西省	60884	20466	5687	15647	19085
内蒙古自治区	51200	13299	9174	11159	17568
辽宁省	1516377	586279	205750	173805	550544
吉林省	385458	142853	52636	20158	169811
黑龙江省	203216	97511	18009	17752	69944
上海市	2083362	928088	142325	314849	698100
江苏省	3539076	1332130	355888	416294	1434764
浙江省	1681048	684339	123209	216786	655337
安徽省	222623	66409	19315	48728	88172
福建省	1723503	1084294	123133	175565	340511
江西省	93099	36349	12350	14093	30306
山东省	2348907	688649	355528	283681	1021050
河南省	320604	91338	19723	43166	166377
湖北省	541132	236300	58733	72756	173343
湖南省	829417	234779	75124	148053	371461
广东省	9606259	3831386	526924	1179530	4068419
广西壮族自治区	68778	14799	5860	9492	38627
海南省	9224	8158	718	413	-64
四川省	2105617	831355	350883	286649	636730
贵州省	48673	44700	2759	307	907
云南省	86758	43569	6024	17015	20149

2010年内资企业主要指标汇总表（五）

单位：万元

	增加值	劳动者报酬	固定资产折旧	生产税净额	营业盈余
重庆市	408410	194998	27905	46059	139447
陕西省	718579	289589	91498	117840	219652
甘肃省	44857	14917	4054	7603	18283
宁夏回族自治区	16936	7132	6433	1331	2040
新疆维吾尔自治区	62947	27435	6370	8000	21143
（二）按计划单列市分列					
大连市	250676	158030	63496	10848	18302
宁波市	231962	91391	22256	30696	87619
厦门市	713527	521863	41568	48374	101721
青岛市	372973	106216	26785	70540	169431
深圳市	4719939	1830421	197338	698628	1993553
（三）按副省级城市分列					
沈阳市	1097668	387864	113664	134500	461640
长春市	276499	98756	38300	15936	123507
哈尔滨	125411	61947	12863	14352	36249
南京市	2040639	754321	114373	243027	928918
杭州市	1328503	545816	92160	170107	519042
济南市	1824048	536258	312717	189132	785942
武汉市	530201	232797	57890	70559	168954
广州市	4114104	1769417	290680	423078	1630929
成都市	1937359	766428	316814	264447	589671
西安市	718579	289589	91498	117840	219652

2010年内资企业主要指标汇总表（六）

单位：人

	从业人员年末人数	软件研发人员	管理人员	硕士以上人员	大本人员	大专以下
软件企业合计	**2003300**	**737602**	**230986**	**196813**	**1101694**	**704789**
一、按企业登记注册类型分列						
内资企业	2003300	737602	230986	196813	1101694	704789
国有企业	185401	60196	20536	23374	86906	75117
集体企业	13342	2070	892	636	4237	8468
股份合作企业	16170	7116	1911	1620	9206	5344
联营企业	16946	7282	1198	614	7853	8479
国有联营企业	1047	558	154	111	580	355
集体联营企业	1007	358	193	129	555	323
国有与集体联营企业	10998	4515	552	213	4527	6258
其他联营企业	3894	1851	299	161	2191	1543
有限责任公司	920071	356995	116607	86224	515605	318241
国有独资公司	29639	10117	2820	3525	13324	12793
其他有限责任公司	890432	346878	113787	82699	502281	305448
股份有限公司	379244	150994	38635	49624	210725	118889
私营企业	457284	148442	49295	33595	258941	164757
其他内资企业	14842	4507	1912	1126	8221	5494
二、按经济类型分列						
国有经济	216087	70871	23510	27010	100810	88265
集体经济	14349	2428	1085	765	4792	8791
股份合作经济	16170	7116	1911	1620	9206	5344
股份制经济	1269676	497872	152422	132323	713006	424337
其他经济	487018	159315	52058	35095	273880	178052
三、按控股分列						
公有控股经济	655181	246896	70012	85642	330511	239022
国有控股	509478	185207	56777	69197	253474	186803
国有绝对控股	292856	85473	35859	31066	137225	124562
国有相对控股	216622	99734	20918	38131	116249	62241
集体控股	145703	61689	13235	16445	77037	52219
集体绝对控股	95922	41094	8164	12940	47080	35901
集体相对控股	49781	20595	5071	3505	29957	16318

2010年内资企业主要指标汇总表（六）

	从业人员年末人数	软件研发人员	管理人员	硕士以上人员	大本人员	大专以下
非公有控股经济	1348119	490706	160974	111171	771183	465767
私人控股	1281551	467858	153649	105726	740293	435537
私人绝对控股	812063	305195	105586	70062	481301	260715
私人相对控股	469488	162663	48063	35664	258992	174822
中国港、澳、台商控股	27673	8014	3585	1925	13993	11749
中国港、澳、台商绝对控股	25760	7563	3329	1800	13234	10720
中国港、澳、台商相对控股	1913	451	256	125	759	1029
外商控股	38895	14834	3740	3520	16897	18481
外商绝对控股	29274	10396	2827	2578	10997	15702
外商相对控股	9621	4438	913	942	5900	2779
四、按软件出口基地分列						
北京软件出口基地	18198	11380	1188	2891	11684	3624
天津软件出口基地	3945	2046	614	392	2561	992
大连软件出口基地	27592	14222	1970	1843	22603	3146
上海软件出口基地	20747	9791	2585	2757	11533	6457
深圳软件出口基地	13199	6354	2556	797	7697	4702
西安软件出口基地	57905	27456	8594	6113	27408	24389
五、按软件园区分列						
北京中关村软件园	5412	2517	678	1046	2940	1427
大连软件园	27592	14222	1970	1843	22603	3146
上海浦东软件园	20377	9534	2525	2626	11326	6425
南京软件园	18015	10032	2734	1988	12440	3587
杭州软件园	82556	33508	10223	5593	48178	28785
山东齐鲁软件园	64063	19399	11361	7902	45143	11017
长沙软件园	29162	13883	4807	2466	15149	11548
广州天河软件园	120497	31772	19043	7848	65177	47472
珠海南方软件园	15980	9222	1673	1461	9254	5264
成都软件园	55249	13976	4961	4456	23313	27476
西安软件园	57905	27456	8594	6113	27408	24389
六、按行业分列						
软件产品行业	1040161	448481	127446	116129	594478	329554

2010年内资企业主要指标汇总表（六）

单位：人

	从业人员年末人数	软件研发人员	管理人员	硕士以上人员	大本人员	大专以下
信息系统集成服务行业	394927	135425	41473	30334	230336	134257
信息技术咨询服务行业	177219	54071	24403	14191	94655	68373
数据处理和运营服务行业	220776	52014	19229	15785	110811	94180
嵌入式系统软件行业	142157	36968	15091	15684	59774	66695
IC设计行业	28060	10643	3344	4690	11640	11730
七、按地区分列						
（一）按省、市分列						
北京市	222804	81612	15905	21844	101469	99491
天津市	22697	8937	2660	1876	12605	8216
河北省	19137	6023	2357	862	11325	6953
山西省	6537	3010	1020	380	4292	1865
内蒙古自治区	3449	1287	665	156	2301	992
辽宁省	139091	69839	14770	9214	94481	35392
吉林省	26151	11095	3231	2164	20226	3761
黑龙江省	28888	16876	2900	1621	20313	6951
上海市	98995	44221	13608	11021	53534	34440
江苏省	235749	74445	27572	24332	127465	83946
浙江省	117813	40414	14893	6534	59777	51504
安徽省	17150	6547	2583	1706	9108	6336
福建省	95621	12237	2838	10032	65128	20460
江西省	8471	2678	1647	524	5088	2859
山东省	175079	50431	25212	22390	105967	46722
河南省	22601	9048	3228	1765	14829	6007
湖北省	48295	20650	5105	6086	28708	13502
湖南省	46631	20716	7661	3601	22309	20723
广东省	438058	175410	56480	51421	235172	151468
广西壮族自治区	5423	2115	772	207	2548	2668
海南省	1906	729	115	190	1188	528
四川省	98973	26016	8074	9110	39590	50268
贵州省	10626	9012	1614	119	5262	5245
云南省	9228	3759	1528	334	5743	3151

2010年内资企业主要指标汇总表（六）

	从业人员年末人数	软件研发人员	管理人员	硕士以上人员	大本人员	大专以下
重庆市	32092	9152	3674	2681	18164	11246
陕西省	57905	27456	8594	6113	27408	24389
甘肃省	5169	2058	968	317	3381	1471
宁夏回族自治区	1587	646	285	47	1102	438
新疆维吾尔自治区	7174	1183	1027	166	3211	3797
（二）按计划单列市分列						
大连市	27592	14222	1970	1843	22603	3146
宁波市	21537	4095	3056	697	8407	12436
厦门市	35063	642	233	7052	22753	5257
青岛市	16457	3193	1518	1044	6386	9026
深圳市	197933	103068	23586	34413	105231	58299
（三）按副省级城市分列						
沈阳市	99010	50779	11252	6758	65839	26409
长春市	17994	7570	1968	1676	13868	2450
哈尔滨	18096	9973	2039	1336	12548	4210
南京市	101218	43817	12434	12458	62398	26356
杭州市	82745	33528	10243	5595	48204	28946
济南市	142557	42825	22146	20231	92888	29441
武汉市	46959	19917	4918	5980	28144	12837
广州市	194865	53029	27045	14451	107381	73031
成都市	92471	23731	7170	8696	37301	46470
西安市	57905	27456	8594	6113	27408	24389

2010年内资企业软件产品完成情况

项　　目	企业数	本年收入 （万元）	其中：出口 （万美元）
软件收入明细合计	**18153**	**92924573**	**1505437**
软件产品行业（**E6201**）			
一、软件产品合计	14307	36366158	511241
（一）基础软件	2163	3787131	9032
1．操作系统	792	1309771	3159
2．数据库系统	507	628476	1519
3．其他	864	1848884	4354
（二）中间件	450	1215512	12798
1．基础中间件	147	492308	1934
2．业务中间件	217	392108	4642
3．领域中间件	86	331096	6222
（三）应用软件	9854	26409084	439483
1．通用软件	3560	5301284	24155
（1）企业管理软件	2009	2300382	9888
（2）游戏软件	208	686398	6690
（3）辅助设计与辅助制造（CAD/CAM）软件	127	157078	1736
（4）其他通用软件	1216	2157427	5842
2．行业应用软件	6244	20879481	415118
（1）通信软件	865	8152055	378856
（2）金融财税软件	414	1643258	11101
（3）能源软件	350	1215034	1207
（4）工业控制软件	891	2589936	3917
（5）交通应用软件	508	1899805	312
（6）其他行业应用软件	3216	5379393	19725
3．文字语言处理软件	50	228319	209
（四）嵌入式应用软件	740	2706310	38247
（五）信息安全产品	676	1389054	640
1．基础和平台类安全产品	85	257413	
2．内容安全产品	45	72193	11
3．网络安全产品	256	473056	108
4．专用安全产品	76	227660	

2010年内资企业软件产品完成情况

项　　目	企业数	本年收入（万元）	其中：出口（万美元）
5．安全测试评估	26	39863	
6．安全应用产品	124	171749	520
7．其他信息安全产品及相关服务	64	147120	
（六）支撑软件	51	91716	245
（七）软件定制服务	373	767351	10797
信息系统集成服务行业（E6202）			
二、信息系统集成服务合计	6033	23160662	233180
（一）信息系统设计服务	1754	5754207	13265
（二）集成实施服务	2984	15050815	217736
（三）运行维护服务	1295	2355639	2180
信息技术咨询服务行业（E6203）			
三、信息技术咨询服务合计	4479	8685297	39164
（一）信息化规划	418	1348816	4720
（二）信息技术管理咨询	2400	3980234	29928
（三）信息系统工程监理	584	1935148	2378
（四）测试评估	209	499349	445
（五）信息技术培训	868	921751	1692
数据处理和运营服务行业（E6204）			
四、数据处理和运营服务合计	2652	11142377	28978
（一）数据处理服务	485	1441563	13162
（二）运营服务	1415	6666560	12556
1．软件运营服务	452	1054883	9284
2．平台运营服务	874	5020454	2395
（1）物流管理服务平台	96	395680	538
（2）电子商务管理	282	1233011	76
（3）在线娱乐平台	134	2034923	479
（4）在线教育平台	96	332556	150
（5）其他在线服务平台	266	1024284	1152
3．基础设施运营服务	89	591223	877
（三）存储服务	50	74850	
（四）数字内容加工处理	611	2658091	2627

2010年内资企业软件产品完成情况

项　　目	企业数	本年收入 （万元）	其中：出口 （万美元）
（五）客户交互服务	91	301313	633
嵌入式系统软件行业（E6205）			
五、嵌入式系统软件合计	1531	11848217	662687
（一）通信设备	441	6677219	592065
1．固定网络设备	76	215011	2651
（1）程控交换设备（不含移动交换）	33	61471	1038
（2）用户接入设备	36	133725	1611
（3）下一代核心网络设备（NGN）	7	19814	2
2．移动通信设备	70	4934970	568046
（1）移动通信基站	27	4774094	562922
（2）移动通信直放站	27	58962	108
（3）移动通信交换设备	16	101914	5016
3．光通信与传输设备	62	298685	3711
（1）光传输设备	53	291124	3711
（2）微波传输设备	9	7561	
4．通信终端设备及其他	233	1228553	17657
（1）SIM卡	6	53700	574
（2）自主开发手机	20	62461	1452
（3）数据通信设备	127	651559	10967
（4）通信电子对抗设备	8	9406	5
（5）通信导航设备	25	28690	212
（6）数字多媒体通信设备	47	422737	4448
（二）网络设备	98	146068	499
（1）路由器	16	6799	13
（2）以太网交换机	11	6309	20
（3）网关及接入服务器	13	7899	
（4）无线局域网设备	5	2655	
（5）网络安全设备	27	67524	124
（6）网络终端设备	15	37876	
（7）网络存储设备	11	17006	342
（三）数字装备设备	143	222069	3756

2010年内资企业软件产品完成情况

项　　目	企业数	本年收入 （万元）	其中：出口 （万美元）
1．智能识别装置	98	177775	2643
2．安全防卫系统	45	44295	1113
（四）数字视频产品	46	419278	13185
1．数字（含有线、无线、卫星、网络）电视机顶盒	30	192230	6408
2．数字电视机顶盒的数字电视一体机	16	227048	6777
（五）装备自动控制产品	695	3682981	49875
1．集散控制系统	48	302653	6698
2．过程控制系统	275	1695751	21689
3．机电一体化控制系统	319	1548270	18126
4．智能传感器	39	82283	1434
5．智能机器人	14	54025	1928
（六）汽车电子产品	108	700602	3306
1．通信系统	28	138259	1776
2．自动控制系统	80	562343	1530
IC设计行业（E6206）			
六、IC设计合计	507	1721861	30899
（一）MOS微器件	22	134785	8890
（二）逻辑电路	37	73428	206
（三）MOS存储器	32	53610	296
（四）模拟电路	52	142144	3501
（五）专用电路	90	357807	4216
（六）智能卡芯片及电子标签芯片	93	394545	534
（七）传感器电路	49	29973	
（八）微波集成电路	16	12917.16	35
（九）混合集成电路	116	522652.68	13221.3